Beiträge zur Numerischen Mathematik 2

Beiträge
zur Numerischen Mathematik 2

Herausgegeben von
Frieder Kuhnert und Jochen W. Schmidt

R. Oldenbourg Verlag München Wien 1974

Lizenzausgabe für den R. Oldenbourg Verlag, München—Wien
Printed in the German Democratic Republic
Lizenz-Nr. 206 · 435/138/74
Gesamtherstellung: VEB Druckhaus „Maxim Gorki", 74 Altenburg
ISBN: 3-486-34411-0

Inhalt

Beiträge zur Numerischen Mathematik
2 (1974), 7–11

Über ein modifiziertes Gesamtschrittverfahren

Hans-Jürgen Albrand

Es sei $Ax = b$ ein lineares Gleichungssystem. Ist A eine symmetrische und positiv definite Matrix, dann konvergiert das Einzelschrittverfahren. Für das Gesamtschrittverfahren (Jacobisches Verfahren) gibt es in diesem Fall keine analoge und ebenso allgemein gehaltene Aussage zur Konvergenz. Bekanntlich konvergiert das Gesamtschrittverfahren nicht für jedes Gleichungssystem mit symmetrischer und positiv definiter Koeffizientenmatrix (man vgl. mit [1, 2]). In dieser Arbeit wird ein modifiziertes Gesamtschrittverfahren vorgestellt, das für jedes Gleichungssystem mit symmetrischer und positiv definiter Koeffizientenmatrix konvergent ist. Das Zeilen- und Spaltensummenkriterium gilt wie beim Jacobi-Verfahren. Der im Vergleich zum Jacobi-Verfahren zusätzliche Rechenaufwand ist nur unerheblich größer.

Es seien H ein Hilbertraum und $U_1, \ldots, U_r$ Unterräume von $L_n = L(x_1, \ldots, x_n) \subset H$ mit

$$L\left(\bigcup_{s=1}^{r} U_s\right) = L_n. \tag{1}$$

$L(x_1, \ldots, x_n)$ bezeichnet die Menge aller Linearkombinationen von $x_1, \ldots, x_n$. Wir setzen für festes k

$$\min_{y \in U_s} \|x^{(k)} - y\| = \|x^{(k)} - y_s^{(k+1)}\| \quad (s = 1, \ldots, r) \tag{2}$$

$$x^{(k+1)} := x^{(k)} - \frac{1}{r} \sum_{s=1}^{r} y_s^{(k+1)} \tag{3}$$

und lassen k die Zahlenfolge 0, 1, 2, ... durchlaufen. Es sei $x^{(0)} = x_0$ ein Element aus H.

Satz 1. *$x_0 - x^{(k)}$ konvergiert gegen die beste Approximation von x_0 in L_n bezüglich der verwendeten Hilbertraumnorm.*

Beweis. Es ist

$$\|x^{(k+1)}\| \leqq \|x^{(k)}\| \tag{4}$$

für jedes $k = 1, 2, \ldots$ Folglich existiert

$$\lim_{k \to \infty} \|x^{(k)}\| =: m. \tag{5}$$

Mit

$$\|x^{(k)} - y_s^{(k+1)}\| = \|x^{(k)}\| - c_{k,s} \quad (s = 1, \ldots, r), \tag{6}$$

$$c_{k,s} \geqq 0$$

wird

$$\|x^{(k+1)}\| \leqq \frac{1}{r} \sum_{s=1}^{r} \|x^{(k)} - y_s^{(k+1)}\| = \|x^{(k)}\| - \frac{1}{r} \sum_{s=1}^{r} c_{k,s},$$

d. h.

$$\sum_{s=1}^{r} c_{k,s} \leqq r(\|x^{(k)}\| - \|x^{(k+1)}\|),$$

und wegen (6)

$$\lim_{k\to\infty} c_{k,s} = 0 \quad (s = 1, \ldots, r). \tag{7}$$

Es sei $x_1^{(s)}, \ldots, x_{l(s)}^{(s)}$ eine orthonormierte Basis von U_s $(s = 1, \ldots, r)$. Dann gilt

$$\|x^{(k)} - y_s^{(k+1)}\|^2 = \|x^{(k)}\|^2 - \sum_{i=1}^{l(s)} (x^{(k)}, x_i^{(s)})^2 \tag{8}$$

$(s = 1, \ldots, r)$. Wegen (6) und (7) folgt aus (8)

$$\lim_{k\to\infty} (x^{(k)}, y) = 0 \tag{9}$$

für alle y aus U_s $(s = 1, \ldots, r)$. Mit (1) ergibt sich aus (9)

$$\lim_{k\to\infty} (x^{(k)}, y) = 0$$

für alle y aus L_n. Ist $e_1, \ldots, e_n$ eine orthonormierte Basis von L_n und $x^{(k)} = x_0 - y^{(k)}$ mit $y^{(k)} = a_1^{(k)}e_1 + \cdots + a_n^{(k)}e_n$, dann folgt

$$\lim_{k\to\infty} a_i^{(k)} = (x_0, e_i)$$

und damit

$$\lim_{k\to\infty} y^{(k)} = \sum_{i=1}^{n} (x_0, e_i)\, e_i,$$

w.z.b.w.

Bemerkung. In (3) kann man anstelle des Faktors $\frac{1}{r}$ auch den Faktor $\frac{1}{r+a}$ mit reellem $a > 0$ schreiben. Der Satz 1 gilt unverändert.

Im folgenden betrachten wir den Spezialfall $U_i = L(x_i)$ $(i = 1, 2, \ldots, n)$. In

$$x^{(k)} = x_0 - d_1^{(k)}x_1 - \cdots - d_n^{(k)}x_n$$

haben die Koeffizienten $d_i^{(k)}$ die Darstellung

$$\begin{aligned} d_i^{(k)} &= \frac{1}{n} \sum_{s=0}^{k-1} \frac{(x^{(s)}, x_i)}{(x_i, x_i)} \\ &= \frac{k}{n} \frac{(x_0, x_i)}{(x_i, x_i)} - \frac{1}{n} \frac{1}{(x_i, x_i)} \sum_{s=1}^{k-1} \sum_{r=1}^{n} d_r^{(s)} \frac{(x_i, x_r)}{(x_i, x_i)} \end{aligned} \tag{10}$$

$(i = 1, 2, \ldots, n)$. Mit

$$d^{(s)\mathsf{T}} = (d_1^{(s)}, \ldots, d_n^{(s)}) \quad (s = 1, 2, \ldots, n)$$

und

$$z_i^{\mathsf{T}} = ((x_i, x_1), \ldots, (x_i, x_k))$$

ergibt sich aus (10)

$$d^{(k)} = \frac{1}{n} \begin{pmatrix} k \dfrac{(x_0, x_1)}{(x_1, x_1)} - \dfrac{1}{(x_1, x_1)} \sum\limits_{s=1}^{k-1} d^{(s)\mathsf{T}} z_1 \\ \dots\dots\dots\dots\dots \\ k \dfrac{(x_0, x_n)}{(x_n, x_n)} - \dfrac{1}{(x_n, x_n)} \sum\limits_{s=1}^{k-1} d^{(s)\mathsf{T}} z_n \end{pmatrix},$$

d. h.

$$d^{(k+1)} = d^{(k)} + \frac{1}{n} \begin{pmatrix} \dfrac{(x_0, x_1)}{(x_1, x_1)} \\ \vdots \\ \dfrac{(x_0, x_n)}{(x_n, x_n)} \end{pmatrix} - \frac{1}{n} \begin{pmatrix} \dfrac{d^{(k)\mathsf{T}} z_1}{(x_1, x_1)} \\ \vdots \\ \dfrac{d^{(k)\mathsf{T}} z_n}{(x_n, x_n)} \end{pmatrix}$$

oder

$$d^{(k+1)} = \frac{1}{n} (-L - R)\, d^{(k)} + \frac{n-1}{n} d^{(k)} + \frac{1}{n} D^{-1} b. \tag{11}$$

In (11) bedeuten

$$L = \begin{pmatrix} 0 & 0 & \ldots & 0 & 0 \\ \dfrac{(x_2, x_1)}{(x_2, x_2)} & 0 & \ldots & 0 & 0 \\ \vdots & \vdots & & \vdots & \vdots \\ \dfrac{(x_n, x_1)}{(x_n, x_n)} & \dfrac{(x_n, x_2)}{(x_n, x_n)} & \ldots & \dfrac{(x_n, x_{n-1})}{(x_n, x_n)} & 0 \end{pmatrix},$$

$$R = \begin{pmatrix} 0 & \dfrac{(x_1, x_2)}{(x_1, x_1)} & \ldots & \dfrac{(x_1, x_n)}{(x_1, x_1)} \\ \vdots & \vdots & & \vdots \\ 0 & 0 & \ldots & \dfrac{(x_{n-1}, x_n)}{(x_{n-1}, x_{n-1})} \\ 0 & 0 & \ldots & 0 \end{pmatrix},$$

$$D^{-1} = \begin{pmatrix} (x_1, x_1)^{-1} & \ldots & 0 \\ \vdots & \ddots & \vdots \\ 0 & \ldots & (x_n, x_n)^{-1} \end{pmatrix}, \qquad b = \begin{pmatrix} (x_0, x_1) \\ \vdots \\ (x_0, x_n) \end{pmatrix}.$$

Die Iterationsvorschrift (11) stimmt also fast mit der Jacobischen Vorschrift

$$d^{(k+1)} = (-L - R)\, d^{(k)} + D^{-1}b \tag{12}$$

für das Gleichungssystem

$$(x_i, x_1)\, d_1 + \cdots + (x_i, x_n)\, d_n = (x_0, x_i) \quad (i = 1, 2, \ldots, n) \tag{13}$$

überein. Nun können wir jedes Gleichungssystem $Ad = b$ mit symmetrischer und positiv definiter Koeffizientenmatrix $A = (a_{ij})$ in der Form (13) darstellen, denn

$$x^{\mathsf{T}} A y = (x, y) \tag{14}$$

ist ein Skalarprodukt. Setzen wir $x_i = e_i \quad (i = 1, \ldots, n)$, wobei e_i in der i-ten Komponente eine 1 hat und in den übrigen Komponenten 0 ist, so wird

$$(e_i, e_j) = a_{ij},$$

und mit $x_0 = b$ geht (13) bei Verwendung des Skalarproduktes (14) über in $Ad = b$. Aus dem Satz 1 folgt also der

Satz 2. *Das modifizierte Gesamtschrittverfahren* (11) *konvergiert für jede symmetrische und positiv definite Koeffizientenmatrix gegen die Lösung des Gleichungssystems.*

Es sei nun $Ad = b$ ein beliebiges Gleichungssystem mit der Koeffizientenmatrix $A = (a_{ij})$ vom Format $n \times n$. Dann gilt der

Satz 3. *Für die Konvergenz der Iterationsvorschrift* (11) *ist hinreichend*

a) $\sum_{l \neq i} \left| \frac{a_{il}}{a_{ii}} \right| < 1$ *für* $i = 1, 2, \ldots, n$

bzw.

b) $\sum_{l \neq i} \left| \frac{a_{li}}{a_{ii}} \right| < 1$ *für* $i = 1, 2, \ldots, n.$

Beweis. Aus

$$\sum_{l \neq i} \left| \frac{1}{n} \frac{a_{il}}{a_{ii}} \right| + \frac{n-1}{n} < 1 \quad (i = 1, 2, \ldots, n)$$

folgt a). Entsprechend folgt b), w.z.b.w.

Die Iterationsvorschrift (11) stellt also ein modifiziertes Gesamtschrittverfahren dar, für das ebenso wie beim Jacobi-Verfahren die bekannten Zeilen- und Spaltensummenkriterien gelten. Gegenüber dem Jacobi-Verfahren aber konvergiert das modifizierte Gesamtschrittverfahren für jedes Gleichungssystem mit symmetrischer und positiv definiter Koeffizientenmatrix. Der zusätzliche Rechenaufwand bei (11) gegenüber (12) ist offenbar gering.

Literatur

[1] FORSYTHE, G. E., and W. R. WASOW, Finite-difference methods for partial differential equations, J. Wiley & Sons, New York 1960.
[2] SCHWARZ, H. R., H. RUTISHAUSER und E. STIEFEL, Numerik symmetrischer Matrizen, B. G. Teubner, Stuttgart 1968/ BSB B. G. Teubner Verlagsgesellschaft, Leipzig 1969.

Manuskripteingang: 6. 7. 1972

VERFASSER:

Dr. rer. nat. HANS-JÜRGEN ALBRAND, Sektion Mathematik der Universität Rostock

Beiträge zur Numerischen Mathematik
2 (1974), 13–18

Automatische Lösung algebraischer Gleichungen

Karl-Heinz Bachmann

Zur Lösung algebraischer Gleichungen wird, falls alle Wurzeln gesucht sind, häufig die Methode benutzt, sukzessive einzelne Wurzeln zu bestimmen und durch Division den Grad des Polynoms zu erniedrigen. Die Wurzeln werden dann jeweils als Nullstellen der einzelnen Polynome der so erhaltenen Polynomfolge bestimmt. Durch dabei auftretende Akkumulation von Fehlern können die Nullstellen eventuell stärker von den eigentlich gesuchten Wurzeln abweichen. In [6] wurde auf die Notwendigkeit hingewiesen, Fehlerbetrachtungen in die Rechnung einzubeziehen, z. B. durch Verwendung einer Fehlerschrankenarithmetik.

Die hier vorgeschlagene Methode zur automatischen Lösung algebraischer Gleichungen sei im folgenden erläutert. Vom jeweils betrachteten Polynom wird eine Näherung für eine Nullstelle mit einem modifizierten Abstiegsverfahren bestimmt. Das Abstiegsverfahren wurde häufig untersucht, von Lipschitz wurde es bereits zum Beweis des Fundamentalsatzes der Algebra benutzt [8, 3, 1, 5, 7]. Für die gefundene Näherung wird eine Fehlerabschätzung unter Benutzung des Ausgangspolynoms ausgeführt und geprüft, ob die erhaltenen Fehlerschranken kleiner als eine vorgeschriebene Toleranzgröße sind. Dabei wird gleichzeitig die Vielfachheit der betreffenden Nullstelle bestimmt, wobei innerhalb der Toleranzgrenzen nicht mehr trennbare einfache Nullstellen zu einer mehrfachen zusammengefaßt werden. Sind die erhaltenen Fehlerschranken zu groß, so wird die Rechengenauigkeit erhöht. Ist auf diese Weise eine Nullstelle genügend genau bestimmt, so wird ein entsprechender Linearfaktor vom betrachteten Polynom abgespaltet und das Verfahren wiederholt. Die Eigenschaften der verwendeten Rechenanlage begrenzen dabei die erreichbare Rechengenauigkeit. Ist infolge der Fehlerfortpflanzung ein durch mehrfache Abspaltung von Linearfaktoren erhaltenes Polynom zu ungenau, so wird das daran erkannt, daß eine genügend gute Fehlerschranke trotz Genauigkeitssteigerung nicht erreichbar ist. In diesem Fall werden, sofern die verfügbare Stellenzahl es zuläßt, alle vorher berechneten Nullstellen mit höherer Genauigkeit verbessert, um den Einfluß der Fehlerfortpflanzung zu reduzieren. Es ist zu empfehlen, zwei Genauigkeitsstufen zu benutzen, eine globale Genauigkeitsstufe zur Abspaltung der Linearfaktoren und eine lokale Genauigkeitsstufe, die bei der Durchführung des Abstiegsverfahrens vorübergehend erhöht werden kann.

Zur Fehlerabschätzung werden folgende auf dem Satz von Rouché basierende Sätze herangezogen [2]:

Satz 1. *Das Polynom* $g(w) = \sum_{i=0}^{n} c_i w^i$ *hat in* $|w| \leqq \tilde{r}$ *genau* k *Nullstellen, wenn* $\tilde{r}$ *die kleinste einfache und positive Nullstelle des Polynoms* $h_k(x) = \sum_{i \neq k} |c_i|\, x^i - |c_k|\, x^k$ *ist, sofern diese existiert. Dabei sei* $c_0 \neq 0$ *vorausgesetzt.*

Satz 2. *Mit* $m_i \leqq |c_i| \leqq M_i$ *gilt, daß eine solche Nullstelle* $\tilde{r}$ *von* $h_k(x)$ *existiert, wenn* $h_k^*(x) = \sum_{i \neq k} M_i x^i - m_k x^k$ *eine ebensolche Nullstelle* r^* *hat, und es gilt* $\tilde{r} \leqq r^*$.

Satz 3. *Eine notwendige Bedingung für die Existenz einer einfachen positiven Nullstelle von* $h_k^*(x)$ *ist für* $k < n$ *das Bestehen der Ungleichung*

$$s_k = \max_{i<k} \sqrt[k-i]{\frac{M_i}{m_k}} < \min_{i>k} \sqrt[i-k]{\frac{m_k}{M_i}} = S_k.$$

Im Fall $k = n$ *existiert stets eine solche Nullstelle.*

Satz 4. *Eine hinreichende Bedingung für die Existenz einer einfachen positiven Nullstelle von* $h_k^*(x)$ *ist für* $k < n$ *das Bestehen der Ungleichung*

$$2t_k = 2 \cdot \max_{i<k} \sqrt[k-i]{\frac{2M_i}{m_k}} \leqq \frac{1}{2} \cdot \min_{i>k} \sqrt[i-k]{\frac{m_k}{2M_i}} = \frac{1}{2}\, T_k,$$

und $r = 2t_k$ *ist obere Schranke für diese Nullstelle. Für* $k = 1$ *ist bereits* $t_1 < \frac{1}{2}\, T_1$, *hinreichend, und* t_1 *ist obere Schranke für die betreffende Nullstelle. Für* $k = n$ *existiert stets eine solche Nullstelle, und* $2 \cdot \max_{i<n} \sqrt[n-i]{\frac{M_i}{m_n}}$ *ist obere Schranke für diese.*

Der Spezialfall $k = n$ in Satz 4 ergibt die Schranke von FUJIWARA für alle Nullstellen eines Polynoms [4].

Wird nun das Ausgangspolynom $f(z)$ für eine Nullstellennäherung z_0 nach Potenzen von $w = z - z_0$ entwickelt, so sind, falls z_0 eine Näherung für k dicht beieinanderliegende Nullstellen ist, die ersten k Entwicklungskoeffizienten absolut klein gegenüber dem Entwicklungskoeffizienten c_k. Daher wird die Ungleichung aus Satz 4 erfüllbar sein, wenn z_0 eine genügend gute Näherung ist und mit genügend hoher Stellenzahl gerechnet wird. Um die Vielfachheit k eines solchen Nullstellenbüschels zu bestimmen, wird man das kleinste k suchen, für das die Ungleichung in Satz 3 erfüllt ist. Für $k > 1$ kann es zweckmäßig sein, dann noch eine Näherung für eine Nullstelle der $(k-1)$-ten Ableitung $f^{(k-1)}(z)$ in der Umgebung von z_0 zu bestimmen, da diese angenähert der Schwerpunkt des Nullstellenbüschels ist.

Die Ungleichungen aus Satz 3 und Satz 4 lassen sich mit Hilfe der im folgenden beschriebenen ALGOL-60-Prozedur prüfen:

```
procedure pruefe (n, gm, km, faktor, k, bed, r);
    value n, faktor, k; integer n, k; real faktor, r;
    array gm, km; Boolean bed;
begin real c, c1, tau, tau1, gt; integer j;
        bed := false; c := (if n = k then 1 else faktor) * km[k];
        if c ≠ 0 then
```

```
        begin tau := gm[k - 1]/c; for j := 2 step 1 until k do
              begin tau1 := (gm[k - j]/c)↑(1/j);
                    if tau1 > tau then tau := tau1
              end; gt := schr * 2;
              comment schr ist eine globale Groeße und bezeichnet eine obere
                          Schranke fuer alle Nullstellenbetraege;
              for j := 1 step 1 until n - k do
              begin c1 := gm[k + j]; if c1 > 0 then
                    begin tau1 := (c/c1)↑(1/j);
                          if tau1 < gt then gt := tau1
                    end
              end;
              r := if k = 1 then tau else tau/faktor;
              bed := r ≦ faktor * gt
        end
end;
```

Dabei bezeichnet n den Grad des Polynoms, *gm* den Vektor der M_i, *km* den Vektor der m_i $(i = 0, \ldots, n)$, k die zu prüfende Vielfachheit. Zur Prüfung der Ungleichung in Satz 3 wird *faktor* mit 1 belegt, zur Prüfung der Ungleichung in Satz 4 mit 0.5. In *bed* wird die Erfüllung der Ungleichung festgehalten, in r wird gegebenenfalls die berechnete Schranke vermittelt.

Als Hilfsmittel für die Berechnung der Entwicklungskoeffizienten und von Fehlerschranken für die Entwicklungskoeffizienten dient ein modifiziertes Hornersches Schema. Die im Hornerschen Schema verwendete Rekursionsformel lautet $a_k' = a_k + a'_{k+1} \cdot x$. Nimmt man an, daß a_k und a'_{k+1} mit Fehlern d_k und d'_{k+1} behaftet sind, so entsteht unter Berücksichtigung von Rundungsfehlern e_m für die Multiplikation und e_a für die Addition das Resultat

$$a_k' + d_k' = a_k + d_k + (a'_{k+1} + d'_{k+1})\, x + e_m + e_a.$$

Es gilt also

$$d_k' = d_k + d'_{k+1} \cdot x + e_m + e_a.$$

Dabei wird angenommen, daß das Hornersche Schema für ein genau bekanntes Argument x auszuführen ist. Kennt man obere Schranken für die Absolutbeträge der Fehler, und zwar

$$|d'_{k+1}| \leqq D'_{k+1}, \quad |d_k| \leqq D_k, \quad |e_m| \leqq E_m, \quad |e_a| \leqq E_a,$$

so erhält man

$$|d_k'| \leqq D_k' = D_k + D'_{k+1} \cdot x + E_m + E_a.$$

Der übliche Ablauf der Rechnung ist nun so, daß zunächst das in der Rekursionsformel enthaltene Produkt gebildet und dessen Rundungsfehler abgeschätzt wird, der im allgemeinen eine halbe Einheit der letzten Stelle des berechneten Produktes nicht übersteigt. Darauf folgt die in der Rekursionsformel enthaltene Addition, bei der ebenfalls ein Rundungsfehler auftreten kann. Dazu wird angenommen, daß die Summanden Gleitkommazahlen gleicher Mantissenlänge sind. Von beiden Summanden wird eine Einheit der letzten Stelle gebildet. Die größere dieser beiden Einheiten legt fest, welcher Fehler beim Angleichen der Exponenten höchstens gemacht werden kann, und zwar eine halbe Einheit dieser Stelle, falls korrekt gerundet wird. Sind beide Einheiten gleich, so brauchen die Exponenten nicht angeglichen zu werden, es tritt dann auch kein Fehler auf. Bei der Addition kann eine um eine Stelle längere Mantisse entstehen, durch Verkürzen dieser Mantisse um eine Stelle tritt dann ein zusätzlicher Rundungsfehler in Größe einer halben Einheit der letzten Resultatstelle auf. Die Verhältnisse seien an einem Beispiel in vierstelliger dezimaler Gleitkommarechnung erläutert.

Zu addieren seien $a_1 = 0{,}9900 \cdot 10^2$ und $a_2 = 0{,}6045 \cdot 10^1$. Die Einheiten der letzten Stellen sind $e_1 = 10^{-2}$ und $e_2 = 10^{-3}$. Die Addition erfolgt in der Form $\hat{a}_3 = 0{,}9900 \cdot 10^2 + 0{,}0605 \cdot 10^2 = 1{,}0505 \cdot 10^2$. Dieses Resultat wird mit vierstelliger Mantisse als $a_3 = 0{,}1051 \cdot 10^3$ dargestellt. Die Einheit der letzten Resultatstelle ist $e_3 = 10^{-1}$. Der Fehler gegenüber dem korrekten Resultat 105,045 ist 0,055 $= \frac{1}{2}(e_3 + \max(e_1, e_2))$.

Bei Rechnung im Dualsystem oder in einem anderen Zahlensystem sind die Verhältnisse entsprechend. Bei dezimaler Rechnung mit achtstelliger Mantisse kann durch die ALGOL-60-Prozedur

```
real procedure deltax(x); value x; real x;
deltax := if x = 0 then 0 else 10↑(entier(.43429448 ln(abs(x)) + ₁₀−7)−7);
```

eine Einheit der letzten Stelle bestimmt werden. Es empfiehlt sich allerdings, hierfür eine Prozedur im Maschinencode zu verwenden. Der Rundungsfehler f bei Addition läßt sich in der beschriebenen Form durch die folgende ALGOL-60-Prozedur berechnen:

```
procedure rund (e1, e2, e3, f); value e1, e2, e3; real e1, e2, e3, f;
begin real e,ee; e  := if e1 > e2 then e1 else e2;
                 ee := if e1 = e2 then 0 else e;
                 f  := 0.5 * (if e3 > e then ee + e3 else ee) end;
```

Mit Hilfe dieser Prozeduren läßt sich ein vollständiges Hornersches Schema zur Berechnung der Entwicklungskoeffizienten mit zugehörigen Fehlerschranken aufbauen, für komplexe Rechnungen lassen sich diese Betrachtungen leicht erweitern. Auf die Darstellung von Einzelheiten sei hier verzichtet.

Ein mit diesen Hilfsmitteln arbeitendes Verfahren zur Nullstellenbestimmung sei im folgenden skizziert: Zunächst wird die erwähnte Schranke von FUJIWARA für die Nullstellenbeträge berechnet. Ausgehend von einem Anfangswert, der beliebig gewählt werden kann und hier entweder zu 0 oder auf eine vorher bekannte Nullstellennäherung festgelegt wird, wird ein Abstiegsverfahren durchgeführt. Dieses führt entweder zu einer Nullstelle oder zu einem Sattelpunkt der Betragsfläche. Eine Nullstellennäherung wird als erreicht angesehen, wenn entweder der Funktionswert exakt 0 ist oder der Korrekturbetrag bei einem Newtonschritt kleiner als eine relativ zum Betrag des Näherungswertes gewählte Schranke ist. Ist es nicht möglich, den Funktionsbetrag bei einem Abstiegsschritt auf weniger als das 0,8fache zu verkleinern, so wird angenommen, daß die Näherung sich entweder in der Nähe eines Sattelpunktes der Betragsfläche oder in der Umgebung einer Nullstelle befindet. Dann werden Entwicklungskoeffizienten mit Fehlerschranken berechnet, und an Hand der Fehlerschranke für den Funktionswert wird entschieden, ob der betreffende Punkt als Nullstellennäherung angesehen wird. Ist nämlich der Funktionsbetrag kleiner als das Doppelte der berechneten Fehlerschranke, so kann die übliche Newtonkorrektur mit einer solchen Unsicherheit behaftet sein, daß eine Weiterführung der Rechnung ohne Genauigkeitserhöhung nicht mehr sinnvoll ist. Andernfalls wird versucht, den Funktionsbetrag unter Verwendung der zweiten Ableitung wie in [1] beschrieben zu verkleinern, wobei gegebenenfalls die Richtung des stärksten Abstiegs verlassen wird. Dabei zeigt es sich, daß die Umgebung eines Sattelpunktes relativ schnell verlassen werden kann, wenn auf einem vom Sattelpunkt in Richtung auf kleinere Funktionsbeträge wegführenden Strahl die Korrekturbeträge sukzessive verdoppelt werden.

Sollte sich ein nach dem erwähnten Verfahren theoretisch auffindbarer Punkt mit kleinerem Funktionsbetrag als im Sattelpunkt durch den Einfluß von Rundungsfehlern nicht finden lassen, so ist die Genauigkeit zu erhöhen. Ist das nicht mehr möglich, so ist die Umgebung des Sattelpunktes systematisch nach einem solchen Punkt (z. B. auf einer Spirale) zu durchsuchen.

Ist auf diese Weise ein als Nullstellennäherung anzusehender Punkt gefunden, so wird wie oben beschrieben eine Fehlerabschätzung unter Einschluß der Vielfachheitsbestimmung ausgeführt, und nach Abspaltung des entsprechenden Linearfaktors wird das Verfahren wiederholt. Bei Polynomen mit reellen Koeffizienten und komplexen Näherungen wird man auch versuchen, den konjugiert komplexen Linearfaktor abzuspalten. Dabei darf jedoch der Rest der Division nicht zu groß werden. Als Kriterium dafür kann wieder die für den Funktionswert bestimmte Fehlerschranke benutzt werden. Gegebenenfalls muß zur komplexen Rechnung übergegangen werden. Bei Polynomen mit reellen Koeffizienten können auch kleine Imaginärteile von Nullstellennäherungen vorgetäuscht werden, daher ist in einem solchen Fall erst zu prüfen, ob eine reelle Näherung in Frage kommt. Eine versuchte Abspaltung des konjugiert komplexen Linearfaktors führt dann im allgemeinen zu einer starken Nullabweichung des Divisionsrestes.

Durch Wiederholung dieses Verfahrens werden für ein Polynom n-ten Grades insgesamt n Näherungen — entsprechend ihrer Vielfachheit gezählt — für Nullstellen bestimmt und ihre Fehler abgeschätzt. Sind die durch die Fehlerabschätzung festgelegten Fehlerkreise mit den Nullstellennäherungen als Mittelpunkten disjunkt, so hat man mit Sicherheit Kreise gefunden, in denen genau die durch die berechnete Vielfachheit angegebene Zahl von Nullstellen des Ausgangspolynoms liegt. Ist das nicht der Fall, so war die Rechengenauigkeit noch nicht ausreichend.

Literatur

[1] Bachmann, K.-H., Lösung algebraischer Gleichungen nach der Methode des stärksten Abstieges, ZAMM **40** (1960), 132—135.

[2] Bachmann, K.-H., Fehlerabschätzung für Nullstellen von Polynomen, Vorträge zur Numerischen Verfahrenstechnik, TU Dresden, Heft 1/71 (1973), 82—88.

[3] Brooker, R. A., The solution of algebraic equations on the EDSAC, Proc. Cambr. philos. Soc. **48** (1952), 255—270.

[4] FUJIWARA, M., Über die obere Schranke des absoluten Betrags der Wurzeln einer algebraischen Gleichung, Tohoku math. J., Ser. **10** (1916), 167–170.
[5] NASITTA, K., Ein immer konvergentes Nullstellenverfahren für analytische Funktionen, ZAMM **44** (1964), 57–63.
[6] NICKEL, K. Über die Notwendigkeit einer Fehlerschrankenarithmetik für Rechenautomaten, Numer. Math. **9** (1966), 69–79.
[7] NICKEL K., Die numerische Berechnung der Wurzeln eines Polynoms, Numer. Math. **9** (1966), 80–98.
[8] WEBER, H., Lehrbuch der Algebra, Bd. 1, Braunschweig 1898, S. 143–147.

Manuskripteingang: 25. 7. 1972

VERFASSER:
Dr. rer. nat. habil. KARL-HEINZ BACHMANN, Zentralinstitut für Mathematik und Mechanik der Akademie der Wissenschaften der DDR

Beiträge zur Numerischen Mathematik
2 (1974), 19–23

Stabilitätsuntersuchung eines verallgemeinerten Iterationsprozesses zur Lösung linearer Gleichungssysteme

MICHAEL FRÖHNER

1. Einleitung

Löst man das lineare Gleichungssystem $Lx = g$ nach Umformung auf die Form $x = Bx + b$ mit Hilfe eines dreigliedrigen Iterationsprozesses der Gestalt $x_k = f_k(B, b, x_{k-1}, x_{k-2})$, so ist eine Rückführung dieser Vorschrift auf das Kontraktionsprinzip im allgemeinen nicht mehr möglich. Es besteht deshalb das Problem, die Fortpflanzung eingeschleppter Fehler, d. h. die Stabilität des Lösungsverfahrens der als Differenzengleichung aufzufassenden Iteration, zu untersuchen. Es wird gezeigt, daß das Iterationsverfahren unter den Bedingungen, unter denen es konvergiert, auch stabil ist, und weiterhin wird eine Fehlerschranke angegeben.

Von der Matrix L sei bekannt, daß alle Eigenwerte im Intervall (m, M), $m > 0$, $M > 0$, liegen. Erzeugt man die iterierfähige Gestalt durch die Umformungen $B = E - 2 \cdot L/(M + m)$, $b = 2 \cdot g/(M + m)$, so liegen die Eigenwerte von B symmetrisch zum Nullpunkt im Intervall $\left(-\frac{M-m}{M+m}; +\frac{M-m}{M+m}\right)$, d. h., für den Spektralradius gilt $\varrho(B) < 1$. Wir betrachten die Iterationsvorschrift

$$\left.\begin{aligned} x_k &= \alpha_k(B \cdot x_{k-1} + b) - \beta_k x_{k-2}, \\ x_1 &= Bx_0 + b \end{aligned}\right\} \beta_k = \alpha_k - 1, \quad k = 2, 3, \ldots \tag{1}$$

Das Verfahren (1) konvergiert für $\varrho(B) < 1$ und $0 < \alpha_k < 2$ (vgl. [1]). Für $\alpha_k = 1$ erhält man das Gesamtschrittverfahren, und für $\alpha_k = 1 + T_{k-2}\left(\frac{M+m}{M-m}\right) \Big/ T_k\left(\frac{M+m}{M-m}\right)$ erhält man einen für Gleichungssysteme beliebiger Ordnung bezüglich der Anzahl der Iterationsschritte optimal konvergenten Prozeß [1]. Dabei ist $T_k(t)$ das k-te Tschebyscheff-Polynom. Wie man leicht sieht, konvergiert die Folge der α_k sehr rasch gegen einen Grenzwert $\alpha \in (1; 2)$.

Bei der Vorschrift (1) handelt es sich um eine Differenzengleichung zweiter Ordnung mit (im allgemeinen) variablen Koeffizienten, für die der Einfluß von Störungen (Rundungsfehler) untersucht werden soll. Wir wollen zusätzlich zu (1) die gestörte Gleichung betrachten:

$$\left.\begin{aligned} \tilde{x}_k &= \alpha_k(B \cdot \tilde{x}_{k-1} + b) - \beta_k \tilde{x}_{k-2} + \varrho_k, \\ \tilde{x}_1 &= B \cdot \tilde{x}_0 + b + \varrho_1 \end{aligned}\right\} \beta_k = \alpha_k - 1, \quad k = 2, 3, \ldots \tag{1'}$$

Bezeichnen wir den Fehler mit $\tilde{z}_i = \tilde{x}_i - x_i$ und nehmen wir an, daß B ein vollständiges System von Eigenvektoren besitze, so daß eine Transformationsmatrix U der Gestalt

$$U^{-1}BU = \Lambda = \text{diag}\,(\lambda_1, \lambda_2, \ldots, \lambda_m)$$

existiert, so erhält man mit $z_k = U^{-1}\tilde{z}_k$, $\varrho_k = U^{-1}\tilde{\varrho}_k$ die Gleichungen

$$\left.\begin{aligned} z_k &= \alpha_k \Lambda z_{k-1} - \beta_k z_{k-2} + \varrho_k, \\ z_1 &= \varrho_1, \\ z_0 &= 0 \end{aligned}\right\} \tag{2}$$

oder in Komponenten

$$\left.\begin{aligned} z_k^{(i)} &= \alpha_k \lambda_i z_{k-1}^{(i)} - \beta_k z_{k-2}^{(i)} + \varrho_k^{(i)}, \\ z_1^{(i)} &= \varrho_1^{(i)}, \\ z_0^{(i)} &= 0 \end{aligned}\right\} \quad \begin{aligned} i &= 1(1)m, \\ k &= 2, 3, \ldots, \\ \beta_k &= \alpha_k - 1. \end{aligned} \tag{2'}$$

Die Transformation von (2') auf ein System von Differenzengleichungen erster Ordnung liefert

$$\left.\begin{aligned} Z_k &= A_k \cdot Z_{k-1} + R_k, \\ Z_1 &= R_1 \end{aligned}\right\} \quad k = 2, 3, \ldots, \tag{3}$$

wobei zur Abkürzung

$$Z_k = \begin{pmatrix} z_k^{(i)} \\ z_{k-1}^{(i)} \end{pmatrix}, \qquad A_k = \begin{pmatrix} \alpha_k \lambda_i & -\beta_k \\ 1 & 0 \end{pmatrix}, \qquad R_k = \begin{pmatrix} \varrho_k^{(i)} \\ 0 \end{pmatrix}$$

gesetzt wurde. Die allgemeine Lösung lautet

$$Z_k = \prod_{p=k}^{2} A_p \cdot Z_1 + \sum_{t=2}^{k-1} \left(\prod_{p=k}^{t+1} A_p \right) R_t + R_k. \tag{4}$$

2. Der stationäre Prozeß

Ist $\alpha_k = \alpha = \text{const}$, so erhalten wir aus (4) die Lösung

$$Z_k = A^{k-1} Z_1 + \sum_{p=2}^{k-2} A^p \cdot R_{k-p}, \quad A = \begin{pmatrix} \alpha\lambda_i & -\beta \\ 1 & 0 \end{pmatrix}.$$

Die Matrix A hat die Eigenwerte $t_{1/2} = (\alpha\lambda_i)/2 \pm \sqrt{(\alpha\lambda_i/2)^2 - \beta}$, die unter den Voraussetzungen $\lambda_i \in (-1; 1)$, $0 < \alpha < 2$, $\beta = \alpha - 1$ betragsmäßig kleiner als Eins sind. Für diesen Fall wächst aber die Lösung des homogenen Systems von Differenzengleichungen bei auftretenden Störungen $\tilde{\varrho}_k^{(i)}$ nicht an (d. h., für $k \to \infty$ verschwindet der erste Term in (4), und somit ist der stationäre Iterationsprozeß stabil.

3. Ein nichtstationärer Prozeß

Wir betrachten den Fall $\alpha_k \to \alpha$, der z. B. den praktisch bedeutenden und eingangs erwähnten Prozeß der optimalen Konvergenz mit umfaßt. Für die Matrix A mit dem Grenzparameter α und $\lambda_i \in (-1; 1)$ sind die Eigenwerte kleiner als Eins, folglich existiert immer eine Transformationsmatrix H, so daß für $D = H^{-1}AH$ die Beziehung $\|D\| \leqq q < 1$ gilt, falls nur $0 < \underline{\alpha} \leqq \alpha \leqq \bar{\alpha} < 2$ und $|\lambda_i| \leqq \bar{\lambda} < 1$ ist.

Werden die A_k ebenfalls mit H transformiert, so läßt sich die Darstellung

$$\tilde{D}_k = H^{-1}A_kH = D + (\alpha - \alpha_k) \cdot K(\alpha, \lambda_i)$$

finden, wobei die Matrix K nur von λ_i und $\alpha = \lim_{k\to\infty} \alpha_k$ abhängt. $\tilde{D}_k$ ist also eine „Fastdiagonalmatrix", für deren Eigenwerte man die Beziehung $t_i + \delta t_i$ angeben kann, wenn t_i Eigenwerte von A und wobei

$$\delta t_i = (\alpha - \alpha_k) \cdot \text{const}$$

ist. Damit verschwindet auch in diesem Fall die Lösung des homogenen Systems (4), und für den untersuchten Prozeß liegt ebenfalls Stabilität vor, falls $k \to \infty$ gilt.

4. Fehlerabschätzung

Wir wenden uns sofort dem nichtstationären Fall zu, der den stationären Prozeß als Spezialfall mit enthält. Wegen $\|D\| \leqq q < 1$ kann immer ein k_0 gefunden werden, so daß für alle $k > k_0$ auch $\|\tilde{D}_k\| < 1$ gilt. Hier soll für k_0 diejenige Zahl gewählt werden, für die sich α_{k_0} und α auf Grund der Maschinengenauigkeit der verwendeten Rechenanlage nicht mehr unterscheiden, d. h., für alle $k > k_0$ gilt $\tilde{D}_k = D$. Durch Transformation von (4), Einführung einer Norm und Rücksubstitution aller Hilfsgrößen erhält man für den Grenzwert des Fehlers beim betrachteten Iterationsprozeß

$$\limsup_{k\to\infty} \|\tilde{x}_k - x^*\| \leqq \|U^{-1}\| \cdot \|\tilde{\varrho}\| \cdot \|H\| \max_i 1/(1 - \|D^{(i)}\|),$$

wobei $D^{(i)}$ aus der zum Eigenwert λ_i gehörenden Matrix A_k (bzw. A) hervorgegangen ist. Die Norm von H kann im einfachsten Fall durch 2 abgeschätzt werden.

Weiterhin ist

$$\|D^{(i)}\| = \max\{|t_1|, |t_2|\} \text{ mit } t_{1/2} = (\alpha\lambda_i)/2 \pm \sqrt{(\alpha\lambda_i/2)^2 - \beta}.$$

x^* ist die exakte Lösung des vorgegebenen Gleichungssystems. Im Fall einer symmetrischen Koeffizientenmatrix B vereinfacht sich die Abschätzung wegen $U^{-1} = U^{\mathsf{T}}$.

B e m e r k u n g. Die Abschätzung für das gewöhnliche Gesamtschrittverfahren ($\alpha = 1$) stimmt mit einer Abschätzung überein, die auf anderem Wege über das Fixpunktprinzip erhalten wurde. Es gilt dann $\|D^{(i)}\| = |\lambda_i.|$

5. Numerische Ergebnisse

Nach dem angegebenen Iterationsprozeß wurden lineare Gleichungssysteme der Dimension 3 bis 6 mit unterschiedlichen Eigenwertverteilungen der Koeffizientenmatrix und Lösungen in verschiedenen Größenordnungen untersucht, wobei die Fälle $\alpha = \text{const}$, $\alpha_k \to \alpha$ und α_k zufälligen Änderungen im Intervall $(0, 2)$ unterworfen, betrachtet wurden. Die Rechnungen wurden im Gleitkomma mit einer Mantissenlänge von 8 Ziffern ausgeführt.[1]) Für die Abschätzung des Rundungsfehlers $\|\bar{\varrho}\|$ wurden die von Wilkinson [2] angegebenen Schranken für Skalarprodukte ohne akkumulierende Multiplikation und für Additionen im Gleitkomma unter Berücksichtigung der Matrixstruktur und der Rechenvorschrift des ALGOL-Programmes verwendet.

Die folgenden beiden Tabellen enthalten für zwei symmetrische Gleichungssysteme der Dimension 4 und für ausgewählte Werte von α in den einzelnen Spalten den maximalen Rundungsfehler je Schritt $\|\bar{\varrho}\|$, den nach obiger Abschätzung berechneten Fehler des Prozesses $\Delta_{\max} = \limsup_{k\to\infty} \|\bar{x}_k - x^*\|$ und das praktisch erhaltene Fehlerintervall $[\delta]$, das nach N Iterationsschritten erstmalig erreicht und innerhalb weiterer 50 Iterationen nicht mehr verlassen wurde. Der Fehler variierte in diesem Intervall völlig unregelmäßig.

Beispiel 1. Eigenwerte $\lambda_i^B \in (-0{,}75; 0{,}75)$ (Kondition von $L : \varkappa = 6{,}85$)

α	$\|\bar{\varrho}\| \cdot 10^7$	$\Delta_{\max} \cdot 10^7$	$[\delta] \cdot 10^7$	N
1,0	24	192	(13 ⋯ 52)	64
1,2	30	108	(8 ⋯ 51)	30
1,2*	30	108	(17 ⋯ 63)	26
1,4	36	201	(11 ⋯ 118)	42

Beispiel 2. Eigenwerte $\lambda_i^B \in (-0{,}8112; 0{,}8112)$ (Kondition von $L : \varkappa = 9{,}6$)

α	$\|\bar{\varrho}\| \cdot 10^7$	$\Delta_{\max} \cdot 10^7$	$[\delta] \cdot 10^7$	N
1,0	0,5	5	(1 ⋯ 2)	74
1,1	0,6	4,6	(0,8 ⋯ 1,5)	57
1,262*	0,6	2,7	(0,5 ⋯ 1)	26
1,5	0,8	10,4	(2 ⋯ 6)	44

Anmerkung. Die Werte für (*) wurden aus dem optimal konvergenten Prozeß erhalten.

Bemerkung. Der beschriebene Iterationsprozeß bildet im Sinne von Babuška eine α_0-L-Folge (vgl. hierzu Artikel von Friedrich und Müller in Heft 3 dieser Schriftenreihe).

---

[1]) Rechenanlage R 300 des Rechenzentrums der TH Karl-Marx-Stadt.

Literatur

[1] FADDEJEW, D. K., und W. N. FADDEJEWA, Numerische Methoden der linearen Algebra, 3. Aufl., VEB Deutscher Verlag der Wissenschaften, Berlin/R. Oldenbourg Verlag, München—Wien 1973 (Übersetzung aus dem Russischen).
[2] WILKINSON, J. H., Rundungsfehler, Springer-Verlag, Berlin—Heidelberg—New York 1969 (Übersetzung aus dem Englischen).

Manuskripteingang: 12. 7. 1972

VERFASSER:
Dipl.-Math. MICHAEL FRÖHNER, Sektion Mathematik der Technischen Hochschule Karl-Marx-Stadt

Beiträge zur Numerischen Mathematik
2 (1974), 25–37

Ein ableitungsfreies Verfahren zur Extremwertbestimmung

Ursula Hans

1. Einleitung

Vorgelegt sei die Extremwertaufgabe

$$f(x) = \min! \text{ mit } f|R^N \to R.$$

Die Lösung dieser Aufgabe, die, falls f konvex und differenzierbar ist, mit der Bestimmung eines stationären Punktes übereinstimmt, kann mit verschiedenen Algorithmen erfolgen (vgl. etwa [8, 10]). Dabei zeichnet sich aus programmiertechnischen Gründen die Tendenz ab, die Verwendung von partiellen Ableitungen zu beschränken oder ganz zu vermeiden. Beispielsweise wurde von Goldstein und Price ein Algorithmus angegeben, in dem die zweiten Ableitungen des Newtonverfahrens durch Gradienten ausgedrückt werden. Ableitungsfreie Verfahren, die auf dem Prinzip der konjugierten Richtungen basieren, wurden z. B. von Powell [9], Zangwill [13] und Chazan und Miranker [2] beschrieben. Diese Verfahren sind für quadratische Funktionen endlich. Um diese Endlichkeit zu sichern, müssen bei Powell N^2, bei Zangwill $(N + 1)^2$ und bei Chazan und Miranker N^2 eindimensionale Minimierungen durchgeführt werden, die bei letzterem Verfahren jedoch parallel ausgeführt werden können.

Der hier beschriebene ableitungsfreie Algorithmus basiert direkt auf dem Newtonverfahren; er ist im quadratischen Fall endlich, ohne daß eindimensionale Minimierungen ausgeführt werden müssen. In diesem Fall sind $N^2 + N + 1$ Funktionswertberechnungen notwendig. Um jedoch Konvergenz im nichtquadratischen Fall zu sichern, wird in jedem Zyklus eine solche Minimierung benötigt. Unter gewissen Voraussetzungen an f wird die Konvergenz für beliebige Startwerte bewiesen.[1])

2. Bezeichnungen und Definitionen

Mit $x = (x_i)$ werden Vektoren und mit $C = (c_{ij})$ Matrizen bezeichnet. Es sei e^j der j-te Einheitsvektor ($j = 1, \ldots, N$) und e^0 der Nullvektor. $\|x\|$ bezeichne die euklidische und $\|C\|$ die Spektralnorm. $Df(x) = (D_i f(x))$ sei der Gradient und $D^2 f(x) = (D_{ij}^2 f(x))$ die Hesse-Matrix von f an der Stelle x.

---

[1]) Nach neueren Ergebnissen kann Konvergenz auch für andere Schrittweitenauswahlprinzipien bewiesen werden.

Die zu minimierende Funktion erfülle die folgenden Voraussetzungen:

$$f \text{ ist zweimal stetig partiell differenzierbar;} \tag{1}$$

es gibt Konstanten $a, A, L > 0$, so daß

$$a\,\|u\|^2 \leqq u^{\mathsf{T}} D^2 f(x)\, u \leqq A\,\|u\|^2 \qquad \text{für } x, u \in R^N \tag{2}$$

und

$$\|D^2 f(x) - D^2 f(y)\| \leqq L\,\|x - y\| \qquad \text{für } x, y \in R^N \tag{3}$$

gilt.[1]) Damit ist die Existenz einer eindeutigen Minimumstelle gesichert, die in folgendem mit x^* bezeichnet werde.

Im Algorithmus werden die folgenden partiellen Differenzenquotienten benötigt:

$$\delta_j f(x, h)^n = \begin{cases} \dfrac{f(x + he^j) - f(x - he^j)}{2h} & \text{für } j \geqq n, \\[2ex] \dfrac{f(x + h(e^n + e^j)) - f(x - h(e^n + e^j))}{2h} - \delta_n f(x, h)^n & \text{für } j < n, \end{cases} \tag{4}$$

$$\delta_j^2 f(x, y, h)^n = \begin{cases} \dfrac{f(x + he^j) + f(x - he^j) - 2f(x)}{h^2} & \text{für } n = 1;\ j = 1, \ldots, N, \\[2ex] \dfrac{1}{2}\left[\dfrac{f(x + h(e^n + e^j)) + f(x - h(e^n + e^j)) - 2f(x)}{h^2} \right. \\ \qquad \left. - \delta_j^2 f(y, y, h)^1 - \delta_n^2 f(y, y, h)^1\right] & \text{für } j < n, \\[2ex] 0 & \text{sonst.} \end{cases} \tag{5}$$

Dabei ist h eine positive Zahl und $n = 1, \ldots, N$. Folglich sind $\delta f(x, h)^n = (\delta_j f(x, h)^n)$ und $\delta^2 f(x, y, h)^n = (\delta_j^2 f(x, y, h)^n)$ N-dimensionale Vektoren.

Durch Taylorentwicklung der in (4) und (5) benötigten Funktionswerte können nun leicht die folgenden Eigenschaften nachgewiesen werden:

Die Funktion f sei zweimal stetig partiell differenzierbar in $K = \{y : \|x - y\| \leqq h\}$, $x \in R^N$, $h > 0$. Dann gilt

$$\delta_j f(x, h)^n = \begin{cases} D_j f(x) + \dfrac{1}{4} h\Delta^-(h, j, 0) & \text{für } j \geqq n, \\[2ex] D_j f(x) + \dfrac{1}{4} h\Delta^-(h, j, n) - \dfrac{1}{4} h\Delta^-(h, 0, n) & \text{für } j < n \end{cases} \tag{6}$$

und

$$\delta_j^2 f(x, y, h)^n = \begin{cases} \dfrac{1}{2}\Delta^+(x, h, j, 0) \text{ für } n = 1;\ j = 1, \ldots, N, \\[2ex] \dfrac{1}{4}\Delta^+(x, h, j, n) - \dfrac{1}{4}\Delta^+(y, h, j, 0) - \dfrac{1}{4}\Delta^+(y, h, 0, n) \text{ für } j < n, \\[2ex] 0 \qquad \text{sonst.} \end{cases} \tag{7}$$

[1]) Durch hochgestelltes ^{T} wird stets der transponierte Vektor bezeichnet.

Dabei ist

$$\Delta^-(h, j, n) = (e^n + e^j)^\mathsf{T} \big(D^2f(x + ht_1(j, n)\,(e^j + e^n)) - D^2f(x - ht_2(j, n)\,(e^j + e^n))\big)\,(e^j + e^n),$$

$$\Delta^+(x, h, j, n) = (e^n + e^j)^\mathsf{T} \big(D^2f(x + ht_1(j, n)\,(e^j + e^n)) + D^2f(x - ht_2(j, n)\,(e^j + e^n))\big)\,(e^j + e^n),$$

und die t_i sind geeignete Zahlen mit $0 \leqq t_1(j, n), t_2(j, n) \leqq 1$.

Ist $f(x) = a + b^\mathsf{T}x + \frac{1}{2}x^\mathsf{T}Cx$ ein quadratisches Funktional mit der symmetrischen Matrix $C = (c_{ij})$, so gilt $\Delta^-(h, j, n) = 0$ und $\Delta^+(x, h, j, n) = 2(e^j + e^n)^\mathsf{T}\,C(e^j + e^n)$ und folglich

$$\delta f(x, h)^n = Df(x),$$

$$\delta^2 f(x, y, h)^1 = (c_{11}, c_{22}, \ldots, c_{NN})^\mathsf{T},$$

$$\delta^2 f(x, y, h)^n = (c_{n1}, c_{n2}, \ldots, c_{n,n-1}, 0, \ldots, 0)^\mathsf{T} \quad \text{für } n = 2, \ldots, N.$$

Es sei noch bemerkt, daß obere Indizes im allgemeinen Iterationsindizes sind. Jeder Iterationsschritt unterteilt sich in N Stufen, d. h., ausgehend von der Näherung $x^i = y^{i,1}$ werden die Zwischeniterierten $y^{i,2}, \ldots, y^{i,N}$ bestimmt und $x^{i+1} = y^{i,N+1}$ als neue Näherung betrachtet.

3. Der Algorithmus

Gegeben seien der Startvektor x^1, eine Zahl $\varkappa > 0$, ein Index $j \in \{1, \ldots, N\}$ und eine Folge positiver Zahlen h^i mit $\lim\limits_{i\to\infty} h^i = 0$.

Iterationsvorschrift ($i = 1, 2, \ldots$):

$$y^{i,1} := x^i, \tag{9}$$

$$g^{i,k} := \delta f(y^{i,k}, h^i)^k, \tag{10}$$

$$y^{i,k+1} := y^{i,k} - \alpha^{i,k}H^{i,k}g^{i,k}. \tag{11}$$

Dabei ist

$$H^{i,k} := \begin{cases} \operatorname{diag}\left(\dfrac{1}{\delta_1{}^2 f(y^{i,1}, x^i, h^i)^1}, \ldots, \dfrac{1}{\delta_N{}^2 f(y^{i,1}, x^i, h^i)^1}\right) & \text{für } k = 1, \\ H^{i,k-1} + \dfrac{1}{1 - \gamma^{i,k}(H^{i,1})_{kk}}\,[(H^{i,1})_{kk}\,r^{i,k}\,r^{i,k\mathsf{T}} \\ \quad + \gamma^{i,k}p^{i,k}p^{i,k\mathsf{T}} - p^{i,k}r^{i,k\mathsf{T}} - r^{i,k}p^{i,k\mathsf{T}}] & \text{für } k > 1 \end{cases} \tag{12}$$

mit

$$a^{i,k} := \delta^2 f(y^{i,k}, x^i, h^i)^k, \tag{13}$$

$$r^{i,k} := H^{i,k-1} a^{i,k}, \tag{14}$$

$$p^{i,k} := H^{i,k-1} e^k, \tag{15}$$

$$\gamma^{i,k} := \begin{cases} r^{i,k\mathsf{T}} a^{i,k} & \text{für } 1 - (H^{i,1})_{kk}\, r^{i,k\mathsf{T}} a^{i,k} > \varkappa, \\ \dfrac{1}{(H^{i,1})_{kk}} - \varkappa \text{ sonst.} \end{cases} \tag{16}$$

Falls $g^{i,k} = 0$ für $k = j$, so wird h^i durch ϱh^i $(0 < \varrho < 1)$ ersetzt und $g^{i,k}$ nach (10) erneut berechnet. Dies wird so lange fortgesetzt, bis der Fall $g^{i,k} \neq 0$ eintritt.

$\alpha^{i,k}$ in (11) wird so bestimmt, daß stets

$$f(y^{i,k+1}) \leqq f(y^{i,k})$$

gilt (speziell $\alpha^{i,k} = 0$, falls $g^{i,k} = 0$ und $k \neq j$).

Für $k = j$ wird darüber hinaus noch gefordert, daß

$$f(y^{i,k+1}) = \min_{\alpha} f(y^{i,k} - \alpha H^{i,k}\, g^{i,k}) \tag{17}$$

ist. Der Stufenindex k durchläuft die Zahlen $1, \ldots, N$.

Nachdem alle Stufen abgearbeitet sind, wird $x^{i+1} := y^{i,N+1}$ gesetzt.

4. Bemerkungen zum Algorithmus

Der Algorithmus ist unbeschränkt durchführbar, denn Voraussetzung (2) sichert, daß der Nenner in (16) stets größer als Null ist, und die Zahlen $\gamma^{i,k}$ werden in (16) so bestimmt, daß in (12) nicht durch Null dividiert wird.

Bei der praktischen Durchführung ist zu beachten, daß $a^{i,k}$ ein Vektor ist, dessen $N - k + 1$ letzte Komponenten gleich Null sind. Aus diesem Grunde hat die Matrix $H^{i,k}$ in der k-ten Stufe der i-ten Iteration die Gestalt

$$H^{i,k} = \begin{pmatrix} D^k & & 0 \\ & h_{k+1,k+1} & \\ & & \ddots \\ 0 & & h_{NN} \end{pmatrix}, \tag{18}$$

wobei D^k eine (k, k)-Matrix ist.

Im $(k + 1)$-ten Schritt wird durch $r^{i,k+1} r^{i,k+1\mathsf{T}}$ der Block D^k und durch $p^{i,k+1} p^{i,k+1\mathsf{T}}$ das $(k + 1)$-te Diagonalelement korrigiert. $p^{i,k+1} r^{i,k+1\mathsf{T}}$ und $r^{i,k+1} p^{i,k+1\mathsf{T}}$ bewirken, daß D^k um eine Zeile bzw. Spalte vergrößert wird.

Beachtet man, daß

$$e^{k\mathsf{T}} H^{i,k-1} a^{i,k} = 0 \tag{19}$$

und

$$e^{k\mathsf{T}} H^{i,k-1} e^k = \frac{1}{\delta_k{}^2 f(x^i, x^i, h^i)^1} = (H^{i,1})_{kk} \tag{20}$$

ist, so kann durch Multiplikation mit $H^{i,k}$ leicht nachgeprüft werden, daß

$$(H^{i,k})^{-1} = (H^{i,k-1})^{-1} + e^k a^{i,k\mathsf{T}} + a^{i,k} e^{k\mathsf{T}} + (a^{i,k\mathsf{T}} H^{i,k-1} a^{i,k} - \gamma^{i,k})\, e^k e^{k\mathsf{T}} \tag{21}$$

gilt.

Es soll nun die folgende Behauptung bewiesen werden:

Behauptung 1. *Falls $H^{i,1}$ positiv definit ist, sind auch alle folgenden Matrizen $H^{i,k}$ $(k = 2, \ldots, N)$ des i-ten Iterationsschrittes positiv definit.* (Diese Behauptung gilt ohne Einschränkungen an die Funktion f.)

Beweis. Da der Index i hier fest gewählt ist, wird er im Beweis weggelassen. Wir zeigen nun durch Induktion, daß sämtliche Hauptdeterminanten von $(H^k)^{-1}$ positiv sind, woraus folgt, daß $(H^k)^{-1}$ positiv definit ist.

Gemäß (18) und (21) gilt

$$(H^k)^{-1} = \begin{pmatrix} (D^k)^{-1} & & 0 \\ & \frac{1}{h_{k+1,k+1}} & \\ & & \ddots \\ 0 & & & \frac{1}{h_{NN}} \end{pmatrix} \tag{22}$$

mit

$$(D^k)^{-1} = \begin{pmatrix} (D^{k-1})^{-1} & \bar{a}^k \\ \bar{a}^{k\mathsf{T}} & \frac{1}{h_{kk}} + a^{k\mathsf{T}} H^{k-1} a^k - \gamma^k \end{pmatrix};$$

$\bar{a}^k$ ist dabei ein Vektor, der aus den ersten $k - 1$ Komponenten von a^k besteht.

Da die Diagonalmatrix H^1 positiv definit ist, gilt $h_{jj} > 0$ $(j = 1, \ldots, N)$. Wir nehmen nun an, daß $(H^{k-1})^{-1}$ positiv definit ist, d. h., sämtliche Hauptdeterminanten von $(H^{k-1})^{-1}$ sind größer als Null, insbesondere gilt $\det (D^{k-1})^{-1} > 0$. Wegen (22) ist nur $\det (D^k)^{-1} > 0$ zu zeigen.

Es sei nun

$$D^{-1} := \begin{pmatrix} (D^{k-1})^{-1} & 0 \\ 0 & \frac{1}{h_{kk}} \end{pmatrix}.$$

a und e seien k-dimensionale Vektoren, die aus den ersten k Komponenten von a^k bzw. e^k bestehen, d. h. $a = (a_1{}^k, \ldots, a_{k-1}^k, 0)^\mathsf{T}$ und $e = (0, \ldots, 0, 1)^\mathsf{T}$. Wir können $a \neq 0$ voraussetzen, da für $a = 0$ unmittelbar $\det (D^k)^{-1} > 0$ folgt. Folglich sind a und e linear unabhängig. Mit $\lambda := a^{k\mathsf{T}} H^{k-1} a^k - \gamma^k$ gilt

$$(D^k)^{-1} = D^{-1} + ae^\mathsf{T} + ea^\mathsf{T} + \lambda ee^\mathsf{T} = D^{-1}(I + Dea^\mathsf{T} + D(a + \lambda e)e^\mathsf{T}).$$

Unter Beachtung von (19) und (20) erhält man mit Hilfe einer Formel aus [7]

$$\det (D^k)^{-1} = \det (D^{-1}) [(1 + e^{\mathsf{T}} Da) (1 + (a + \lambda e)^{\mathsf{T}} De) - e^{\mathsf{T}} Dea^{\mathsf{T}} D(a + \lambda e)]$$
$$= \det (D^{-1}) [1 - \gamma^k (H^1)_{kk}].$$

Dieser Ausdruck ist wegen (16) größer als Null, womit die Behauptung bewiesen ist.

Falls f die Voraussetzungen (1) und (2) erfüllt, ist $H^{i,1}$ stets positiv definit. Sind diese Voraussetzungen nicht erfüllt (dieser Fall wird hier nicht theoretisch untersucht), so ist es möglich, daß die Diagonalelemente von $H^{i,1}$ negativ werden. Es hat sich bei der numerischen Rechnung als zweckmäßig erwiesen, diese dann durch den absoluten Betrag zu ersetzen.

Da auf diese Weise die Matrizen $H^{i,k}$ stets positiv definit sind, wird erreicht, daß die in jeder Iteration einmal vorkommende Teilaufgabe $f(y^{i,k} - \alpha H^{i,k} g^{i,k}) = \min!$ eine eindeutige Lösung hat, falls $g^{i,k} \neq 0$ ist. Es kann $g^{i,k} = 0$ eintreten, obwohl $y^{i,k}$ noch weit von der Minimumstelle entfernt ist. Bei weiterer Verkleinerung von h^i werden wir in diesem Fall aber stets wieder $g^{i,k} \neq 0$ erhalten. (Ist $h^i < \sqrt{\frac{1}{2L} \|Df(y^{i,k})\|}$, so gilt $\|g^{i,k}\| \neq 0$ für $\|Df(y^{i,k})\| \neq 0$.) Außerdem gilt $\|y^{i,k} - x^*\| \leqq \frac{\sqrt{N}}{a} (\varepsilon + 2L(h^i)^2)$, falls $\|g^{i,k}\| \leqq \varepsilon$ ist. Dies eignet sich jedoch nicht zur Fehlerabschätzung, da die Lipschitzkonstante L i. allg. unbekannt ist.

5. Konvergenz

Wie bei verschiedenen anderen Minimierungsverfahren (etwa FLETCHER-POWELL [4], ZANGWILL [12]) kann auch hier gezeigt werden, daß der Algorithmus endlich ist, falls f ein quadratisches Funktional ist.

Satz 1. *Es sei* $f := a + b^{\mathsf{T}} x + \frac{1}{2} x^{\mathsf{T}} C x$ *ein quadratisches Funktional mit positiv definiter Matrix C. Im Algorithmus werde* $\varkappa = 0$, $\alpha^{1,N} = 1$ *und* $\alpha^{1,k}$ $(k = 1, \ldots, N-1)$ *beliebig gewählt. Dann ist* $x^2 = x^*$ *die Minimumstelle von* f.[1])

Beweis. Da nur der erste Iterationsschritt betrachtet wird, wird der Index $i = 1$ im Beweis weggelassen.

Wegen (8) ist $g^N = \delta f(y^N, h^1)^N = Df(y^N)$, und es gilt

$$(H^1)^{-1} = \begin{pmatrix} c_{11} & & 0 \\ & \ddots & \\ 0 & & c_{NN} \end{pmatrix}, \quad a^k = (c_{k1}, c_{k2}, \ldots, c_{k,k-1}, 0, \ldots, 0)^{\mathsf{T}}.$$

---

[1]) Hier wurde speziell $j = N$ gewählt (aus dem Beweis ist ersichtlich, daß sich dann $\alpha^{1,N} = 1$ ergibt). Für $k < N$ kann hier sogar $f(y^{i,k+1}) > f(y^{i,k})$ gelten. Im Algorithmus wurde $\varkappa > 0$ gefordert, damit die Matrizen $H^{i,k}$ stets positiv definit sind. Das ist hier aber auch für $\varkappa = 0$ der Fall.

Ist $\lambda^k := a^{k\mathsf{T}} H^{k-1} a^k - \gamma^k = 0$ $(k = 2, \ldots, N)$, so folgt aus (21) $(H^N)^{-1} = C$, und es ist $x^2 = y^N - C^{-1} g^N = x^*$.

Es soll nun durch Induktion $1 - (H^1)_{kk}\, a^{k\mathsf{T}} H^{k-1} a^k > 0$ gezeigt werden, woraus wegen (16) $\lambda^k = 0$ $(k = 2, \ldots, N)$ folgt.

Für $k = 2$ gilt

$$1 - (H^1)_{22}\, a^{2\mathsf{T}} H^1 a^2 = 1 - \frac{c_{21}^2}{c_{22} c_{11}} > 0,$$

da dieser Ausdruck ein positives Vielfaches der zweiten Hauptdeterminante von C und C nach Voraussetzung positiv definit ist. Also gilt $\lambda^2 = 0$.

Es sei nun $\lambda^j = 0$, d. h., es gelte $(H^j)^{-1} = (H^{j-1})^{-1} + e^j a^{j\mathsf{T}} + a^j e^{j\mathsf{T}}$ für $j = 2, \ldots, k-1$. Es gilt also

$$(H^{k-1})^{-1} = \begin{pmatrix} C^{k-1} & & 0 \\ & c_{kk} & \\ & & \ddots & \\ & & & c_{NN} \end{pmatrix} \text{ mit } C^{k-1} := \begin{pmatrix} c_{11} & \cdots & c_{1,k-1} \\ \vdots & & \vdots \\ c_{k-1,1} & \cdots & c_{k-1,k-1} \end{pmatrix}.$$

Nun sei

$$\hat{C}^{k-1} := \begin{pmatrix} C^{k-1} & 0 \\ 0^{\mathsf{T}} & c_{kk} \end{pmatrix}, \quad \hat{a}^k = (c_{1k}, \ldots, c_{k-1,k}, 0)^{\mathsf{T}}, \quad \hat{e}^k = (0, \ldots, 0, 1)^{\mathsf{T}}.$$

Damit gilt

$$C^k = \hat{C}^{k-1} + \hat{a}^k \hat{e}^{k\mathsf{T}} + \hat{e}^k \hat{a}^{k\mathsf{T}} = \hat{C}^{k-1}(I + (\hat{C}^{k-1})^{-1} \hat{a}^k \hat{e}^{k\mathsf{T}} + (\hat{C}^{k-1})^{-1} \hat{a}^k \hat{e}^{k\mathsf{T}}).$$

Da C positiv definit ist, sind die Determinanten von C^k und $\hat{C}^{k-1}$ positiv. Es muß also $\det(I + (\hat{C}^{k-1})^{-1} \hat{a}^k \hat{e}^{k\mathsf{T}} + (\hat{C}^{k-1})^{-1} \hat{a}^k \hat{e}^{k\mathsf{T}}) > 0$ sein. Wie in Behauptung 1 folgt daraus unter Verwendung von $\hat{e}^{k\mathsf{T}} (\hat{C}^{k-1})^{-1} \hat{a}^k = 0$ und $\hat{e}^{k\mathsf{T}} (\hat{C}^{k-1})^{-1} \hat{e}^k = \dfrac{1}{c_{kk}}$

$$\det(I + (\hat{C}^{k-1})^{-1} \hat{a}^k \hat{e}^{k\mathsf{T}} + (\hat{C}^{k-1})^{-1} \hat{a}^k \hat{e}^{k\mathsf{T}}) = 1 - (H^1)_{kk}\, a^{k\mathsf{T}} H^{k-1} a^k > 0,$$

womit die Behauptung bewiesen ist.

Wir betrachten nun die folgende allgemeine Verfahrensvorschrift:

$$z^{i+1} := x^i - \alpha^i H^i g^i \tag{24}$$

mit

$$\alpha^i \text{ aus } f(x^i - \alpha^i H^i g^i) = \min_{\alpha} f(x^i - \alpha H^i g^i); \tag{25}$$

$$x^{i+1} \text{ ist ein Vektor mit } f(x^{i+1}) \leq f(z^{i+1}). \tag{26}$$

Satz 2. *Die Funktion f erfülle die Voraussetzungen (1) und (2). Es sei H^i eine Folge symmetrischer Matrizen mit*

$$\lim_{i\to\infty} H^i = H \text{ und } H \text{ positiv definit.} \tag{27}$$

Für die Folge der Vektoren g^i gelte

$$g^i = Df(x^i) + \Delta^i \tag{28}$$

mit

$$\|\Delta^i\| \leqq k^i,\ k^i > 0 \quad und \lim_{i\to\infty} k^i = 0. \tag{29}$$

Dann konvergieren die durch (24) *bis* (26) *beschriebenen Folgen* $\{x^i\}$ *und* $\{z^i\}$ *für jeden Startvektor* x^1 *gegen das Minimum* x^* *von* f. (Die Existenz von α^i wird dabei vorausgesetzt.)

Beweis. Wegen (27) gibt es Konstanten m, $M > 0$, so daß

$$m\|u\|^2 \leqq u^{\mathsf{T}} H u \leqq M\|u\|^2, \quad u \in R^N, \tag{30}$$

ist. Da die Funktionswerte eine monoton fallende Folge bilden, sind sämtliche x^i $(i = 0, 1, \ldots)$ in der kompakten Menge $W := \{x : f(x) \leqq f(x^0)\}$ enthalten. Wir wählen nun aus einer beliebigen Teilfolge eine konvergente (Teil-)Teilfolge, die wir mit $\{\bar{x}^i\}$ bezeichnen, aus und zeigen, daß sie den Grenzwert x^* hat. Dann gilt bekanntlich $\lim x^i = x^*$. Die zu $\{\bar{x}^i\}$ gehörigen Größen g^i, H^i, α^i und k^i werden ebenfalls durch einen Querstrich gekennzeichnet.

Wegen der Stetigkeit von $Df(x)$ folgt

$$\lim Df(\bar{x}^i) = Df(\bar{x}), \tag{31}$$

wobei $\bar{x}$ der Grenzwert von $\{\bar{x}^i\}$ ist.

Wir führen den Beweis indirekt und nehmen an, es sei

$$\|Df(\bar{x})\| = 2C \neq 0. \tag{32}$$

Aus (27), (29), (30) und (31) folgt, daß es einen Index n gibt, so daß für alle $i \geqq n$

$$\|\bar{H}^i - \bar{H}\| \leqq \frac{m}{2} \tag{33}$$

$$\bar{k}^i \leqq \frac{m}{12M} C \tag{34}$$

und

$$\|Df(\bar{x}^i) - Df(\bar{x})\| \leqq C \tag{35}$$

gilt. Es sei im folgenden stets $i \geqq n$. Aus (33) und (30) erhält man

$$\frac{m}{2}\|u\|^2 \leqq u^{\mathsf{T}} \bar{H}^i u \leqq \frac{3}{2} M\|u\|^2 \tag{36}$$

und aus (32) und (35)

$$\|Df(\bar{x}^i)\| \geqq C. \tag{37}$$

Wegen (28) gilt

$$\|\bar{g}^i\| \geqq \|Df(\bar{x}^i)\| - \bar{k}^i \geqq C - \frac{C}{2} = \frac{C}{2}. \tag{38}$$

Es ist

$$\bar{\alpha}^i = \frac{\bar{g}^{i\mathsf{T}} \bar{H}^i Df(\bar{x}^i)}{\bar{g}^{i\mathsf{T}} \bar{H}^i D^2 f(\xi) \bar{H}^i \bar{g}^i}, \quad \xi \text{ Zwischenstelle.}$$

Daraus erhält man unter Verwendung aller bisher ermittelten Schranken

$$\overline{\alpha}^i = \frac{\overline{g}^{i\mathsf{T}}\overline{H}^i\overline{g}^i - \overline{g}^{i\mathsf{T}}\overline{H}^i\Delta^i}{\overline{g}^{i\mathsf{T}}\overline{H}^i D^2 f(\xi)\overline{H}^i\overline{g}^i} \geqq \frac{\frac{m}{2}\|\overline{g}^i\|^2 - \frac{3}{2}M\overline{k}^i\|\overline{g}^i\|}{\frac{9}{4}AM^2\|\overline{g}^i\|^2}$$

$$\geqq \frac{2m}{9AM^2} - \frac{2}{3}\frac{1}{AM}\frac{2}{C}\overline{k}^i \geqq \frac{2m}{9AM^2} - \frac{1}{9}\frac{m}{AM^2} = \frac{m}{9AM^2} =: B. \tag{39}$$

Durch Taylorentwicklung ergibt sich

$$f(\overline{x}^i - B\overline{H}^i\overline{g}^i) = f(\overline{x}^i) - BDf(\overline{x}^i)^{\mathsf{T}}\overline{H}^i\overline{g}^i + \frac{B^2}{2}\overline{g}^{i\mathsf{T}}\overline{H}^i D^2 f(\ldots)\,\overline{H}^i\overline{g}^i. \tag{40}$$

Wir schätzen nun die einzelnen Summanden nach unten ab:

$$Df(\overline{x}^i)^{\mathsf{T}}\overline{H}^i\overline{g}^i = Df(\overline{x}^i)^{\mathsf{T}}\overline{H}^i Df(\overline{x}^i) + Df(\overline{x}^i)^{\mathsf{T}}\overline{H}^i\overline{\Delta}^i$$

$$\geqq \frac{m}{2}\|Df(\overline{x}^i)\|^2 - \frac{3}{2}M\frac{1}{6}\frac{m}{M}\|Df(\overline{x}^i)\|^2 = \frac{m}{4}\|Df(\overline{x}^i)\|^2, \tag{41}$$

$$\|\overline{g}^i\| \leqq \|Df(\overline{x}^i)\| + k^i \leqq \|Df(\overline{x}^i)\| + \frac{C}{4} \leqq \frac{5}{4}\|Df(\overline{x}^i)\|. \tag{42}$$

Nun kann man (40) wie folgt abschätzen:

$$f(\overline{x}^i - B\overline{H}^i\overline{g}^i) - f(\overline{x}^i) \leqq -\frac{B}{4}\frac{7m}{32}\|Df(\overline{x}^i)\|^2. \tag{43}$$

Wegen Voraussetzung (2) gilt

$$f(\overline{x}^i) - f(x^*) \leqq \frac{A}{2}\|\overline{x}^i - x^*\|^2 \leqq \frac{1}{2}\frac{A}{m^2}\|Df(\overline{x}^i)\|^2.$$

Damit ergibt sich aus (43)

$$f(\overline{x}^i - B\overline{H}^i\overline{g}^i) - f(x^*) \leqq f(\overline{x}^i) - f(x^*) - \frac{B}{4}\frac{2m^2}{A}\frac{7m}{32}(f(\overline{x}^i) - f(x^*))$$

$$= q(f(\overline{x}^i) - f(x^*)) \quad \text{mit} \quad q := 1 - \frac{1}{9}\frac{7m^4}{64A^2M^2} < 1.$$

Somit erhält man

$$f(\overline{x}^{i+1}) - f(x^*) \leqq f(\overline{z}^{i+1}) - f(x^*) \leqq f(\overline{x}^i - B\overline{H}^i\overline{g}^i) - f(x^*)$$

$$\leqq q^{i-n}(f(\overline{x}^n) - f(x^*)) \quad (n \text{ fest und } i > n),$$

woraus $\lim_{i\to\infty} f(\overline{x}^i) = f(x^*)$ folgt. Wegen (2) gilt damit auch $\lim_{i\to\infty}\overline{x}^i = x^*$ und $\lim_{i\to\infty}\|Df(\overline{x}^i)\| = 0$. Das ist aber ein Widerspruch zu der Annahme, daß $\|Df(\overline{x}^i)\| > C \neq 0$ für alle $i \geqq n$ ist. Wegen (2) gilt damit für die gesamte Folge $\lim_{i\to\infty} x^i = \lim_{i\to\infty} z^i = x^*$, womit der Satz bewiesen ist.

Mit Hilfe dieses Satzes kann nun leicht der folgende Konvergenzsatz bewiesen werden:

Satz 3. *Die Funktion f erfülle die Voraussetzungen* (1) *und* (2).

Dann ist das durch (9) *bis* (17) *beschriebene Verfahren für beliebigen Startwert* x^1 *konvergent, d. h., es gilt*

$$\lim_{i\to\infty} x^i = \lim_{i\to\infty} y^{i,k} = x^*$$

und

$$\lim_{i\to\infty} f(x^i) = \lim_{i\to\infty} f(y^{i,k}) = f(x^*) \qquad (k = 1, \ldots, N).$$

Beweis. Wir betrachten die Folge $\{y^{i,j}\}$ für festes j.

Da wir jeden Iterationsschritt mit einer Diagonalmatrix beginnen, für die $\|H^{i,1}\| \leqq \frac{1}{a}$ und $\|(H^{i,1})^{-1}\| \leqq \frac{1}{A}$ (unabhängig von i) gilt, kann man leicht zeigen, daß es von i unabhängige Konstanten m, $M > 0$ gibt mit

$$\|H^{i,j}\| \leqq M \text{ und } \|(H^{i,j})^{-1}\| \leqq \frac{1}{m}. \tag{44}$$

Die Matrizen $H^{i,j}$ ($i = 1, 2, \ldots$) sind also auch Elemente eines kompakten Raumes. Wie im Beweis von Satz 2 wählen wir aus $\{y^{i,j}\}$ eine konvergente (Teil-)Teilfolge $\{\bar{y}^{i,j}\}$ aus. Aus den zu dieser Folge gehörigen Matrizen $\bar{H}^{i,j}$ wird eine konvergente Teilfolge $\{\bar{\bar{H}}^{i,j}\}$ ausgewählt. Die dazu gehörige Teilfolge $\{\bar{\bar{y}}^{i,j}\}$ hat natürlich denselben Grenzwert wie $\{\bar{y}^{i,j}\}$, und man kann auf sie Satz 2 anwenden (die Richtigkeit von (28) und (29) folgt aus (6) und (10), und wegen (44) ist der Grenzwert von $\{\bar{\bar{H}}^{i,j}\}$ positiv definit). Mit (2) folgt dann die Konvergenz der gesamten Folge.

6. Numerische Beispiele

Das Verfahren wurde an etwa 15 Beispielen niedriger Dimension getestet und mit bekannten Verfahren verglichen. Einige der Vergleiche sollen hier beschrieben werden. Dazu werden die Varianten

V1: α in jedem Teilschritt aus der Minimumbedingung,

V2: α nur in jeder N-ten Stufe aus der Minimumbedingung (d. h., wenn die Matrix H vollständig aufgebaut ist) und sonst stets $\alpha = 0$

des oben beschriebenen Verfahrens herangezogen. Es wurde mit der Zahlenfolge $h^0 = 1$; $h^{i+1} = \frac{h^i}{2}$ ($i = 0, 1, \ldots$) gerechnet.

Beispiel 1 (Funktion von ROSENBROCK).

$$f(x) = 100(x_2 - x_1^2)^2 + (1 - x_1)^2$$

Lösung: $x^* = (1; 1)^T$; $f(x^*) = 0$.

Startvektor: $x^1 = (-1{,}2; 1)^T$

In der folgenden Tabelle sollen die Funktionswerte, die nach einer bestimmten Anzahl von Iterationsschritten erreicht werden, mit dem Verfahren von FLETCHER-POWELL (A) verglichen werden. Dabei wurde in V1 und V2 jeder Teilschritt (Stufe) als Iterationsschritt gezählt.

Iterationsschritte	A	V1	V2
0	24,200	24,200	24,200
3	3,687	0,598	2,637
6	1,605	0,314	0,391
9	0,745	0,156	0,180
12	0,196	0,040	0,001
15	0,012	0,014	$1 \cdot 10^{-4}$
18	$1 \cdot 10^{-8}$	$2 \cdot 10^{-4}$	$1 \cdot 10^{-7}$
21	—	$1 \cdot 10^{-8}$	$6 \cdot 10^{-10}$

Die Ergebnisse von A sind [4] entnommen.

Der Vergleich wird aussagekräftiger, wenn man die Anzahl der benötigten Funktionswertberechnungen vergleicht. Wir vernachlässigen die Funktionswertberechnungen, die zur Bestimmung von α notwendig sind (man kann annehmen, daß im Durchschnitt für jede eindimensionale Minimierung gleich viele Funktionsberechnungen notwendig sind und die Anzahl nicht davon abhängig ist, ob die Minimierungsrichtungen aus A, V1 oder V2 bestimmt werden).

Nehmen wir an, daß eine Gradientenberechnung (Verfahren A) $N = 2$ Funktionsberechnungen entspricht, so sind bei diesem Beispiel zur Erreichung eines Funktionswertes, der kleiner als 10^{-7} ist, bei

A: 36 f-Berechnungen und 18 eindimensionale Minimierungen,
V1: 105 f-Berechnungen und 21 eindimensionale Minimierungen,
V2: 54 f-Berechnungen und 9 eindimensionale Minimierungen

notwendig. Da die eindimensionale Minimierung oftmals recht aufwendig ist und mindestens zwei zusätzliche Funktionswertberechnungen verlangt, dürfte dieser Vergleich zugunsten von V2 ausfallen.

Beispiel 2.

$$f(x) = \sum_{i=1}^{N} (f_i(x))^2,$$

wobei

$$f_i(x) = -(N+1) + 2x_i + \sum_{\substack{j=1\\ j\neq i}}^{N} x_j, \quad i = 1, \ldots, N-1;$$

$$f_N(x) = -1 + \prod_{j=1}^{N} x_j.$$

Startvektor: $x^1 = (0{,}5; \ldots; 0{,}5)^{\mathsf{T}}$.

Für dieses Beispiel mit $N = 10$ divergiert das Newtonverfahren und auch mit einer gedämpften Variante des Sekantenverfahrens von BITTNER, das in [3] getestet wurde, konnte keine Konvergenz erreicht werden (dort Lösung des Gleichungssystems $f_i(x) = 0$; $i = 1, \ldots, N$). Der Vergleich mit dem Verfahren von Zangwill, das ebenfalls in [3] getestet wurde, ist der folgenden Tabelle zu entnehmen:

Verfahren	N	$f(x^{\text{end}})$	f-Berechnungen	Iterationsschritte
Zangwill	5	$1{,}4 \cdot 10^{-17}$	1753	20
V2	5	$1{,}4 \cdot 10^{-17}$	1030	14
V1	5	$1{,}3 \cdot 10^{-17}$	2668	15
Zangwill	10	$4{,}3 \cdot 10^{-13}$	5735	43
V2	10	$3{,}6 \cdot 10^{-15}$	3937	17

Bei diesen Zahlen ist die Anzahl der Funktionsberechnungen, die zur Minimierung längs einer Geraden benötigt werden, berücksichtigt. Es muß allerdings noch darauf hingewiesen werden, daß im Verfahren von Zangwill und in dem hier beschriebenen Verfahren unterschiedliche Prozeduren für die eindimensionale Minimierung verwendet wurden.

Beispiel 3 (aus [1]).

$$f(x) = \sum_{i=1}^{10} (f_i(x))^2 \quad \text{mit} \quad f_i(x) = e^{-0{,}1ix_1} - e^{-0{,}1ix_2} - e^{-0{,}1i} + e^{-i}, \quad i = 1, \ldots, N$$

Lösung: $x^* = (1; 10)$

Startwerte:

I: (0; 0), II: (0; 20), III: (5; 0), IV: (5; 20), V: (2,5; 10). Es werden zum Vergleich die Verfahren A (vgl. Beispiel 1), B (Powell), C (Fletcher-Reeves) und D (Barnes, Lösung des Gleichungssystems $f_i(x) = 0$, $i = 1, \ldots, 10$) herangezogen. In der folgenden Tabelle ist die Anzahl der f-Berechnungen eingetragen, die zur Erreichung eines Funktionswertes, der kleiner als 10^{-5} ist, benötigt werden.

Startwert	A	B	C	D	V1	V2
I	51	64	93	27	60*	—
II	48	51	144	15	35	21*
III	45	84	102	divergent	—	40*
IV	63	77	84	36	30*	14*
V	27	23	21	24	15*	21*

Bei den mit * bezeichneten Rechnungen wurde die Zahlenfolge $h^1 = 1$, $h^{i+1} = h^i/4$ verwendet. Die Funktionsberechnungen bei der eindimensionalen Minimierung wurden nicht berücksichtigt. Die Ergebnisse von A, B, C und D wurden [1] entnommen.

Literatur

[1] Box, M. J., A comparison of several current optimization methods and the use of transformations in constrained problems, Comput. J. **9** (1966), 67–76.

[2] Chazan, D., and W. L. Miranker, An nongradient and parallel algorithm for unconstrained minimizations, SIAM Control **8** (1970), 207–217.

[3] Espig, G., B. Leymann, G. Linke, A. Lorenz, H. Pohl und K. Scharfenberg, Über die Lösung nichtlinearer Gleichungssysteme, Diplomarbeit, TU Dresden 1971.

[4] Fletcher, D., and M. J. D. Powell, A rapidly convergent descent method for minimization, Comput. J. **6** (1963), 163–168.

[5] Goldstein, A. A., and J. F. Price, An effective algorithm for minimization, Numer. Math. **10** (1967), 184–189.

[6] Яковлев, М. Н., О некоторых методах решения нелинейных уравнений, Труды матем. инст. им. Стеклова **84** (1965), 8–40.

[7] Pearson, J. D., Variable metric methods for minimization, Comput. J. **12** (1969/70), 171 bis 178.

[8] Powell, M. J. D., An efficient method for finding the minimum of a function of several variables without calculating derivatives, Comput. J. **7** (1964), 155–162.

[9] Powell, M. J. D., A survey of numerical methods for unconstrained optimization, SIAM Rev. **12** (1970), 79–97.

[10] Ortega, J. M., and W. C. Rheinboldt, Iterative solution of nonlinear equations in several variables, Academic Press, New York—London 1970.

[11] Ульм, С., и В. Полль, О некоторых методах решения задач на минимума, Изв. АН ЭстССР, Физ.-матем., **17** (1968), 151–163.

[12] Zangwill, W. I., Minimizing a function without calculating derivatives, Comput. J. **10** (1967), 293–297.

Manuskripteingang: 20. 6. 1972

VERFASSER:

Ursula Hans, Sektion Informationsverarbeitung der Technischen Universität Dresden

Beiträge zur Numerischen Mathematik
2 (1974), 39–60

Das Majorantenprinzip bei Mehrschritt-Iterationsverfahren

WOLFGANG HOYER

1. Einleitung

Zahlreiche Probleme der angewandten Mathematik können näherungsweise mit Hilfe iterativer Verfahren gelöst werden. In der Literatur ist eine Vielzahl solcher Methoden entwickelt und zum Teil ausführlich theoretisch und rechentechnisch untersucht worden. Man stellt dabei fest, daß viele Verfahren eine einheitliche Struktur und vergleichbare Konvergenzeigenschaften besitzen. Die Vorgehensweise bei der Herleitung von Konvergenzsätzen ist oft dieselbe. Es sind deshalb mehrfach Versuche unternommen worden, für gewisse Klassen von Iterationsverfahren allgemeine Aussagen zu beweisen, aus denen durch Spezialisierung die typischen Resultate für die einzelnen konkreten Verfahren gewonnen werden können. Für das Newton-Verfahren und seine Verschärfungen (Verfahren höherer Ordnung) sind solche Sätze von COLLATZ [3] und KLEINMICHEL [7] angegeben worden. RHEINBOLDT [9] (vgl. auch [8]) hat Einschritt-Iterationsverfahren der allgemeinen Gestalt $x_n = G(x_{n-1})$ insbesondere im Hinblick auf Newton-ähnliche Verfahren untersucht. Wesentliches Hilfsmittel in dieser Arbeit sind majorisierende Folgen, wie sie zuerst von KANTOROVIČ [6] im Zusammenhang mit dem Newton-Verfahren verwendet wurden. RHEINBOLDT entwickelte ein allgemeines Prinzip, wie man zu einer vorgegebenen Iterationsfolge in einem metrischen Raum eine reelle Majorantenfolge konstruieren kann. Ein Konvergenzsatz für eine wesentlich umfassendere Klasse von Mehrschritt-Verfahren stammt von SCHMIDT [11]. Dort wird jedoch die Existenz einer Lösung der gestellten Aufgabe in den Voraussetzungen benutzt, und es sind keine Fehlerabschätzungen für die Iterierten möglich.

In der vorliegenden Arbeit werden für Mehrschritt-Verfahren der Form $x_n = G(x_{n-1}, \ldots, x_{n-k})$ $(n \geqq k \geqq 1)$ Konvergenzaussagen angestrebt, bei denen die gesuchte Lösung in den Voraussetzungen nicht vorkommt und sich für alle Iterierten a-priori-Fehlerabschätzungen ergeben. Dazu wird das Majorantenprinzip von RHEINBOLDT erweitert und auf die hier zu betrachtende Verfahrensklasse übertragen. Neben einem allgemeinen Konvergenzsatz werden auf dieser Grundlage Aussagen über die Konvergenzgeschwindigkeit und die Eindeutigkeit der Fixpunkte von G bewiesen.

Als Anwendungsbeispiele betrachten wir die Regula falsi und ein ableitungsfreies Verfahren zur Ermittlung stationärer Punkte eines Funktionals im Banachraum sowie ein spezielles Verfahren zur Lösung endlichdimensionaler nichtlinearer Gleichungssytseme.

2. Einige Bezeichnungen, Definitionen und Hilfsmittel

2.1. Ist M eine Menge und $m \geqq 1$ eine ganze Zahl, so bezeichnet M^m das m-fache kartesische Produkt $M \times \cdots \times M$.

2.2. Es seien (u_n) und (v_n) beliebige Folgen von Elementen aus einer Menge X. Dann vereinbaren wir folgende Schreibweise:

$$\boldsymbol{u}_n{}^m := (u_n, \ldots, u_m) \in X^{|m-n|+1}.$$

Falls $u_n = \cdots = u_m = u$ gilt, wird vereinfachend $\boldsymbol{u}_n{}^m = (u, \ldots, u) = \boldsymbol{u}$ gesetzt, sofern die Anzahl der Elemente ersichtlich ist. Ferner identifizieren wir $(\boldsymbol{u}_n{}^m, \boldsymbol{v}_i{}^k) = (u_n, \ldots, u_m, v_i, \ldots, v_k)$. Wenn X speziell linear oder halbgeordnet ist, so übertragen sich die entsprechenden Operationen bzw. Relationen wie üblich komponentenweise. Ist $(X; d)$ ein metrischer Raum, dann setzen wir

$$\boldsymbol{d}(\boldsymbol{u}_n{}^m; \boldsymbol{v}_n{}^m) := (d(u_n; v_n), \ldots, d(u_m; v_m)).$$

2.3. Sei $(X; d)$ ein metrischer Raum, $x \in X$ und $r > 0$ eine Zahl. Dann ist $K(x; r) := \{y \in X : d(x; y) < r\}$, und $\overline{K}(x; r)$ bezeichnet die zugehörige abgeschlossene Kugel.

2.4. Eine reelle Zahlenfolge (t_n) heißt *Majorante* (*majorisierende Folge*) zu einer Folge (x_n) von Elementen eines metrischen Raumes $(X; d)$, wenn für alle n gilt: $d(x_n; x_{n-1}) \leqq t_n - t_{n-1}$. Aus der Definition ergibt sich unmittelbar, daß eine majorisierende Folge stets monoton wachsend ist. Außerdem erhält man nach der Dreiecksungleichung $d(x_m; x_n) \leqq t_m - t_n$ für beliebiges $m \geqq n$. Falls (t_n) konvergent gegen ein t^* und $(X; d)$ vollständig ist, folgen die Existenz von $x^* = \lim x_n$ und die Abschätzungen $d(x^*; x_n) \leqq t^* - t_n$ für alle n.

2.5. Sei $D \subset X$ und $G: D^k \to X$ $(k \geqq 1)$. Dann heißt $x^* \in D$ *Fixpunkt* von G, wenn die Beziehung $G(\boldsymbol{x}^*) = x^*$ erfüllt ist.

2.6. Sind X, Y lineare, normierte Räume, so bezeichnet $L(X, Y)$ den Raum der linearen und beschränkten Abbildungen von X in Y; speziell ist $L(X) := L(X, X)$. Mit $I \in L(X)$ werde der identische Operator im Raum X bezeichnet.

Existiert zu $B \in L(X, Y)$ der Operator B^{-1} und gilt $\|B^{-1}(A - B)\| \leqq c < 1$ mit $A \in L(X, Y)$, dann folgt nach dem Lemma von Banach (vgl. etwa [6]) die Existenz von A^{-1} und die Abschätzung $\|A^{-1}B\| \leqq 1/(1 - c)$.

2.7. Es seien X, Y Banachräume und $F: D \subset X \to Y$ eine nichtlineare Abbildung. Dann bezeichnet $F'(x) \in L(X, Y)$ die Fréchetableitung von F an der Stelle $x \in \operatorname{int}(D)$.[1]

[1] int (D) sei das Innere der Menge D.

Ist $D_0 \subset \operatorname{int}(D)$ konvex und existiert auf D_0 die Fréchetableitung von F mit $\|A[F'(x) - F'(y)]\| \leqq \gamma\|x - y\|$ für alle $x, y \in D_0$ und ein $A \in L(Y, X)$, dann gilt

$$\|A[F(x) - F(y) - F'(z)(x - y)]\| \leqq \frac{1}{2}\gamma(\|x - z\| + \|y - z\|)\,\|x - y\|$$

$(x, y, z \in D_0)$.

2.8. Eine Funktion $\varphi\colon Q \subset R^N \to R^1$ heißt *isoton*, wenn aus $\boldsymbol{u}_1^N \in Q$, $\boldsymbol{v}_1^N \in Q$, $\boldsymbol{u}_1^N \leqq \boldsymbol{v}_1^N$ folgt $\varphi(\boldsymbol{u}_1^N) \leqq \varphi(\boldsymbol{v}_1^N)$. φ heißt *schwach isoton*, wenn $\varphi(\boldsymbol{u}_1^N) \leqq \varphi(\boldsymbol{u}_0^{N-1})$ wenigstens für $\boldsymbol{u}_0^{N-1} \in Q$, $\boldsymbol{u}_1^N \in Q$, $u_N \leqq \cdots \leqq u_0$ gilt. φ heißt *superadditiv*, wenn für $u, v \in Q$ gilt $\varphi(u + v) \geqq \varphi(u) + \varphi(v)$. Die Funktion φ gehöre zur Klasse $\Gamma^N(Q)$ (vgl. [9]), wenn

a) φ auf einer Menge $Q \subset [0; \infty)^N$ definiert ist, die folgende Eigenschaft hat: Es gibt eine Zahl $\varepsilon > 0$ mit $[0; \varepsilon]^N \subset Q$, und bezüglich der natürlichen Halbordnung im R^N folgt aus $z \in Q$, $y \in R^N$ und $0 \leqq y \leqq z$, daß $y \in Q$ gilt,

b) φ nichtnegativ und isoton ist.

Offensichtlich gehört jede Funktion $\varphi \in \Gamma^N(Q)$ für beliebiges $p > N$ zu $\Gamma^p(Q')$ mit $Q' = Q \times [0; \infty)^{p-N}$.

3. Allgemeine Aussagen für *k*-Schritt-Verfahren

3.1. Generelle Voraussetzungen — Abschätzungsprinzip und zugeordnete Vergleichsiteration

In einem vollständigen metrischen Raum $(X; d)$ sei eine Aufgabe gegeben, etwa eine nichtlineare Gleichung, zu deren Lösung ein k-Schritt-Iterationsverfahren

$$x_n = G(\boldsymbol{x}_{n-1}^{n-k}) = G(x_{n-1}, \ldots, x_{n-k}) \quad (n \geqq k \geqq 1) \tag{1}$$

herangezogen werden soll. Dabei nehmen wir an, daß der Iterationsoperator G eine Menge $D \subset X^k$ in X abbildet und k Startelemente $x_0, \ldots, x_{k-1}$ mit $\boldsymbol{x}_{k-1}^0 \in D$ vorgegeben sind. Zur Herleitung eines Konvergenzsatzes für diese Verfahrensklasse kann das Vorgehen von Rheinboldt [9, 8] in naheliegender Weise verallgemeinert werden.

Für die Konstruktion einer reellen Majorante (t_n) zu der durch das Verfahren (1) definierten Iterationsfolge (x_n) wird zunächst eine Abschätzung der Differenz (im Sinne der Metrik) zweier beliebiger aufeinanderfolgender Iterierter x_{n+1}, x_n benötigt. Dabei ist eine möglichst scharfe Abschätzung anzustreben, um später brauchbare Fehlerschranken zu erhalten. Wir setzen voraus:

(V$_1$) *Es lassen sich eine Menge $D_0 \subset X$ mit $D_0^k \subset D$ und eine Funktion $\varphi \in \Gamma^{k+p}(Q)$, $p = k(k + 3)/2$, finden mit folgender Eigenschaft:*

Sind für $n \geqq k$ die Elemente $x_k, \ldots, x_n \in X$ nach dem Verfahren (1) bestimmt und in D_0 gelegen, so ist auch x_{n+1} gemäß (1) definiert, und es gilt die Abschätzung

$$d(x_{n+1}; x_n) \leqq \varphi(\boldsymbol{d}(\boldsymbol{x}_n{}^{n-k+1}; \boldsymbol{x}_{n-1}^{n-k}), \boldsymbol{d}(x_n{}^{n-1}; \boldsymbol{x}_{k-1}), \ldots, \boldsymbol{d}(\boldsymbol{x}_n{}^{n-k}; \boldsymbol{x}_0)). \tag{2}$$

Es ist leicht zu sehen, daß im Fall $x_0, \ldots, x_{k-1} \in D_0$ die folgende Bedingung hinreichend für die Gültigkeit der Abschätzung (2) ist:

$$d\big(G(G(\boldsymbol{y}_1{}^k), \boldsymbol{y}_1{}^{k-1}); G(\boldsymbol{y}_1{}^k)\big) \leqq \varphi\big(d(G(\boldsymbol{y}_1{}^k); y_1), \boldsymbol{d}(\boldsymbol{y}_1{}^{k-1}; \boldsymbol{y}_2{}^k), d(G(\boldsymbol{y}_1{}^k); x_{k-1}),$$
$$d(y_1; x_{k-1}), \ldots, d(G(\boldsymbol{y}_1{}^k); x_0), \boldsymbol{d}(\boldsymbol{y}_1{}^k; \boldsymbol{x}_0)\big) \tag{3}$$

für beliebige Elemente $y_1, \ldots, y_k \in D_0$ $(k \geqq 2)$ mit $G(\boldsymbol{y}_1{}^k) \in D_0$. Entsprechend lautet (3) im Fall $k = 1$:

$$d\big(G(G(y)); G(y)\big) \leqq \varphi\big(d(G(y); y), d(G(y); x_0), d(y; x_0)\big),$$

falls $y, G(y) \in D_0 \subset D$.

Dies ist die von RHEINBOLDT [9] verwendete Bedingung. Hinreichend für (3) ist wiederum die Voraussetzung

$$d(G(\boldsymbol{y}_0{}^{k-1}); G(\boldsymbol{y}_1{}^k)) \leqq \varphi(\boldsymbol{d}(\boldsymbol{y}_0{}^{k-1}; \boldsymbol{y}_1{}^k), \boldsymbol{d}(\boldsymbol{y}_0{}^1; \boldsymbol{x}_{k-1}), \ldots, \boldsymbol{d}(\boldsymbol{y}_0{}^k; \boldsymbol{x}_0)) \tag{4}$$

für alle $y_0, \ldots, y_k \in D_0$.

Der Abschätzung (2) wird nun formal eine reelle Vergleichsiteration zugeordnet, die die gesuchte Majorante liefern soll.

(V_2) *Die durch die Vorschrift*

$$t_0 = 0, \quad t_i = t_{i-1} + \delta_i \quad (i = 1, \ldots, k-1), \quad t_k = t_{k-1} + \eta, \tag{5}$$
$$t_{n+1} - t_n = \varphi(\boldsymbol{t}_n{}^{n-k+1} - \boldsymbol{t}_{n-1}^{n-k}, \boldsymbol{t}_n{}^{n-1} - \boldsymbol{t}_{k-1}, \ldots, \boldsymbol{t}_n{}^{n-k} - \boldsymbol{t}_0) \quad (n \geqq k)$$

definierte Folge (t_n) sei konstruierbar und besitze einen endlichen Grenzwert t^*. Die Konstanten δ_i und η seien dabei so gewählt, daß die Beziehungen $d(x_i; x_{i-1}) \leqq \delta_i$ $(i = 1, \ldots, k-1)$ und $d(x_k; x_{k-1}) \leqq \eta$ erfüllt werden.

Die in diesem Kapitel gemachten generellen Voraussetzungen über den zugrunde gelegten Raum, das Iterationsverfahren, die Abschätzungsfunktion (V_1) und die Vergleichsiteration (V_2) werden zur Abkürzung durch das Symbol (V) gekennzeichnet, um die Darstellung in den folgenden Abschnitten zu vereinfachen.

3.2. Konvergenz und Konvergenzgeschwindigkeit

Auf der Grundlage der in 3.1. gemachten Annahmen wird für das allgemeine Mehrschritt-Verfahren (1) ein Konvergenzsatz angegeben, der im Spezialfall $k = 1$ das entsprechende Ergebnis von RHEINBOLDT [9, 8] enthält. Der Beweisgedanke kann aus dieser Arbeit übernommen werden.

Wir formulieren zuerst zwei einfache Hilfssätze:

Lemma 3.2.1. *Neben den Voraussetzungen* (V) *gelte* $x_k, \ldots, x_n \in D_0$ $(n \geqq k)$. *Dann folgt* $d(x_j; x_{j-1}) \leqq t_j - t_{j-1}$ *für* $j = 1, \ldots, n + 1$.

Beweis. Für $j = 1, \ldots, k$ besteht die behauptete Beziehung nach Voraussetzung (V_2), (5). Nimmt man an, sie gilt für $j = 1, \ldots, m$ und es ist $x_j \in D_0$ für $j = k, \ldots, m$ $(m \geqq k)$, so erhält man $d(x_j; x_i) \leqq t_j - t_i$ für $j = i, \ldots, m$ $(i = 0, \ldots, k-1)$. Aus (V_1) und (5) folgt, daß x_{m+1} gemäß (1) definiert ist und

$$\begin{aligned} d(x_{m+1}; x_m) &\leqq \varphi(\boldsymbol{d}(\boldsymbol{x}_m{}^{m-k+1}; \boldsymbol{x}_{m-1}^{m-k}), \boldsymbol{d}(\boldsymbol{x}_m{}^{m-1}; \boldsymbol{x}_{k-1}), \ldots, \boldsymbol{d}(\boldsymbol{x}_m{}^{m-k}; \boldsymbol{x}_0)) \\ &\leqq \varphi(\boldsymbol{t}_m{}^{m-k+1} - \boldsymbol{t}_{m-1}^{m-k}, \boldsymbol{t}_m{}^{m-1} - \boldsymbol{t}_{k-1}, \ldots, \boldsymbol{t}_m{}^{m-k} - \boldsymbol{t}_0) = t_{m+1} - t_m \end{aligned}$$

gilt. Da $x_k, \ldots, x_n \in D_0$ vorausgesetzt wurde, ist damit die Behauptung bewiesen.

Lemma 3.2.2. *Es gelten die Voraussetzungen* (V), *und für ein* i $(0 \leqq i \leqq k)$ *sei mit*

(a) $K := K(x_i; t^* - t_i)$, *falls* $t_n < t^*$ *für alle* n,

(b) $K := \overline{K}(x_i; t^* - t_i)$ *sonst*

die Beziehung $K \subset D_0$ *erfüllt. Dann ist das Verfahren* (1) *unbeschränkt durchführbar, und es gilt* $x_n \in K \subset D_0$ *für alle* $n \geqq i$.

Beweis. Nimmt man an, daß $x_i, \ldots, x_n \in K \subset D_0$ für ein $n \geqq i$ schon bestätigt wurde, so folgt aus (V_1), daß x_{n+1} definiert ist, und nach Lemma 3.2.1. gilt $d(x_j; x_{j-1}) \leqq t_j - t_{j-1}$ für $j = 1, \ldots, n+1$. Damit erhält man im Fall (a)

$$d(x_{n+1}; x_i) \leqq t_{n+1} - t_i < t^* - t_i, \quad \text{d. h. } x_{n+1} \in K(x_i; t^* - t_i).$$

Im Fall (b) muß man in der letzten Ungleichung das Gleichheitszeichen zulassen, also $x_{n+1} \in \overline{K}(x_i; t^* - t_i)$. Insgesamt folgt demnach $x_{n+1} \in K$, was im Sinne der vollständigen Induktion zu zeigen war.

Wie man leicht bestätigt, gilt für $0 \leqq m \leqq i \leqq k$ die Inklusion $K(x_i; t^* - t_i) \subset K(x_m; t^* - t_m)$. Die schwächste Kugelbedingung in den Voraussetzungen zu Lemma 3.2.2. erhält man folglich mit $i = k$.

Wir können nun den einfachen, aber zugleich sehr allgemeinen Konvergenzsatz für das Mehrschritt-Verfahren (1) formulieren.

Satz 3.2.3. *Die Voraussetzungen* (V) *seien erfüllt. Mit* $x_k = G(\boldsymbol{x}_{k-1}^0)$ *gelte* $\overline{K}(x_k;\ t^* - t_k) \subset D_0$ *bzw.* $K(x_k;\ t^* - t_k) \subset D_0$, *falls* $t_n < t^*$ *für alle* $n \geqq 0$. *Dann ist das Verfahren* (1) *unbeschränkt durchführbar, die Folge* (x_n) *wird durch* (t_n) *majorisiert und konvergiert gegen ein* $x^* \in \overline{K}(x_k; t^* - t_k)$. *Dabei gilt die Fehlerabschätzung*

$$d(x^*; x_n) \leqq t^* - t_n \quad (n \geqq 0). \tag{6}$$

Der Beweis ergibt sich unter Beachtung von 2.4. aus Lemma 3.2.1. und 3.2.2.

Für die Einschätzung sowohl des Iterationsverfahrens (1) als auch der Fehlerschranken aus (6) ist die Konvergenzgeschwindigkeit der Majorantenfolge (t_n) von Interesse. Wir benutzen dazu

Aussage 3.2.4. *Zu der durch* (5) *definierten Folge* (t_n) *existiere eine Funktion* $\bar{\varphi} \in \Gamma^k(\bar{Q})$, $\bar{Q} = [0; t^*]^k$ *mit*

$$t_{n+1} - t_n \leqq \bar{\varphi}(\boldsymbol{t}_n{}^{n-k+1} - \boldsymbol{t}_{n-1}^{n-k}) \quad (n \geqq k). \tag{7}$$

$\bar{\varphi}$ *sei auf* $\bar{Q}$ *stetig und superadditiv. Dann gilt*

$$t^* - t_n \leqq \bar{\varphi}(\boldsymbol{t}^* - \boldsymbol{t}_{n-1}^{n-k}) \quad (n \geqq k). \tag{8}$$

Beweis. Durch Induktion wird gezeigt, daß für $m \geqq n$ die Ungleichung

$$t_{m+1} - t_n \leqq \bar{\varphi}(\boldsymbol{t}_m{}^{m-k+1} - \boldsymbol{t}_{n-1}^{n-k}) \tag{9}$$

besteht. Für $m = n$ ist das der Fall. Benutzt man (9) als Induktionsannahme, so folgt daraus mit (7)

$$\begin{aligned} t_{m+2} - t_n &= t_{m+2} - t_{m+1} + t_{m+1} - t_n \\ &\leqq \bar{\varphi}(\boldsymbol{t}_{m+1}^{m-k+2} - \boldsymbol{t}_m{}^{m-k+1}) + \bar{\varphi}(\boldsymbol{t}_m{}^{m-k+1} - \boldsymbol{t}_{n-1}^{n-k}) \leqq \bar{\varphi}(\boldsymbol{t}_{m+1}^{m-k+2} - \boldsymbol{t}_{n-1}^{n-k}). \end{aligned}$$

Die Behauptung ergibt sich nun sofort durch Grenzübergang $m \to \infty$ in (9).

Ungleichung (8) charakterisiert die (Mindest-) Konvergenzgeschwindigkeit der Folge (t_n). Für spezielle Funktionen $\bar{\varphi}$ kann diese gemäß [10] (vgl. auch [11]) als positive Lösung einer zugeordneten Polynomgleichung berechnet werden.

3.3. Konvergenz der Vergleichsiteration

Während die Ermittlung einer Abschätzungsfunktion φ gemäß (V_1), (2) in vielen Fällen keine Schwierigkeiten bereitet, ist die Konvergenz der zugehörigen Vergleichsfolge (t_n) eine zwar relativ schwache, aber oft schwer überprüfbare Voraussetzung. Der Grenzwert t^* ist nur in Spezialfällen explizit angebbar. Unter zusätzlichen Voraussetzungen lassen sich jedoch für gewisse Typen von reellen Iterationsvorschriften hinreichende Konvergenzbedingungen herleiten.

Satz 3.3.1. *Die Vergleichsiteration* (5) *habe speziell die Gestalt*

$$t_{n+1} - t_n = \chi(\boldsymbol{t}_n{}^{n-k+1} - \boldsymbol{t}_{n-1}^{n-k})\,(t_n - t_{n-1})$$

mit einer Funktion $\chi \in \Gamma^k(Q)$. *Dann sichert* $h := \chi(\eta, \delta_{k-1}, \ldots, \delta_1) < 1$ *im Falle* $\eta \leqq \delta_{k-1} \leqq \cdots \leqq \delta_1$ *die Konvergenz der Folge* (t_n) *gegen einen Grenzwert*

$$t^* \leqq \delta + \eta/(1 - h) \quad \text{mit} \quad \delta = \sum_{i=1}^{k-1} \delta_i .$$

Beweis. Wir zeigen zunächst durch Induktion, daß für $n \geqq k$ die Beziehungen

1. $t_{n-i} - t_{n-i-1} \leqq \delta_{k-i} \quad (i = 1, \ldots, k-1)$,
2. $t_n \;\; - t_{n-1} \leqq \eta$,
3. $t_{n+1} - t_n \leqq h(t_n - t_{n-1})$

erfüllt sind. Beachtet man die Definition der Startwerte zur Iteration (5), so kann dies für $n = k$ sofort bestätigt werden. Andererseits folgen aus der Induktionsannahme 1 bis 3 unmittelbar die entsprechenden Beziehungen für $n + 1$:

1'. $t_{n+1-i} - t_{n-i} \leqq \delta_{k+1-i} \leqq \delta_{k-i} \quad (i = 2, \ldots, k-1),$

$t_n \quad - t_{n-1} \leqq \eta \leqq \delta_{k-1},$

2'. $t_{n+1} - t_n \leqq h\eta \leqq \eta,$

3'. $t_{n+2} - t_{n+1} = \chi\,(\mathbf{t}_{n+1}^{n-k+2} - \mathbf{t}_n^{\,n-k+1})\,(t_{n+1} - t_n)$

$\leqq \chi\,(\eta, \delta_{k-1}, \ldots, \delta_1)\,(t_{n+1} - t_n) = h(t_{n+1} - t_n).$

Mit Hilfe der Ungleichung $t_{n+1} - t_n \leqq h(t_n - t_{n-1})$ $(n \geqq k)$ beweist man jetzt, wieder durch Induktion, die Abschätzung

$$t_n \leqq \delta + \eta \sum_{m=0}^{n-k} h^m \quad (n \geqq k),$$

woraus sich wegen $h < 1$ und der Monotonie von (t_n) die Behauptung ergibt.

Satz 3.3.1. läßt sich in verschiedener Richtung modifizieren und erweitern. Erwähnt sei hier nur, daß man auf die Voraussetzung $\eta \leqq \delta_{k-1} \leqq \cdots \leqq \delta_1$ verzichten kann, wenn verschärfend $\bar{h} := \chi(\boldsymbol{\mu}) < 1$ mit $\mu = \max\{\eta, \delta_{k-1}, \ldots, \delta_1\}$ gefordert wird. Für den Grenzwert ergibt sich dann die Abschätzung $t^* \leqq \delta + \mu/(1 - \bar{h})$.

Die Untersuchung der Vergleichsiteration (5), die man auch als explizite nichtlineare Differenzengleichung $(k + 1)$-ter Ordnung auffassen kann, wird wesentlich erleichtert, wenn ein sogenanntes „erstes Integral" existiert. Darunter versteht man, daß sich eine Funktion ψ finden läßt, mit deren Hilfe (5) in eine Differenzengleichung nur noch k-ter Ordnung übergeführt werden kann. In diesem Spezialfall ist unter gewissen Voraussetzungen der Grenzwert $t^* = \lim t_n$ formelmäßig angebbar. Wir führen den Begriff des ersten Integrals analog zu der in [8] für $k = 1$ formulierten Definition ein:

Definition 3.3.2. Es sei $J \subset R^1$ ein Intervall mit $[0; \delta] \subset J$ und $\psi\colon J^k \to R^1$ eine stetige Funktion, so daß $\psi(\mathbf{t}_{k-1}^0) = t_k = \delta + \eta$ gilt $(t_0, \ldots, t_{k-1}$ aus (5)). Wenn dann für jedes $n \geqq k$

$$t_{n+1} = \psi(\mathbf{t}_n^{\,n-k+1}) \tag{10}$$

definiert ist und die so erklärte Folge (t_n) der Differenzengleichung (5) genügt, so heißt (10) ein *erstes Integral* zu (5).

Es läßt sich folgende hinreichende Bedingung für die Existenz eines ersten Integrals angeben: Genügt eine stetige Funktion $\psi\colon J^k \to R^1$ mit $\psi(\mathbf{t}_{k-1}^0) = t_k = \delta + \eta$ der Bedingung

$$\psi(\mathbf{s}_0^{\,k-1}) - \psi(\mathbf{s}_1^{\,k}) = \varphi(\mathbf{s}_0^{\,k-1} - \mathbf{s}_1^{\,k}, \mathbf{s}_0^{\,1} - \mathbf{t}_{k-1}, \ldots, \mathbf{s}_0^{\,k} - \mathbf{t}_0) \tag{11}$$

für beliebige $s_j \in J$ mit $s_j \leqq s_{j-1}$ $(j = 1, \ldots, k)$, $t_i \leqq s_{k-i}$ $(i = 0, \ldots, k-1)$

und ist die durch (5) bestimmte Vergleichsfolge in J enthalten, so definiert ψ ein erstes Integral von (5).

Aussage 3.3.3. *ψ definiere ein erstes Integral von (5). Dann gilt:*

a) *Falls die durch (5) bzw. (10) erklärte Folge (t_n) einen Grenzwert $t^* \in J$ besitzt, ist dieser Fixpunkt von ψ, d. h. $\psi(\mathbf{t}^*) = t^*$.*

b) *Wird die Folge* (t_n) *durch den kleinsten Fixpunkt* $\hat{t}$ *von* ψ *in* J *nach oben beschränkt, so existiert* $\lim t_n = t^*$, *und es ist folglich* $t^* = \hat{t}$.

Eng verwandt mit einem bekannten Lemma von KANTOROVIČ (vgl. etwa [8]) ist das folgende Lemma 3.3.4. Zuvor führen wir eine im weiteren mehrfach verwendete Bezeichnungsweise ein:

Es seien $\boldsymbol{u}_1{}^k \in M^k$, $\boldsymbol{v}_1{}^k \in M^k$ (z. B. $M = X$ oder $M = R^1$). Dann werde $\varkappa_i(\boldsymbol{u}_1{}^k, \boldsymbol{v}_1{}^k) \in M^k$ $(0 \leqq i \leqq k)$ wie folgt definiert:

$$\varkappa_i(\boldsymbol{u}_1{}^k, \boldsymbol{v}_1{}^k) := \begin{cases} \boldsymbol{u}_1{}^k & \text{für } i = 0, \\ (\boldsymbol{u}_{i+1}^k, \boldsymbol{v}_1{}^i) & \text{für } 1 \leqq i \leqq k-1, \text{ falls } k \geqq 2, \\ \boldsymbol{v}_1{}^k & \text{für } i = k. \end{cases}$$

Lemma 3.3.4. *Die Funktion* $\psi\colon J^k \to R^1$ *definiere ein erstes Integral der Vergleichsiteration* (5). ψ *sei schwach isoton oder genüge der Bedingung* (11). *Mit* $t_{k-1} \leqq s_{k-1} \leqq \cdots \leqq s_0$, $s_0 \in J$, *gelte* $\psi(\mathbf{s}_0{}^{k-1}) \leqq s_{k-1}$. *Dann liefert* $s_n = \psi(\mathbf{s}_{n-k}^{n-1})$ *eine monoton fallende Folge, und es konvergiert* (t_n) *gegen den kleinsten und* (s_n) *gegen den größten Fixpunkt von* ψ *in* $[t_{k-1}; s_{k-1}]$.

Beweis. Unter der Bedingung (11) erhält man für beliebige $u_i, v_i \in J$ $(i = 1, \ldots, k)$ mit $v_1 \geqq \cdots \geqq v_k \geqq u_1 \geqq \cdots \geqq u_k$ und $u_{k-i} \geqq t_i$ $(i = 0, \ldots, k-1)$

$$\psi(\boldsymbol{v}_1{}^k) - \psi(\boldsymbol{u}_1{}^k) = \sum_{i=1}^{k} [\psi(\mathfrak{w}_{i-1}) - \psi(\mathfrak{w}_i)] \geqq 0, \tag{12}$$

wobei $\mathfrak{w}_i = \varkappa_i(\boldsymbol{v}_1{}^k, \boldsymbol{u}_1{}^k)$ gesetzt werde. Auch die schwache Isotonie von ψ auf J^k ist hinreichend für (12). Somit folgt aus den gemachten Voraussetzungen die Gültigkeit der Ungleichungskette

$$t_n = \psi(\boldsymbol{t}_{n-1}^{n-k}) \leqq \psi(\mathbf{s}_{n-k}^{n-1}) = s_n \leqq s_{n-1} \leqq \cdots \leqq s_{n-k} \leqq s_0 \quad (n \geqq k) \tag{13}$$

im Fall $n = k$. Angenommen, sie wäre für $n = m \geqq k$ bewiesen. Dann ist s_{n+1} definiert, und man gewinnt auf Grund der schwachen Isotonie bzw. der Beziehung (11) sowie der Ungleichung (12) $s_m - s_{m+1} = \psi(\mathbf{s}_{m-k}^{m-1}) - \psi(\mathbf{s}_{m-k+1}^{m}) \geqq 0$ und $s_{m+1} - t_{m+1} = \psi(\mathbf{s}_{m-k+1}^{m}) - \psi(\boldsymbol{t}_m{}^{m-k+1}) \geqq 0$. Damit ist (13) auch für $n = m + 1$ bestätigt, also für alle $n \geqq k$ gültig. Es folgt die Existenz von $\lim t_n =: t^*$ und $\lim s_n =: s^*$ mit $t^* \leqq s^*$. Wegen der Stetigkeit von ψ sind t^* und s^* Fixpunkte. Gäbe es einen weiteren Fixpunkt $\hat{t} \in [t_{k-1}; t^*)$, so folgte mit Hilfe von (12) aus der Induktionsannahme $t_0 \leqq t_{n-k} \leqq \cdots \leqq t_{n-1} \leqq \hat{t} < t^*$ $(n \geqq k)$ die Beziehung $\hat{t} - t_n = \psi(\hat{\boldsymbol{t}}) - \psi(\boldsymbol{t}_{n-1}^{n-k}) \geqq 0$. Somit wäre $t_n \leqq \hat{t}$ für alle $n \geqq 0$, woraus sich mit $\lim t_n \leqq \hat{t}$ ein Widerspruch ergibt. Entsprechend zeigt man, daß s^* der größte Fixpunkt in $[t_{k-1}; s_{k-1}]$ ist.

Wir betrachten nun eine spezielle Form der Vergleichsiteration (5), wie sie z. B. bei einer Klasse von Zweischritt-Verfahren auftritt. Sie lautet

$$t_0 = 0, \quad t_1 = \delta \geqq 0, \quad t_2 = \delta + \eta \quad (\eta > 0),$$
$$t_{n+1} - t_n = \frac{p_1(t_n - t_{n-1})^2 + p_2(t_n - t_{n-1})(t_{n-1} - t_{n-2}) + p_3(t_{n-1} - t_{n-2})^2}{1 - (p_4 t_n + p_5 t_{n-1} - p_4\delta)} \tag{14}$$

$(n \geqq 2)$ mit Parametern $p_i \geqq 0$ $(i = 1, \ldots, 5)$.

Aussage 3.3.5. *Genügen die Parameter den Bedingungen*

$$p_1 > 0, \quad 2(p_1 + p_3) = p_4 + p_5,\ p_2 = p_5,\ p_5\delta < 1$$

und

$$R := (1 + p_4\delta)^2 - 4(p_1 + p_3)\,[\delta + \eta + (p_4 - p_1)\delta^2] \geqq 0,$$

so definiert (14) *eine streng monoton wachsende Folge, die gegen den Grenzwert*

$$t^* = \frac{1}{2(p_1 + p_3)}\left[1 + p_4\delta - \sqrt{R}\right]$$

konvergiert.

Beweis. Wir zeigen, daß $\psi(t, s) := t + u(t, s)/v(t, s)$ mit

$$u(t, s) = p_1t^2 + 2p_3ts - p_3s^2 - (1 + p_4\delta)t + \delta + \eta + (p_4 - p_1)\delta^2,$$

$$v(t, s) = 1 - (p_4t + p_5s - p_4\delta)$$

ein erstes Integral von (14) definiert.

Zunächst erhält man für $0 \leqq t, s < t^*$

$$v(t, s) > 1 - (p_4 + p_5)t^* + p_4\delta = \sqrt{R} \geqq 0.$$

ψ ist also auf $J^2 := [0; t^*)^2$ definiert und stetig. Weiterhin gilt $\delta < t^*$

$$\psi(t_1, t_0) = \psi(\delta, 0) = \delta + u(\delta, 0)/v(\delta, 0) = \delta + \eta = t_2.$$

Unter der Annahme, daß t_n, t_{n-1}, t_{n-2} definiert und in J gelegen sind, bestätigt man durch eine kurze Rechnung die Identität

$$\begin{aligned} t_{n+1} - t_n &= \psi(t_n, t_{n-1}) - t_n \\ &= [u(t_n, t_{n-1}) - u(t_{n-1}, t_{n-2}) + v(t_{n-1}, t_{n-2})\,(t_n - t_{n-1})]/v(t_n, t_{n-1}) \\ &= \frac{p_1(t_n - t_{n-1})^2 + p_2(t_n - t_{n-1})\,(t_{n-1} - t_{n-2}) + p_3(t_{n-1} - t_{n-2})^2}{1 - (p_4t_n + p_5t_{n-1} - p_4\delta)} \end{aligned} \tag{15}$$

Analog erhält man bei Beachtung von $u(t^*, t^*) = 0$ für $0 \leqq s \leqq t < t^*$

$$\begin{aligned} t^* - \psi(t, s) &= [u(t^*, t^*) - u(t, s) + v(t, s)\,(t^* - t)]/v(t, s) \\ &\geqq [p_1(t^* - t)^2 + p_2(t^* - t)\,(t - s) + p_3(t - s)^2]/v(t, s) > 0, \end{aligned} \tag{16}$$

d. h. $\psi(t, s) < t^*$. Somit folgt $0 = t_0 \leqq t_1 = \delta < t_2 = \delta + \eta < t^*$. Aus der Induktionsannahme $0 \leqq t_{n-2} \leqq t_{n-1} < t_n < t^*$ für ein $n \geqq 2$ gewinnt man nun mit Hilfe von (15), (16) sofort, daß $t_{n+1} = \psi(t_n, t_{n-1})$ definiert ist und $t_{n+1} - t_n > 0$ sowie $t^* - t_{n+1} > 0$ gilt. Die Folge (t_n) ist also vollständig bestimmt und genügt (14), also ist $t_{n+1} = \psi(t_n, t_{n-1})$ ein erstes Integral. Ferner folgt aus dem Induktionsschluß, daß $(t_n)_{n \geqq 1}$ streng monoton wachsend ist und durch t^* nach oben beschränkt wird. Da t^* die kleinste Lösung von $u(t, t) = 0$ ist, gibt es keinen Fixpunkt $t < t^*$ von ψ. Also gilt nach Aussage 3.3.3. $\lim t_n = t^*$.

3.4. Existenz und Eindeutigkeit von Fixpunkten

Der Konvergenzsatz 3.2.3. gibt noch keine Auskunft darüber, ob der Grenzwert x^* der Iterationsfolge (x_n) ein Fixpunkt des Operators G ist. In den meisten Fällen kann dies durch eine einfache Zusatzbetrachtung festgestellt werden. Unabhängig davon sichern die folgenden Eindeutigkeitssätze, daß in einer gewissen Umgebung von x^* zumindest kein anderer Fixpunkt von G existiert. Im Spezialfall $k = 1$ liefern diese Sätze im wesentlichen die von RHEINBOLDT [9, 8] angegebenen Eindeutigkeitsaussagen. Der Übersichtlichkeit halber stellen wir das folgende Lemma voran:

Lemma 3.4.1. *Es gelten die Voraussetzungen* (V) *mit folgenden Verschärfungen:*

a) (2) *werde durch eine Bedingung der Form* (4) *ersetzt,*

b) *Die zugehörige Vergleichsiteration* (5) *besitze ein erstes Integral, dessen definierende Funktion* ψ *der Bedingung* (11) *genügt.*

Dann gilt für $y_0, \ldots, y_k \in D_0$

$$\begin{aligned} d(G(\boldsymbol{y}_0^{k-1}); G(\boldsymbol{y}_1^k)) &\leqq \varphi(\boldsymbol{d}(\boldsymbol{y}_0^{k-1}; \boldsymbol{y}_1^k), \boldsymbol{d}(\boldsymbol{y}_0^1; \boldsymbol{x}_{k-1}), \ldots, \boldsymbol{d}(\boldsymbol{y}_0^k; \boldsymbol{x}_0)) \\ &\leqq \varphi(\boldsymbol{s}_0^{k-1} - \boldsymbol{s}_1^k, \boldsymbol{s}_0^1 - \boldsymbol{t}_{k-1}, \ldots, \boldsymbol{s}_0^k - \boldsymbol{t}_0) \\ &= \psi(\boldsymbol{s}_0^{k-1}) - \psi(\boldsymbol{s}_1^k), \end{aligned}$$

falls $\boldsymbol{d}(\boldsymbol{y}_0^{k-1}; \boldsymbol{y}_1^k) \leqq \boldsymbol{s}_0^{k-1} - \boldsymbol{s}_1^k, \quad \boldsymbol{d}(\boldsymbol{y}_0^{k-i}; \boldsymbol{x}_i) \leqq \boldsymbol{s}_0^{k-i} - \boldsymbol{t}_i \quad (i = 0, \ldots, k-1)$ *und* $s_j \in J$ $(j = 0, \ldots, k)$.

Satz 3.4.2. *Es gelten die Voraussetzungen von Satz* 3.2.3. *mit den obigen Verschärfungen von* (V). *Außerdem sei* $x_0, \ldots, x_{k-1} \in D_0$ *erfüllt. Dann gibt es in* $\overline{K}(x_{k-1}; t^* - t_{k-1}) \cap D_0$ *höchstens einen Fixpunkt von* G.

Beweis. Angenommen, $y^* \in \overline{K}(x_{k-1}; t^* - t_{k-1}) \cap D_0$ sei ein Fixpunkt von G. Wir zeigen durch Induktion, daß dann für $n \geqq 0$ die Abschätzung $d(y^*; x_n) \leqq t^* - t_n$ gilt. Daraus folgt mit $y^* = x^* = \lim x_n$ unmittelbar die Aussage des Satzes.

Für $n = k - 1$ ist die behauptete Beziehung richtig. Den Induktionsschluß führen wir mit Hilfe von Lemma 3.4.1. Unter der Annahme $d(y^*; x_n) \leqq t^* - t_n$ für ein $n = m - 1$ $(m \geqq k)$ erhält man

$$\begin{aligned} d(y^*; x_m) = d(G(\boldsymbol{y}^*); G(\boldsymbol{x}_{m-1}^{m-k})) &\leqq \sum_{i=1}^{k} d(G(\mathfrak{x}_{i-1}); G(\mathfrak{x}_i)) \\ &\leqq \sum_{i=1}^{k} [\psi(\mathfrak{s}_{i-1}) - \psi(\mathfrak{s}_i)] = \psi(\boldsymbol{t}^*) - \psi(\boldsymbol{t}_{m-1}^{m-k}) = t^* - t_m, \end{aligned}$$

wobei $\mathfrak{x}_i = \varkappa_i(\boldsymbol{y}^*, \boldsymbol{x}_{m-1}^{m-k})$ und $\mathfrak{s}_i = \varkappa_i(\boldsymbol{t}^*, \boldsymbol{t}_{m-1}^{m-k})$ $(i = 0, \ldots, k)$ gesetzt sei. Das war zu zeigen.

Satz 3.4.3. *Die Voraussetzungen von Satz* 3.4.2. *seien erfüllt. Darüber hinaus existiere ein* $t^{**} > t^*$ *mit* $[0; t^{**}) \subset J$, *so daß* $\psi(\boldsymbol{t}) < t$ *für* $t^* < t < t^{**}$ *gilt. Dann gibt es in* $K(x_{k-1}; t^{**} - t_{k-1}) \cap D_0$ *höchstens einen Fixpunkt von* G.

Beweis. Wir nehmen an, $y^* \in K(x_{k-1}; t^{**} - t_{k-1}) \cap D_0$ sei Fixpunkt von G, und setzen $s := d(y^*; x_{k-1}) + t_{k-1}$. Im Fall $s \leqq t^*$ liegt y^* in $\overline{K}(x_{k-1}; t^* - t_{k-1}) \cap D_0$, und es kann wie im Beweis zu Satz 3.4.2. $y^* = x^*$ gefolgert werden. Es genügt also,

$t^* < s < t^{**}$ zu betrachten. Durch $s_0 := \cdots := s_{k-1} := s$ und $s_n = \psi(\mathbf{s}_{n-k}^{n-1})$ $(n \geqq k)$ definieren wir eine Hilfsfolge (s_n). Nach Lemma 3.3.4. ist diese monoton fallend und konvergent gegen $t^* = \lim t_n$. Nun gilt für $n \geqq k-1$ die Ungleichung $d(y^*; x_n) \leqq s_n - t_n$, denn für $n = k-1$ ist diese Beziehung nach Definition von s erfüllt, und aus der Gültigkeit für ein $n = m-1$ $(m \geqq k)$ folgt wieder mit Lemma 3.4.1.

$$d(y^*; x_m) = d(G(\boldsymbol{y}^*); G(\boldsymbol{x}_{m-1}^{m-k})) \leqq \sum_{i=1}^{k} d(G(\mathfrak{x}_{i-1}); G(\mathfrak{x}_i))$$

$$\leqq \sum_{i=1}^{k} [\psi(\mathfrak{s}_{i-1}) - \psi(\mathfrak{s}_i)] = \psi(\mathbf{s}_{m-k}^{m-1}) - \psi(\boldsymbol{t}_{m-1}^{m-k}) = s_m - t_m,$$

jetzt mit $\mathfrak{x}_i = \varkappa_i(\boldsymbol{y}^*, \boldsymbol{x}_{m-1}^{m-k})$, $\mathfrak{s}_i = \varkappa_i(\mathbf{s}_{m-k}^{m-1}, \boldsymbol{t}_{m-1}^{m-k})$ $(i = 0, \ldots, k)$. Damit ist $y^* = x^* = \lim x_n$, und der Satz ist bewiesen.

Das folgende Ergebnis in einem Spezialfall geht auf Kantorovič zurück und wurde in ähnlicher Form bereits von Rheinboldt auf der Grundlage der den Sätzen 3.4.2. und 3.4.3. im Fall $k = 1$ entsprechenden Aussagen bewiesen. Wir verwenden es zur Gewinnung spezieller Eindeutigkeitsaussagen in 4.1. und 4.3.

Folgerung 3.4.4. *Es seien X, Y Banachräume, $F\colon D \subset X \to Y$ eine auf der konvexen Menge $D_0 \subset \operatorname{int}(D)$ differenzierbare Abbildung und $x_0 \in D_0$. Ferner sei $A \in L(X, Y)$ invertierbar, und es gelte $\|A^{-1}F(x_0)\| \leqq \eta$, $\|A^{-1}[A - F'(x_0)]\| \leqq \omega$ sowie $\|A^{-1}[F'(y) - F'(z)]\| \leqq \gamma\|y - z\|$ für alle $y, z \in D_0$. Falls die Beziehungen*

$$h := \sqrt{2\gamma\eta} + \omega \leqq 1 \quad \textit{und} \quad \bar{K}(x_1; t^* - \eta) \subset D_0$$

mit $x_1 = x_0 - A^{-1}F(x_0)$, $t^* = \left[1 - \omega - \sqrt{(1-\omega)^2 - 2\gamma\eta}\right]/\gamma$ *erfüllt sind, gibt es in*

$$K(x_0; t^{**}) \cap D_0, \quad t^{**} = \left[1 - \omega + \sqrt{(1-\omega)^2 - 2\gamma\eta}\right]/\gamma,$$

höchstens eine Nullstelle von F. Im Fall $h = 1$, d. h. $t^{**} = t^*$, kann $\bar{K}(x_0; t^{**}) \cap D_0$ als Eindeutigkeitsbereich nachgewiesen werden.

Beweis. Wir betrachten $G(x) := x - A^{-1}F(x)$ und zeigen, daß mit $k = 1$, $\delta = 0$ die Voraussetzungen des Satzes 3.4.2. erfüllt sind. Für beliebige $y, z \in D_0$ erhält man unter Beachtung von 2.7. die Abschätzung

$$\|G(y) - G(z)\| = \|y - z - A^{-1}[F(y) - F(z)]\|$$

$$\leqq \|A^{-1}[F(y) - F(z) - F'(z)(y - z)]\| + \|A^{-1}[F'(z) - F'(x_0)](y - z)\|$$

$$+ \|A^{-1}[A - F'(x_0)](y - z)\|$$

$$\leqq \frac{1}{2}\gamma\|y - z\|^2 + \gamma\|z - x_0\|\,\|y - z\| + \omega\|y - z\| =: \varphi(\|y - z\|, \|z - x_0\|).$$

Die zugehörige Vergleichsiteration $t_0 = 0$, $t_1 = \eta$,

$$t_{n+1} - t_n = \frac{1}{2}\gamma(t_n - t_{n-1})^2 + \gamma t_{n-1}(t_n - t_{n-1}) + \omega(t_n - t_{n-1}) \quad (n \geqq 1)$$

besitzt ein erstes Integral, das durch die Funktion $\psi(t) = \frac{1}{2}\gamma t^2 + \omega t + \eta$ definiert ist. Dazu genügt der Hinweis, daß ψ die Bedingung (11) erfüllt. Weiterhin sind t^*

und t^{**} die Fixpunkte von ψ, und mit $s_0 = t^*$ folgt aus Lemma 3.3.4. $\lim t_n = t^*$. Damit ergibt sich die Behauptung für $h = 1$ aus Satz 3.4.2., wenn man beachtet, daß die Fixpunkte von G mit den Nullstellen von F identisch sind. Im Fall $h < 1$ läßt sich $\psi(t) < t$ $(t^* < t < t^{**})$ Satz 3.4.3. heranziehen.

4. Beispiele

Im folgenden werden die allgemeinen Ergebnisse aus dem vorigen Abschnitt auf drei echte Mehrschritt-Verfahren (d. h. $k > 1$) angewendet. Für den Fall $k = 1$ sei auf die Arbeit von Rheinboldt [9] verwiesen.

4.1. *Regula falsi*

Es seien X, Y Banachräume und $F: D' \subset X \to Y$ eine nichtlineare Abbildung, die auf der konvexen Menge $D_0' \subset \operatorname{int}(D')$ differenzierbar ist. Zur Lösung der Gleichung $F(x) = 0$ betrachten wir das Iterationsverfahren

$$x_n = x_{n-1} - \delta F(x_{n-1}, x_{n-2})^{-1} F(x_{n-1}) \quad (n \geqq 2), \tag{17}$$

$$x_0, x_1 \in D_0' \text{ vorgegeben.}$$

Dabei sei $\delta F: D_0'^2 \to L(X, Y)$ eine Abbildung, die in einer noch zu präzisierenden Weise die Fréchetableitung $F': D_0' \to L(X, Y)$ annähert.

Satz 4.1.1. *Zu $x_0, x_1 \in D_0'$ existiere $\delta F(x_1, x_0)^{-1}$, und es gelte*

$$\|x_1 - x_0\| \leqq \delta, \quad 0 < \|x_2 - x_1\| = \|\delta F(x_1, x_0)^{-1} F(x_1)\| \leqq \eta$$

sowie

$$\|\delta F(x_1, x_0)^{-1} [\delta F(x, y) - F'(z)]\| \leqq \alpha \|x - z\| + \beta \|y - z\| \text{ für } x, y, z \in D_0' \tag{18}$$

mit $\alpha, \beta \geqq 0$, $\alpha + \beta > 0$. Sind dann die Beziehungen $H := \sqrt{2(\alpha + \beta)\eta} + \beta\delta \leqq 1$ und $\overline{K}(x_2; r) \subset D_0'$ mit

$$r = \frac{1}{\alpha + \beta}\left[1 - \beta\delta - \sqrt{(1 - \beta\delta)^2 - 2(\alpha + \beta)\eta}\right] - \eta$$

erfüllt, so ist Verfahren (17) unbeschränkt durchführbar, die Vergleichsfolge (t_n) gemäß $t_0 = 0$, $t_1 = \delta$, $t_2 = \delta + \eta$,

$$t_{n+1} = t_n + \frac{\frac{1}{2}(\alpha + \beta)(t_n - t_{n-1})^2 + \beta(t_n - t_{n-1})(t_{n-1} - t_{n-2})}{1 - (\alpha t_n + \beta t_{n-1} - \alpha\delta)} \quad (n \geqq 2) \tag{19}$$

majorisiert (x_n), und es existiert $\lim x_n = x^* \in D_0'$ mit $F(x^*) = 0$. Ferner gilt für alle $n \geqq 0$ die Fehlerabschätzung $\|x^* - x_n\| \leqq t^* - t_n$, wobei $t^* = \lim t_n = r + \delta + \eta$ ist.

Beweis. Für $x, y \in K(x_2; r)$ erhält man

$$\begin{aligned} \|\delta F(x_1, x_0)^{-1} [\delta F(x, y) - \delta F(x_1, x_0)]\| &\leqq \|\delta F(x_1, x_0)^{-1} [\delta F(x, y) - F'(x_1)]\| \\ &\quad + \|\delta F(x_1, x_0)^{-1} [F'(x_1) - \delta F(x_1, x_0)]\| \\ &\leqq \alpha\|x - x_1\| + \beta\|y - x_1\| + \beta\|x_1 - x_0\| \\ &< (\alpha + \beta)(r + \eta) + \beta\delta \leqq 1. \end{aligned}$$

Ebenso gilt

$$\begin{aligned} \|\delta F(x_1, x_0)^{-1} [\delta F(x_2, x_1) - \delta F(x_1, x_0)]\| &\leqq \alpha\|x_2 - x_1\| + \beta\|x_1 - x_0\| \\ &\leqq \alpha\eta + \beta\delta < 1. \end{aligned}$$

Nach 2.6. existiert somit für $(x, y) \in K(x_2; r)^2 \cup \{(x_2, x_1)\}$ der Operator $\delta F(x, y)^{-1}$ mit

$$\|\delta F(x, y)^{-1}\delta F(x_1, x_0)\| \leqq \frac{1}{1 - (\alpha\|x - x_1\| + \beta\|y - x_1\| + \beta\delta)}. \tag{20}$$

Sind $x_2, \ldots, x_n$ für $n \geqq 2$ nach dem Verfahren (17) bereits bestimmt und in $D_0 := K(x_2; r) \subset D_0'$ gelegen, so ist folglich auch x_{n+1} definiert, und man erhält mit (17), (18), (20) sowie 2.7. die Abschätzung

$$\begin{aligned} \|x_{n+1} - x_n\| &= \|\delta F(x_n, x_{n-1})^{-1} F(x_n)\| \\ &= \|[\delta F(x_n, x_{n-1})^{-1}\, \delta F(x_1, x_0)]\, \{\delta F(x_1, x_0)^{-1} [F(x_n) - F(x_{n-1}) \\ &\quad - F'(x_{n-1})(x_n - x_{n-1})] \\ &\quad + \delta F(x_1, x_0)^{-1} [F'(x_{n-1}) - \delta F(x_{n-1}, x_{n-2})](x_n - x_{n-1})\}\| \\ &\leqq \frac{\frac{1}{2}(\alpha + \beta)\|x_n - x_{n-1}\|^2 + \beta\|x_n - x_{n-1}\|\,\|x_{n-1} - x_{n-2}\|}{1 - (\alpha\|x_n - x_1\| + \beta\|x_{n-1} - x_1\| + \beta\delta)} \\ &=: \varphi(\|x_n - x_{n-1}\|, \|x_{n-1} - x_{n-2}\|, \|x_n - x_1\|, \|x_{n-1} - x_1\|), \end{aligned} \tag{21}$$

wenn man beachtet, daß aus (18)

$$\|\delta F(x_1, x_0)^{-1} [F'(y) - F'(z)]\| \leqq (\alpha + \beta)\|y - z\| \quad (y, z \in D_0')$$

folgt. Die zugehörige Vergleichsiteration ist identisch mit (19). Setzt man $p_1 = \frac{1}{2}(\alpha + \beta)$, $p_2 = p_5 = \beta$, $p_3 = 0$, $p_4 = \alpha$, so folgt mit $\sqrt{2(\alpha + \beta)\eta} + \beta\delta \leqq 1$, daß die Voraussetzungen von Aussage 3.3.5. erfüllt sind. Die Folge (t_n) ist also streng monoton wachsend und besitzt den Grenzwert $t^* = r + \delta + \eta$. Damit sind die Voraussetzungen (V) erfüllt. Ferner gilt $K(x_2; t^* - t_2) = K(x_2; r) = D_0$, und die behauptete Aussage ergibt sich aus Satz 3.2.3. Daß x^* Nullstelle von F ist, schließt man wegen der Stetigkeit aus der in (21) enthaltenen Abschätzung

$$\|\delta F(x_1, x_0)^{-1} F(x_n)\| \leqq \frac{1}{2}(\alpha + \beta)\|x_n - x_{n-1}\|^2 + \beta\|x_n - x_{n-1}\|\,\|x_{n-1} - x_{n-2}\|.$$

Ähnliche Resultate über Regula-falsi-Verfahren wurden von BURMEISTER [1] und SCHMIDT [12] angegeben. Im Gegensatz zu früheren Ergebnissen (SCHMIDT [10], ULM [15], HOFMANN [5]) konnte in diesen Arbeiten ebenfalls auf die „Steigungseigenschaft" $\delta F(x, y)\,(x - y) = F(x) - F(y)$ verzichtet werden.

Setzt man $\delta F(x, y) = F'(x)$ für beliebige $x, y \in D_0'$, so geht (17) in die Vorschrift des Newton-Verfahrens über. Mit $\beta = \delta = 0$ liefert Satz 4.1.1. dafür den bekannten Konvergenz- und Existenzsatz von KANTOROVIČ.

Zusatz 4.1.2. *Unter den Voraussetzungen von Satz 4.1.1. konvergiert die Majorantenfolge* (t_n) *im Falle* $H < 1$ *mindestens mit der Geschwindigkeit* $\frac{1}{2}\left(1 + \sqrt{5}\right) \approx 1{,}62$ *gegen* t^*. *Für* $\beta = 0$ *ergibt sich quadratische Konvergenz.*

Beweis. Wegen $t_n, t_{n-1} < t^*$ gilt für $n \geqq 2$

$$t_{n+1} - t_n < \frac{\frac{1}{2}(\alpha + \beta)\,(t_n - t_{n-1})^2 + \beta(t_n - t_{n-1})\,(t_{n-1} - t_{n-2})}{\sqrt{(1 - \beta\delta)^2 - 2(\alpha + \beta)\eta}}$$

$$=: \bar{\varphi}(t_n - t_{n-1},\, t_{n-1} - t_{n-2}).$$

$\bar{\varphi}$ erfüllt die Voraussetzungen von Aussage 3.2.4., also folgt

$$t^* - t_n \leqq \frac{\frac{1}{2}(\alpha + \beta)\,(t^* - t_{n-1})^2 + \beta(t^* - t_{n-1})\,(t^* - t_{n-2})}{\sqrt{(1 - \beta\delta)^2 - 2(\alpha + \beta)\eta}},$$

woraus man gemäß [10] die behauptete Konvergenzgeschwindigkeit ermittelt.

Zusatz 4.1.3. *Es gelten die Voraussetzungen von Satz 4.1.1. Dann gibt es im Fall* $H < 1$ *außer* $x^* = \lim x_n$ *in* $K(x_1; r^*) \cap D_0'$,

$$r^* = \frac{1}{\alpha + \beta}\left[1 - \beta\delta + \sqrt{(1 - \beta\delta)^2 - 2(\alpha + \beta)\eta}\right],$$

keine weitere Nullstelle von F. *Im Fall* $H = 1$ *ist* x^* *die einzige Nullstelle in* $\overline{K}(x_1; r^*) \cap D_0'$.

Beweis. Wir wenden die Folgerung 3.4.4. auf $A = \delta F(x_1, x_0)$ an. Dann gilt

$$\|A^{-1}[A - F'(x_1)]\| \leqq \beta\delta =: \omega \quad \text{und} \quad \|A^{-1}[F'(y) - F'(z)]\| \leqq \gamma\|y - z\|$$

für $y, z \in D_0'$ mit $\gamma = \alpha + \beta$. Wegen $h = H \leqq 1$ und $\overline{K}(x_2; r) \subset D_0'$ sind mit x_1 anstelle von x_0 alle Voraussetzungen erfüllt, und es folgen die behaupteten Eindeutigkeitsaussagen. Da $\overline{K}(x_2; r)$ in beiden Fällen im Eindeutigkeitsbereich enthalten ist, gibt es mit x^* dort also genau eine Nullstelle.

4.2. *Ein Verfahren zur Ermittlung stationärer Punkte*

Es sei X ein Banachraum und $f\colon D' \subset X \to R^1$ ein nichtlineares Funktional. Auf der konvexen Menge $D_0' \subset \operatorname{int}(D')$ sei f differenzierbar, und es seien erste und zweite Steigungen $\delta f\colon D_0'^2 \to L(X, R^1)$, $\delta^2 f, \delta^2 f^*\colon D_0'^3 \to L(X, L(X, R^1))$ folgendermaßen erklärt:

$$\begin{aligned} &\delta f(u, v)(u - v) = f(u) - f(v), \quad \delta f(u, u) = f'(u) \\ &\delta^2 f(u, v, w)(u - v) = \delta f(u, w) - \delta f(v, w), \\ &\delta^2 f^*(u, v, w)(v - w) = \delta f(u, v) - \delta f(u, w) \quad (u, v, w \in D_0'). \end{aligned} \tag{22}$$

Zur näherungsweisen Lösung der Aufgabe $f'(x) = 0$ wurde von SCHMIDT/TRINKAUS [13] das ableitungsfreie Verfahren

$$x_n = x_{n-1} - A(x_{n-1}, x_{n-2})^{-1} F(x_{n-1}, x_{n-2}) \quad (n \geqq 2) \tag{23}$$

mit

$$A(y, z) = \delta^2 f(\tau y + (1 - \tau) z, y, z) + \delta^2 f^*(\tau y + (1 - \tau) z, y, z)$$

und

$$F(y, z) = \delta f(y, z) + \delta f(\tau y + (1 - \tau) z, y) - \delta f(\tau y + (1 - \tau) z, z)$$

bei vorgegebenen Startelementen x_0, x_1 und festem $\tau \in (0; 1)$ untersucht. BURMEISTER [2] gab dazu einen Konvergenzsatz mit Fehlerabschätzung an. Wir gelangen auf der Grundlage von Satz 3.2.3. im wesentlichen zum gleichen Ergebnis und erhalten darüber hinaus eine Eindeutigkeitsaussage.

Satz 4.2.1. *Zu $x_0, x_1 \in D_0'$ existiere $A(x_1, x_0)^{-1}$. Es sei $\|x_1 - x_0\| \leqq \delta$, $0 < \|x_2 - x_1\| = \|A(x_1, x_0)^{-1} F(x_1, x_0)\| \leqq \eta$, und die zweiten Steigungen von f genügen der Bedingung*

$$\left.\begin{aligned} &\|A(x_1, x_0)^{-1} [\delta^2 f(u, v, w) - \delta^2 f(x, y, z)]\| \\ &\|A(x_1, x_0)^{-1} [\delta^2 f^*(u, v, w) - \delta^2 f^*(x, y, z)]\| \end{aligned}\right\} \leqq \gamma(\|u - x\| + \|v - y\| + \|w - z\|) \tag{24}$$

für $u, v, w, x, y, z, \in D_0'$. Weiter gelte

$$2\gamma\delta(2 - \tau) < 1, \quad R := 1 - 4\gamma\delta(2 - \tau) + 4\gamma^2\delta^2(1 - \tau + \tau^2) - 12\gamma\eta \geqq 0 \tag{25}$$

sowie $\bar{K}(x_2; r) \subset D_0'$ mit $r = \frac{1}{6\gamma}\left[1 - 2\gamma\delta(2 - \tau) - \sqrt{R}\right] - \eta$. Dann ist das Verfahren (23) unbeschränkt durchführbar, die Vergleichsfolge (t_n) gemäß $t_0 = 0$, $t_1 = \delta$, $t_2 = \delta + \eta$,

$$t_{n+1} - t_n = \frac{p_1(t_n - t_{n-1})^2 + p_2(t_n - t_{n-1})(t_{n-1} - t_{n-2}) + p_3(t_{n-1} - t_{n-2})^2}{1 - (p_4 t_n + p_5 t_{n-1} - p_4\delta)} \tag{26}$$

mit $p_1 = (2 + \tau)\gamma$, $p_2 = p_5 = 2(2 - \tau)\gamma$, $p_3 = (1 - \tau)\gamma$, $p_4 = 2(1 + \tau)\gamma$ majorisiert (x_n), und es existiert $\lim x_n = x^* \in D_0'$ mit $f'(x^*) = 0$. Ferner gilt für $n \geqq 0$ die Fehlerabschätzung $\|x^* - x_n\| \leqq t^* - t_n$, wobei $t^* = \lim t_n = r + \delta + \eta$ ist.

Beweis. Er verläuft analog zu dem von Satz 4.1.1.: Für $x, y \in K(x_2; r)$ erhält man mit (24)

$$\|A(x_1, x_0)^{-1}[A(x, y) - A(x_1, x_0)]\| \leqq 2\gamma[(1+\tau)\|x - x_1\| + (2-\tau)\|y - x_0\|]$$
$$< 2\gamma[3r + 3\eta + (2-\tau)\delta] = 1 - \sqrt{R} \leqq 1,$$

entsprechend

$$\|A(x_1, x_0)^{-1}[A(x_2, x_1) - A(x_1, x_0)]\| \leqq 2\gamma[(1+\tau)\|x_2 - x_1\| + (2-\tau)\|x_1 - x_0\|] < 1.$$

Damit existiert nach 2.6. für $(x, y) \in K(x_2; r)^2 \cup \{(x_2, x_1)\}$ der Operator $A(x, y)^{-1}$ mit

$$\|A(x, y)^{-1} A(x_1, x_0)\| \leqq \frac{1}{1 - 2\gamma[(1+\tau)\|x - x_1\| + (2-\tau)\|y - x_0\|]}. \tag{27}$$

Weiterhin folgt unter Beachtung von (22), (23)

$$\begin{aligned} F(x_n, x_{n-1}) &= \delta f(x_n, x_{n-1}) + \delta f(y_n, x_n) - \delta f(y_n, x_{n-1}) \\ &= [\delta^2 f^*(y_n, x_n, x_{n-1}) - \delta^2 f^*(y_{n-1}, x_{n-1}, x_{n-2})](x_n - x_{n-1}) \\ &\quad + [\delta^2 f(x_n, x_{n-1}, x_{n-2}) - \delta^2 f(y_{n-1}, x_{n-1}, x_{n-2})](x_n - x_{n-1}) \\ &\quad + [\delta^2 f^*(x_n, x_{n-1}, x_{n-2}) - \delta^2 f^*(y_{n-1}, x_{n-1}, x_{n-2})](x_{n-1} - x_{n-2}), \end{aligned}$$

falls $x_n, x_{n-1}, x_{n-2} \in D_0'$ gilt und $y_m := \tau x_m + (1-\tau) x_{m-1}$ gesetzt wird. Daraus gewinnt man die Abschätzung

$$\begin{aligned} \|A(x_1, x_0)^{-1} F(x_n, x_{n-1})\| \leqq (2+\tau)\gamma \|x_n - x_{n-1}\|^2 + 2(2-\tau)\gamma \|x_n - x_{n-1}\| \|x_{n-1} - x_{n-2}\| \\ + (1-\tau)\gamma \|x_{n-1} - x_{n-2}\|^2. \end{aligned} \tag{28}$$

Sind nun $x_2, \ldots, x_n$ $(n \geqq 2)$ gemäß (23) in $D_0 := K(x_2; r)$ gelegen, so ist nach (27) auch x_{n+1} definiert, und es gilt zusammen mit (28)

$$\begin{aligned} \|x_{n+1} - x_n\| &\leqq \frac{p_1\|x_n - x_{n-1}\|^2 + p_2\|x_n - x_{n-1}\| \|x_{n-1} - x_{n-2}\| + p_3\|x_{n-1} - x_{n-2}\|^2}{1 - (p_4\|x_n - x_1\| + p_5\|x_{n-1} - x_0\|)} \\ &=: \varphi(\|x_n - x_{n-1}\|, \|x_{n-1} - x_{n-2}\|, \|x_n - x_1\|, \|x_{n-1} - x_0\|). \end{aligned}$$

Die zugehörige Vergleichsiteration (26) liefert nach Aussage 3.3.5. eine streng monoton wachsende Folge (t_n) mit $\lim t_n = r + \delta + \eta$. Damit sind alle Voraussetzungen von Satz 3.2.3. erfüllt, und es folgen Durchführbarkeit, Konvergenz und Fehlerabschätzung. Aus (28) erhält man schließlich $F(x^*, x^*) = 0$ und damit $f'(x^*) = 0$, wenn man beachtet, daß aus den an die Steigungen gestellten Forderungen die Stetigkeit von δf folgt.

Zusatz 4.2.2. *Unter den Voraussetzungen von Satz* 4.2.1. *hat die Majorantenfolge* (t_n) *im Fall* $R > 0$ *die Konvergenzgeschwindigkeit* $\sqrt{2} \approx 1{,}41$.

Beweis. Für $n \geqq 2$ gilt wegen $t_n, t_{n-1} < t^*$

$$\begin{aligned} t_{n+1} - t_n &< \frac{1}{\sqrt{R}} [p_1(t_n - t_{n-1})^2 + p_2(t_n - t_{n-1})(t_{n-1} - t_{n-2}) + p_3(t_{n-1} - t_{n-2})^2] \\ &=: \bar{\varphi}(t_n - t_{n-1}, t_{n-1} - t_{n-2}), \end{aligned}$$

und $\bar{\varphi}$ erfüllt die Voraussetzungen von Aussage 3.2.4.

Zusatz 4.2.3. *Die Voraussetzungen von 4.2.1. seien erfüllt. Dann existiert im Fall $R > 0$ außer x^* kein weiterer stationärer Punkt von f in der Menge $K(x_1; r^*) \cap D_0'$,*

$$r^* = \frac{1}{6\gamma}\left[1 - 2\gamma\delta(2 - \tau) + \sqrt{R}\right].$$

Für $R = 0$ ergibt sich $\bar{K}(x_1; r^*) \cap D_0'$ als Eindeutigkeitsbereich.

Beweis. Wir betrachten das zu (23) gehörige „vereinfachte" Verfahren mit dem Iterationsoperator $G(x, y) := x - A(x_1, x_0)^{-1} F(x, y)$ und zeigen analog zum Beweis von Folgerung 3.4.4., daß die Voraussetzungen von Satz 3.4.2. bzw. 3.4.3. erfüllt sind. Mit Hilfe von (22) bestätigt man für $x, y, z \in D_0'$ leicht die Identität

$$\begin{aligned} &G(x, y) - G(y, z) \\ &\quad = -A(x_1, x_0)^{-1}\{[\delta^2 f^*(x, y, z) - \delta^2 f^*(\tau y + (1 - \tau) z, y, z)] (y - z) \\ &\qquad + [\delta^2 f^*(\tau x + (1 - \tau) y, x, y) - \delta^2 f^*(\tau x_1 + (1 - \tau) x_0, x_1, x_0)] (x - y) \\ &\qquad + [\delta^2 f(x, y, z) - \delta^2 f(\tau x_1 + (1 - \tau) x_0, x_1, x_0)] (x - y), \end{aligned}$$

woraus man die Abschätzung

$$\begin{aligned} &\|G(x, y) - G(y, z)\| \\ &\quad \leqq \gamma[\|x - y\| + (1 - \tau)\|y - z\|] \|y - z\| \\ &\qquad + \gamma[(1 + 2\tau)\|x - x_1\| + \|y - x_1\| + (1 - \tau)\|x - x_0\| \\ &\qquad + (2 - \tau)\|y - x_0\| + \|z - x_0\|] \|x - y\| \\ &\quad =: \varphi(\|x - y\|, \|y - z\|, \|x - x_1\|, \|y - x_1\|, \|x - x_0\|, \|y - x_0\|, \|z - x_0\|) \end{aligned}$$

erhält. Die Funktion

$$\psi(t, s) = (2 + \tau)\gamma t^2 + 2(1 - \tau)\gamma ts - (1 - \tau)\gamma s^2 - 2(1 + \tau)\gamma\delta t + \delta + \eta + \tau\gamma\delta^2$$

genügt der Bedingung (11) und definiert ein erstes Integral der zugehörigen Differenzengleichung. Weiterhin sind

$$t^* = \frac{1}{6\gamma}\left[1 + 2(1 + \tau)\gamma\delta - \sqrt{R}\right] \quad \text{und} \quad t^{**} = \frac{1}{6\gamma}\left[1 + 2(1 + \tau)\gamma\delta + \sqrt{R}\right]$$

die Fixpunkte von ψ. Wegen $\delta \leqq t^*$ kann in Lemma 3.3.4. $s_0 = s_1 = t^*$ gewählt werden, womit die Konvergenz der Vergleichsfolge (t_n) gegen t^* folgt. Damit erhält man die behauptete Eindeutigkeitsaussage für $R = 0$ aus Satz 3.4.2. und für $R > 0$ unter Beachtung von $\psi(t, t) < t$ $(t^* < t < t^{**})$ aus Satz 3.4.3. Da $x^* \in \bar{K}(x_2; r)$ jeweils im Eindeutigkeitsbereich enthalten ist, existiert dort also genau ein stationärer Punkt.

4.3. Ein Mehrschritt-Verfahren für nichtlineare Gleichungssysteme

Es sei $F: D' \subset R^N \to R^N$ eine nichtlineare Vektorfunktion. Die Aufgabe $F(x) = 0$ bedeutet dann die Lösung eines N-dimensionalen nichtlinearen Gleichungssystems. Wir betrachten dazu ein ableitungsfreies Verfahren, das für Potentialoperatoren von

DANILIN/PŠENIČNYJ [4] angegeben und von SCHWETLICK [14] auf beliebige nichtlineare Gleichungssysteme übertragen wurde. Für vorgegebene Startvektoren $x_0, \dots, x_N \in D'$ lautet es

$$x_n = x_{n-1} - A_{n-1}(x_{n-1}, \dots, x_{n-N-1})^{-1} F(x_n) \quad (n \geqq N+1). \tag{29}$$

Dabei sei für $n \geqq N$

$$A_n(x_n, \dots, x_{n-N}) := \left(f_{n-j+1} \dots f_n \, f_{n-N+1} \dots f_{n-j} \right), \quad \text{falls} \quad j = j(n) < N,$$

$$:= \left(f_{n-N+1} \dots f_n \right), \quad \text{falls} \quad j(n) = N,$$

mit $f_m = \dfrac{F(x_m) - F(x_m - h_m e_{j(m)})}{h_m}$ $(m \geqq 1)$ gesetzt.

Es bezeichne e_j den j-ten Einheitsvektor, und der Index $j(m)$ sei durch

$$j(m) = (m-1) \bmod (N) + 1, \quad 1 \leqq j(m) \leqq N,$$

bestimmt. Die Schrittweiten h_m werden im allgemeinen in Abhängigkeit von x_m, x_{m-1} gewählt. Dafür gibt es verschiedene geeignete Möglichkeiten. Hier sei vorausgesetzt, daß für $m \geqq 1$ die Beziehung

$$0 < |h_m| = |h_m(x_m, x_{m-1})| \leqq \|x_m - x_{m-1}\|$$

besteht. Beispielsweise kann man

$$h_m = \|x_m - x_{m-1}\|, \quad h_m = \operatorname{sgn}(\xi_{m,j(m)} - \xi_{m-1,j(m)}) \|x_m - x_{m-1}\|$$

oder

$$h_m = \xi_{m,j(m)} - \xi_{m-1,j(m)}$$

wählen, wobei $\xi_{m,j}$ die j-te Komponente des Vektors x_m sei. Man erkennt, daß bei diesem Verfahren pro Iterationsschritt nur zwei F-Werte zu berechnen sind und sich genau eine Spalte der Matrix A ändert. Dies ist bei der Inversion von entscheidendem Vorteil. Der folgende Satz über das Verfahren (29) ist gültig, wenn der R^N beispielsweise durch die Oktaeder-, die Euklidische oder die Maximumnorm und $L(R^N)$ durch die jeweils zugeordnete Matrizennorm normiert wird.

Satz 4.3.1. a) *Zu Startvektoren* $x_0, \dots, x_N \in D'$ *mit* $x_i - h_i e_i \in D'$ $(i = 1, \dots, N)$ *existiere* $A_n(x_N, \dots, x_0)^{-1}$, *und es gelte*

$$\|x_i - x_{i-1}\| \leqq \delta_i \; (i = 1, \dots, N), \quad \|x_{N+1} - x_N\| = \|A_n(x_N, \dots, x_0)^{-1} F(x_N)\| \leqq \eta.$$

In der konvexen Menge $D_0' \subset \operatorname{int}(D')$ *sei* F *Fréchet-differenzierbar mit*

$$\|A_n(x_N, \dots, x_0)^{-1} [F'(y) - F'(z)]\| \leqq \gamma \|y - z\| \quad \text{für} \quad y, z \in D_0'.$$

b) *Es seien* $\hat{x} \in D_0'$, $R > 0$ *so gewählt, daß* $x_0, \dots, x_N \in \overline{K}(\hat{x}; R) \subset D_0'$ *gilt, und für beliebige* $y, z \in \overline{K}(\hat{x}; R)$ *und* $i \geqq 1$ *folge* $y - h_i(y, z)\, e_{j(i)} \in D_0'$.

Sind dann mit

$$\mu = \max(\delta_1, \ldots, \delta_N, \eta), \quad \delta = \sum_{i=1}^{N} \delta_i, \quad c \geqq \delta + 2\sum_{i=1}^{N} \|x_i - \hat{x}\|$$

die Beziehungen

$$0 \leqq h := \frac{\frac{1}{2}(N^2+1)\gamma\mu}{1 - \frac{1}{2}\gamma(N\mu + 2NR + c)} < 1$$

und

$$\bar{K}\left(x_{N+1}; \frac{\mu}{1-h} - \eta\right) \subset \bar{K}(\hat{x}; R)$$

erfüllt, so ist das Verfahren (29) *unbeschränkt durchführbar, es existiert* $\lim x_n = x^*$ $\in \bar{K}\left(x_{N+1}; \frac{\mu}{1-h} - \eta\right)$ *mit* $F(x^*) = 0$, *und es gilt* $\|x^* - x_n\| \leqq t^* - t_n$ $(n \geqq 0)$. *Dabei ist* (t_n) *durch* $t_0 = 0$, $t_i = t_{i-1} + \delta_i$ $(i = 1, \ldots, N)$, $t_{N+1} = \delta + \eta$,

$$t_{n+1} - t_n = \frac{\frac{1}{2}\gamma\left[(t_n - t_{n-N-1}) + 2\sum_{i=n-N}^{n-2}(t_{n-1} - t_i)\right](t_n - t_{n-1})}{1 - \frac{1}{2}\gamma[(t_n - t_{n-N}) + 2NR + c]} \quad (n \geqq N+1) \tag{30}$$

definiert und $t^* = \lim t_n \leqq \delta + \mu/(1-h)$.

Beweis. Seien $x_{N+1}, \ldots, x_n$ $(n \geqq N+1)$ gemäß (30) bestimmt und in $D_0 := \bar{K}(\hat{x}; R)$ gelegen. Für $i = 1, \ldots, n$ gelte $\|x_i - x_{i-1}\| \leqq \mu$. Dann erhält man mit der Abkürzung $A_m := A_m(x_m, \ldots, x_{m-N})$ $(m \geqq N)$ für beliebiges $y \in D_0'$ und $i = n - N + 1, \ldots, n$

$$A_n e_{j(i)} = f_i = \frac{F(x_i) - F(x_i - h_i e_{j(i)}) - F'(y)\, h_i e_{j(i)}}{h_i} + F'(y)\, e_{j(i)},$$

woraus sich nach 2.7.

$$\|A_N^{-1}[A_n - F'(y)]\, e_{j(i)}\| \leqq \frac{1}{2}\gamma(\|x_i - y\| + \|x_i - h_i e_{j(i)} - y\|)$$

$$\leqq \frac{1}{2}\gamma(\|x_i - x_{i-1}\| + 2\|x_i - y\|)$$

und damit

$$\|A_N^{-1}[A_n - F'(y)]\| = \left\|\sum_{i=n-N+1}^{n} A_N^{-1}[A_n - F'(y)]\, e_{j(i)} e_{j(i)}^{\mathbf{T}}\right\|$$

$$\leqq \frac{1}{2}\gamma \sum_{i=n-N+1}^{n} (\|x_i - x_{i-1}\| + 2\|x_i - y\|) \tag{31}$$

ergibt. Es folgt

$$\begin{aligned}\|A_N^{-1}[A_n - A_N]\| &\leqq \|A_N^{-1}[A_n - F'(\hat{x})]\| + \|A_N^{-1}[A_N - F'(\hat{x})]\| \\ &\leqq \frac{1}{2}\gamma\Bigg[\sum_{i=n-N+1}^{n} (\|x_i - x_{i-1}\| + 2\|x_i - \hat{x}\|) \\ &\quad + \sum_{i=1}^{N} (\|x_i - x_{i-1}\| + 2\|x_i - \hat{x}\|)\Bigg] \\ &\leqq \frac{1}{2}\gamma\left(\sum_{i=n-N+1}^{n} \|x_i - x_{i-1}\| + 2NR + c\right) \\ &\leqq \frac{1}{2}\gamma(N\mu + 2NR + c) < 1.\end{aligned}$$

Nach 2.6. existiert also A_n^{-1} mit

$$\|A_n^{-1}A_N\| \leqq \frac{1}{1 - \frac{1}{2}\gamma\left(\sum_{i=n-N+1}^{n} \|x_i - x_{i-1}\| + 2NR + c\right)}.$$

Somit ist x_{n+1} definiert, und man erhält unter Benutzung von (29), (31) sowie 2.7.

$$\begin{aligned}\|x_{n+1} - x_n\| &\leqq \|A_n^{-1}A_N\|\,\|A_N^{-1}F(x_n)\| \\ &= \|A_n^{-1}A_N\|\,\|A_N^{-1}[F(x_n) - F(x_{n-1}) - F'(x_{n-1})(x_n - x_{n-1})] \\ &\quad - A_N^{-1}[A_{n-1} - F'(x_{n-1})](x_n - x_{n-1})\| \\ &\leqq \frac{\frac{1}{2}\gamma\left[\|x_n - x_{n-1}\| + \sum_{i=n-N}^{n-1} (\|x_i - x_{i-1}\| + 2\|x_{n-1} - x_i\|)\right]\|x_n - x_{n-1}\|}{1 - \frac{1}{2}\gamma\left(\sum_{i=n-N+1}^{n} \|x_i - x_{i-1}\| + 2NR + c\right)} \\ &\leqq \frac{\frac{1}{2}\gamma\left[\sum_{i=n-N}^{n} \|x_i - x_{i-1}\| + 2\sum_{i=n-N}^{n-2}\sum_{l=i+1}^{n-1} \|x_l - x_{l-1}\|\right]\|x_n - x_{n-1}\|}{1 - \frac{1}{2}\gamma\left(\sum_{i=n-N+1}^{n} \|x_i - x_{i-1}\| + 2NR + c\right)} \\ &=: \varphi(\|x_n - x_{n-1}\|, \ldots, \|x_{n-N} - x_{n-N-1}\|) \qquad (32) \\ &\leqq \frac{\frac{1}{2}\gamma([N+1)\mu + (N-1)N\mu]}{1 - \frac{1}{2}\gamma(N\mu + 2NR + c)}\|x_n - x_{n-1}\| = h\|x_n - x_{n-1}\| \leqq \mu. \qquad (33)\end{aligned}$$

Da die Annahme $\|x_i - x_{i-1}\| \leqq \mu$ $(i = 1, \ldots, n)$ im Fall $n = N + 1$ richtig ist, folgt durch einen einfachen Induktionsschluß, daß die Abschätzung (32) für beliebige $n \geqq N + 1$ gültig ist, sofern $x_{N+1}, \ldots, x_n \in \overline{K}(\hat{x}; R)$ gilt. Die (32) zugeordnete Vergleichsiteration ist durch (30) gegeben. Wegen $h < 1$ folgt aus Satz 3.3.1. und der anschließenden Bemerkung die Konvergenz der Folge (t_n) gegen einen Grenzwert

$t^* \leqq \delta + \mu/(1-h)$. Damit sind die Voraussetzungen (V) erfüllt, und wegen

$$\overline{K}(x_{N+1}; t^* - t_{N+1}) \subset \overline{K}\left(x_{N+1}; \frac{\mu}{1-h} - \eta\right) \subset D_0$$

folgen Durchführbarkeit, Konvergenz und Fehlerabschätzung aus Satz 3.2.3. Aus der in (32) enthaltenen Abschätzung für $\|A_N^{-1}F(x_n)\|$ folgt unter Beachtung der Stetigkeit $F(x^*) = 0$.

Wir bemerken, daß das Verfahren (29) von der gegenüber (1) allgemeineren Form $x_n = G_n(x_{n-1}^{n-k})$ $(n \geqq k)$ ist. Alle Ergebnisse des Abschnittes 3 lassen sich unmittelbar auf diese Verfahrensklasse übertragen. Die Behandlung dieses Beispiels ist somit gerechtfertigt.

Zusatz 4.3.2. *Unter den Voraussetzungen von Satz* 4.3.1. *hat die durch* (30) *definierte Majorantenfolge* (t_n) *die Konvergenzgeschwindigkeit* $\varkappa^*$, *die sich als positive Lösung der Gleichung* $\varkappa^{N+1} - \varkappa^N - 1 = 0$ *ergibt.*

Beweis. Durch Induktion erhält man analog zu (32), (33) $t_n - t_{n-1} \leqq \mu$ $(n \geqq 1)$ und damit

$$t_{n+1} - t_n \leqq \frac{\frac{1}{2}\gamma\left[\sum_{i=n-N}^{n}(t_i - t_{i-1}) + 2\sum_{i=n-N}^{n-2}\sum_{l=i+1}^{n-1}(t_l - t_{l-1})\right](t_n - t_{n-1})}{1 - \frac{1}{2}\gamma(N\mu + 2NR + c)}$$

$$=: \overline{\varphi}(t_n - t_{n-1}, \ldots, t_{n-N} - t_{n-N-1}) \quad (n \geqq N+1).$$

$\overline{\varphi}$ erfüllt die Voraussetzungen von Aussage 3.2.4. Daraus ermittelt man gemäß [10] die behauptete Konvergenzgeschwindigkeit.

Zusatz 4.3.3. *Teil* a) *der Voraussetzungen von Satz* 4.3.1. *sei erfüllt. Mit*

$$\omega := \frac{1}{2}\gamma\left(\delta + 2\sum_{i=1}^{N-1}\|x_N - x_i\|\right)$$

gelte $h' := \sqrt{2\gamma\eta} + \omega \leqq 1$, *und es sei*

$$\overline{K}(x_{N+1}; \hat{t} - \eta) \subset D_0', \quad \hat{t} = (1 - \omega - \sqrt{(1-\omega)^2 - 2\gamma\eta})/\gamma.$$

Dann gibt es in

$$K(x_N; \mathring{t}) \cap D_0', \quad \mathring{t} = (1 - \omega + \sqrt{(1-\omega)^2 - 2\gamma\eta})/\gamma,$$

höchstens eine Nullstelle von F. *Im Fall* $h' = 1$ *ist die Eindeutigkeit in* $\overline{K}(x_N; \mathring{t}) \cap D_0'$ *gesichert.*

Beweis. Die Behauptung ergibt sich sofort aus Folgerung 3.4.4., wenn man $x_0 := x_N$, $A := A_N$, $D_0 := D_0'$ setzt.

Abschließend sei darauf hingewiesen, daß sich die Voraussetzung $h < 1$ in Satz 4.3.1. abschwächen läßt, wenn $\eta \leqq \delta_N \leqq \cdots \leqq \delta_1$ gilt (vgl. Satz 3.3.1.). Weiterhin kann man statt der hier benutzten Kugelbedingung auch $\overline{K}(x_{N+1}; \bar{t} - t_{N+1}) \subset \overline{K}(\hat{x}; R)$ fordern, wenn nur $\bar{t}$ eine obere Schranke für den Grenzwert $t^* = \lim t_n$ ist. Beispielsweise kann für $\bar{t}$ bei geeigneter Rundung der numerisch berechnete Grenzwert der Vergleichsfolge (t_n) verwendet werden.

Literatur

[1] Burmeister, W., Inversionsfreie Verfahren zur Lösung nichtlinearer Operatorgleichungen, ZAMM **52** (1972), 101—110.

[2] Burmeister, W., Die Ermittlung von stationären Punkten eines Funktionals im Banachraum, Manuskript 1971.

[3] Collatz, L., Funktionalanalysis und numerische Mathematik, Springer-Verlag, Berlin—Heidelberg—New York 1968 (Nachdruck).

[4] Данилин, Ю. М., и Б. Н. Пшеничный, О методах минимизации с ускоренной сходимостью, Ж. вычисл. матем. и матем. физ. **10** (1970), 1341—1354.

[5] Hofmann, W., Konvergenzsätze für Regula-falsi-Verfahren, Arch. Rat. Mech. Anal. **44** (1972), 296—309.

[6] Kantorowitsch, L. W., und G. P. Akilow, Funktionalanalysis in normierten Räumen, Akademie-Verlag, Berlin 1964 (Übersetzung aus dem Russischen).

[7] Kleinmichel, H., Konvergenzaussagen und Fehlerabschätzungen für eine Klasse von Iterationsverfahren, Beiträge Numer. Math. **1** (1974), 61—74.

[8] Ortega, J. M., and W. C. Rheinboldt, Iterative solution of nonlinear equations in several variables, Academic Press, New York 1970.

[9] Rheinboldt, W. C., A unified convergence theory for a class of iterative processes, SIAM J. Numer. Anal. **5** (1968), 42—63.

[10] Schmidt, J. W., Eine Übertragung der Regula falsi auf Gleichungen in Banachräumen I, II, ZAMM **43** (1963), 1—8, 97—110.

[11] Schmidt, J. W., Ein Konvergenzsatz für Iterationsverfahren, Math. Nachr. **37** (1968), 67—82.

[12] Schmidt, J. W., Überlinear konvergente Mehrschrittverfahren vom Regula falsi- und Newton-Typ, ZAMM **53** (1973), 103—114.

[13] Schmidt, J. W., und H.-F. Trinkaus, Extremwertermittlung mit Funktionswerten bei Funktionen von mehreren Veränderlichen, Computing **1** (1966), 224—232.

[14] Schwetlick, H., Numerische Lösung nichtlinearer Probleme, Vorlesung TU Dresden, HS 1971.

[15] Ульм, С., Принцип мажорант и метод хорд, Изв. АН ЭстССР, Физ. матем., **13** (1964), 217—227.

Manuskripteingang: 1. 6. 1972

VERFASSER:

Dr. Wolfgang Hoyer, Sektion Mathematik der Technischen Universität Dresden

Beiträge zur Numerischen Mathematik
2 (1974), 61–67

Über die Grenzen der Anwendbarkeit des Bazley-Fox-Verfahrens

JÜRGEN JÄHNIG

Das Ziel dieser Arbeit ist die Beantwortung der Frage, ob bei Ausdehnung des Bazley-Fox-Verfahrens auf Operatoren A mit anfangsdiskretem Spektrum die Konvergenz der Eigenwerte der Zwischenoperatoren gegen die Eigenwerte von A erhalten bleibt.

Ausgehend vom Konvergenzbeweis durch BAZLEY und FOX bei Operatoren $A = A_0 + A'$ mit rein diskretem Spektrum wird ein Zusammenhang zwischen den Strukturen der Spektren von A und A_0 aufgezeigt; für anfangsdiskrete Operatoren A wird gezeigt, daß die Eigenwerte des anfangsdiskreten Teils des Spektrums von A Grenzwerte von Folgen von Spektralwerten der Zwischenoperatoren sind. Jedoch die für das Verfahren wichtigere Aussage der Konvergenz der Eigenwerte der Zwischenoperatoren, sowohl erster Art als auch zweiter Art, gegen Eigenwerte des vorgegebenen Operators muß im allgemeinen verneint werden. Dazu werden für alle möglichen Strukturen eines anfangsdiskreten Spektrums Beispiele angegeben.

Betrachten wir kurz den Grundgedanken des von BAZLEY und FOX [1] formulierten Verfahrens:

H sei ein separabler Hilbert-Raum mit dem inneren Produkt (u, v) und der Norm $\|u\| = \sqrt{(u, u)}$. A sei ein selbstadjungierter, positiv definiter Operator mit dem Definitionsgebiet $D(A)$. Der erste Teil des Spektrums von A sei diskret. Mit λ_ν $(\nu = 1, 2, \ldots)$ und u_ν bezeichnet man die in wachsender Reihenfolge numerierten Eigenwerte und die entsprechenden Eigenelemente; λ_∞ sei der erste Häufungspunkt des Spektrums, d. h., man betrachtet $Au_\nu - \lambda_\nu u_\nu = 0$ $(\nu = 1, 2, \ldots)$. Wir setzen voraus, daß A die Darstellung $A = A_0 + A'$ besitzt, wobei A_0 selbstadjungiert, positiv definit mit bekannter Spektraldarstellung, A' symmetrisch und positiv definit ist. Die Definitionsgebiete seien $D(A_0)$, $D(A')$ und $D(A) = D(A_0) \cap D(A')$. Der erste Teil des Spektrums von A_0 sei diskret. Seine Eigenwerte werden mit $\lambda_1^0 \leqq \lambda_2^0 \leqq \cdots$ und die entsprechenden Eigenelemente mit $u_1^0, u_2^0, \ldots$ bezeichnet. Wegen $A_0 \leqq A$ gilt $\lambda_\nu^0 \leqq \lambda_\nu$ $(\nu = 1, 2, \ldots)$ und $\lambda_\infty^0 \leqq \lambda_\infty$.

Man konstruiert nun Zwischenoperatoren so, daß sie verbesserte untere Schranken für die gesuchten Eigenwerte liefern:

Mit $[u, v] = (A'u, v)$ führt man den energetischen Hilbert-Raum $H_{A'}$ durch Vervollständigung von $D(A')$ in der neuen Metrik ein. In $H_{A'}$ sei ein vollständiges System von linear unabhängigen Elementen $p_1, p_2, \ldots, p_n, \ldots \in D(A')$ gegeben.

P_n sei der orthogonale Projektor in $H_{A'}$ auf den von den ersten n Elementen $p_1, \ldots, p_n$ aufgespannten Unterraum. Über den selbstadjungierten, positiven und vollstetigen Operator $A'P_n$, der mit n monoton wächst und auf ganz H erweitert wurde, definiert man die Zwischenoperatoren erster Art $A_n = A_0 + A'P_n$ mit $D(A_n) = D(A_0)$, die in H die Relation $A_0 \leqq A_n \leqq A_{n+1} \leqq A$ erfüllen. Das Spektrum der Zwischenoperatoren besitzt wegen der Vollstetigkeit von $A'P_n$ die gleichen Häufungspunkte wie A_0 ([2], S. 350). Für die der Größe nach geordneten Eigenwerte λ_ν^n von A_n ($\nu = 1, 2, \ldots$) folgt die Abschätzung

$$\lambda_\nu^0 \leqq \lambda_\nu^n \leqq \lambda_\nu^{n+1} \leqq \lambda_\nu \quad (\nu = 1, 2, \ldots).$$

Die Berechnung der Eigenwerte und Eigenelemente der Zwischenoperatoren führt auf die Lösung von Gleichungssystemen, in denen die Resolvente R_λ von A_0 deren Lösung erschwert. Durch eine spezielle Wahl des Koordinatensystems, z. B. $A'p_i = u_i^0$, kann man jedoch bereits diese Schwierigkeit weitgehend beheben. Eine Koordinatenwahl dieser Form ist jedoch nicht immer möglich bzw. sinnvoll. Deshalb werden nach Bazley und Fox Zwischenprobleme zweiter Art konstruiert, die auch auf die Lösung eines endlichen algebraischen Systems führen:

Man wählt ein $m \geqq n$, verändert den Operator A_0 und setzt ihn auf H fort:

$$A_0^m = A_0 Q_m + \lambda_{m+1}^0 (I - Q_m), \quad u \in H.$$

Q_m bezeichnet dabei den orthogonalen Projektor in H auf den von den Elementen $u_1^0, \ldots, u_m^0$ aufgespannten Unterraum. A_0^m wird nach Bazley die Trunkation des Operators A_0 genannt. Wegen $A_0^m \leqq A_0^{m+1} \leqq A_0$ in H erhalten wir für die Zwischenoperatoren zweiter Art $A_n^m = A_0^m + A'P_n$ mit $D(A_n^m) = H$ die Beziehung $A_n^m \leqq A_n^{m+1} \leqq A_n \leqq A$ in H. Für die Eigenwerte gilt $\lambda_\nu^{(n,m)} \leqq \lambda_\nu^{(n,m+1)} \leqq \lambda_\nu^n \leqq \lambda_\nu$ ($\nu = 1, 2, \ldots$). $\lambda_\nu^{(n,m)}$ bezeichne dabei den ν-ten Eigenwert von A_n^m. Die Berechnung der Eigenwerte der Zwischenoperatoren zweiter Art geschieht analog der Berechnung bei den Zwischenoperatoren erster Art.

Wir erhalten für die Operatoren A, A_0, A_n im anfangsdiskreten Fall folgende Aussagen:

Hilfssatz 1. *Die Operatoren A, A_0 und A_n besitzen beschränkte Inverse A^{-1}, A_0^{-1} und A_n^{-1}. Gemeinsame Schranke ist $\frac{1}{\lambda_1^0}$. Die Operatoren A^{-1}, A_0^{-1} und A_n^{-1} sind ebenfalls selbstadjungiert und positiv.*

Hilfssatz 2. *Die inversen Zwischenoperatoren A_n^{-1} besitzen gegenüber den Zwischenoperatoren selbst die umgekehrte Reihenfolge, d. h., es gilt*

$$A_0^{-1} \geqq A_1^{-1} \geqq \cdots \geqq A_n^{-1} \geqq \cdots \geqq A^{-1}.$$

Der Beweis dieser Tatsache ergibt sich aus der positiven Definitheit der Operatoren A, A_0, A_n auf Grund eines Satzes von Rellich [3].

Hilfssatz 3. *Wenn A' relativ beschränkt ist gegenüber A_0, d. h. $(A'u, u) \leqq \alpha(A_0 u, u)$ mit $u \in D(A_0)$, $\alpha > 0$, und $\{p_i\}_{i=1}^\infty$ ein vollständiges System in $H_{A'}$ ist, so konvergiert die Operatorfolge $\{A_n^{-1}\}$ stark gegen A^{-1} für $n \to \infty$.*

Der Beweis ergibt sich analog dem Konvergenzbeweis, wie er von Bazley und Fox für Operatoren mit rein diskretem Spektrum geführt wurde: Es gelten die

Beziehungen

$$((A_n^{-1} - A^{-1})\, u, v) = [P^n A_n^{-1} u, P^n A^{-1} v] \qquad (u, v \in H,\ P^n = I - P_n,\ I \text{ identischer Operator in } H_{A'}),$$

$$A_n^{-1} - A^{-1} = A_n^{-1} A' P^n A^{-1}.$$

Wir schätzen ab:

$$\begin{aligned}\|(A_n^{-1} - A^{-1})\, u\|^4 &\leqq ((A_n^{-1} - A^{-1})^2 u, (A_n^{-1} - A^{-1})\, u) \cdot ((A_n^{-1} - A^{-1})\, u, u)\\ &\leqq \|A_n^{-1} - A^{-1}\|^3 \|u\|^2 [P^n A_n^{-1} u, P^n A^{-1} u]\\ &\leqq \|A_n^{-1} - A^{-1}\|^3 \|u\|^2 \left|P^n A_n^{-1} u\right| \left|P^n A^{-1} u\right|.\end{aligned}$$

Wegen der relativen Beschränktheit von A' gegenüber A_0 und wegen $A_0 \leqq A_n$ erhält man $(A'u, u) \leqq \alpha(A_n u, u)$. Somit können wir $\left|P^n A_n^{-1} u\right|$ abschätzen:

$$\left|P^n A_n^{-1} u\right|^2 \leqq \left|A_n^{-1} u\right|^2 = (A' A_n^{-1} u, A_n^{-1} u) \leqq \alpha(A_n A_n^{-1} u, A_n^{-1} u) \leqq \alpha(A_0^{-1} u, u).$$

Da das System $\{p_i\}_{i=1}^{\infty}$ vollständig in $H_{A'}$ ist, gilt $\left|P^n A^{-1} u\right| \to 0$ für $n \to \infty$ und damit $\|(A_n - A^{-1})\, u\| \to 0$.

Bemerkung. Aus der Bedingung $D(A) = D(A_0)$ folgt die relative Beschränktheit von A' gegenüber A_0.

Beweis. Aus $D(A) = D(A_0)$ folgt $D(A^{1/2}) = D(A_0^{1/2})$ und damit

$$A'^{1/2} x = (A'^{1/2} A_0^{-1/2})\, A_0^{-1/2} x.$$

Analog zum Beweis von Satz 1 erhalten wir $\|A'^{1/2} x\|^2 \leqq \|A'^{1/2} A_0^{-1/2}\|^2 \|A_0^{1/2} x\|^2$, und mit $\|A'^{1/2} A_0^{-1/2}\| = \alpha$ folgt $(A'x, x) \leqq \alpha(A_0 x, x)$.

Der folgende Satz sagt aus, daß eine Verallgemeinerung derart, daß A_0 rein diskret und A anfangsdiskret ist, nicht gilt, sondern daß die Vollstetigkeit von A_0^{-1} die von A^{-1} nach sich zieht:

Satz 1. *Es seien A und A_0 selbstadjungiert und positiv definit. Wenn A_0^{-1} vollstetig ist (d. h. das Spektrum von A_0 rein diskret ist), zieht das die Vollstetigkeit von A^{-1} bereits nach sich.*

Beweis. Es ist $D(A) = D(A_0) \cap D(A) \subseteq D(A_0)$ und $R(A) = H$, $R(A_0) = H$. Sei x_n eine beliebige schwach konvergierende Folge: $x_n \rightharpoonup x$. Wir erhalten

$$A^{-1} x_n - A^{-1} x = (A^{-1} A_0)\, (A_0^{-1} x_n - A_0^{-1} x_n).$$

$(A_0 A^{-1})$ ist abgeschlossen und auf ganz H definiert und somit nach dem Satz über den abgeschlossenen Graphen beschränkt. Damit folgt aus

$$A^{-1} x_n - A^{-1} x = \left(\overline{A^{-1} A_0}\right) (A_0^{-1} x_n - A_0^{-1} x)$$

und

$$\|A_0 A^{-1}\| = \|(A_0 A^{-1})^*\| = \left\|\left(\overline{A^{-1} A_0}\right)\right\| < \infty$$

bereits $(A^{-1} x_n - A^{-1} x) \to 0$, d. h., die Vollstetigkeit von A^{-1} ist bewiesen.

Das bedeutet für das Verfahren, daß man zumindest A_0 anfangsdiskret wählen muß, um die Fälle zu erhalten, in denen A anfangsdiskret ist.

Inwiefern der anfangsdiskrete Teil des Spektrums von A durch das Spektrum der Näherungsoperatoren A_n approximierbar ist, zeigt der folgende Satz:

Satz 2. *Jeder Punkt aus dem anfangsdiskreten Teil des Spektrums von A ist Grenzwert von Spektralwerten $\lambda^{(n)}$ der Operatoren A_n für $n \to \infty$.*

Beweis. Wir benutzen folgende Aussage: Wenn eine Folge selbstadjungierter Operatoren $\{B_n\}$ stark gegen einen selbstadjungierten Operator B konvergiert, so gilt für die entsprechenden Spektralscharen $E_{n\lambda}$ und E_λ auch die starke Konvergenz von $E_{n\lambda}$ gegen E_λ für jeden Punkt λ, der nicht zum Punktspektrum von B gehört. Diese und allgemeinere Aussagen finden wir in [2], S. 351. Somit gilt auch für die Projektoren $E_{n\lambda}(\Delta)$ und $E_\lambda(\Delta)$ die Beziehung $E_{n\lambda}(\Delta) \to E(\Delta)$, wenn nur die Grenzen des Intervalls Δ nicht zum Punktspektrum von B gehören.

Wir wenden dies auf die selbstadjungierten Operatoren A_n^{-1} und A^{-1} an, für die ja $A_n^{-1} \to A^{-1}$ gilt. Wenn wir die entsprechenden Spektralscharen mit $E_{n\lambda}$ und E_λ bezeichnen, so erhalten wir für ein λ_i aus dem anfangsdiskreten Teil des Spektrums von A die Beziehung $E_{n\mu_i}(\Delta) \to E_{\mu_i}(\Delta)$ mit $\mu_i = \frac{1}{\lambda_i}$ und $\mu_i \in \Delta$, und die Grenzen von Δ gehören nicht zum anfangsdiskreten Teil des Spektrums von A^{-1}. Da $E_{\mu_i}(\Delta) \neq O$ ist, existiert ein n_0, so daß $E_{n\mu_i}(\Delta) \neq O$ für alle $n \geqq n_0$ gilt. Es existieren also $\mu^{(n)} = \frac{1}{\lambda^{(n)}} \in \Delta$, und die $\lambda^{(n)}$ sind Spektralwerte von A_n. Die Länge von Δ kann beliebig klein gemacht werden, und somit ist die Behauptung gezeigt.

Für die Anwendbarkeit des Verfahrens interessiert vielmehr die Aussage, ob die Folgen der Eigenwerte von A_n für $n \to \infty$ gegen die Eigenwerte von A konvergieren. Diese Fragestellung muß jedoch im allgemeinen verneint werden. Dazu werden folgende Beispiele für Zwischenprobleme erster Art angegeben:

Beispiel 1. Das Spektrum von A_0 bestehe aus den einfachen Eigenwerten $\left(\frac{3}{2} - \frac{1}{n+1}\right)$ für $n = 1, 2, \ldots$, und für $\lambda \geqq \frac{3}{2}$ sei das Spektrum beliebig. Sei $A' = I$ (identischer Operator) und damit $H_{A'} = H$. Zu den unendlich vielen Eigenwerten $\left\{\frac{3}{2} - \frac{1}{i+1}\right\}$ existieren die Eigenelemente $\{p_i\}_{i=1}^{\infty}$ von A_0:

$$A_0 p_i = \left(\frac{3}{2} - \frac{1}{i+1}\right) p_i .$$

Wir ergänzen dieses orthonormale System durch weitere $\{\varphi_j\}_{j=1}^{\infty}$ so, daß $p_1, \varphi_1, p_2, \varphi_2, \ldots$ eine orthonormale Basis in H ist. Mit L_{2n} bezeichnen wir den Unterraum, der durch $p_1, \varphi_1, \ldots, p_n, \varphi_n$ aufgespannt wird. P_{2n} bezeichnet den orthogonalen Projektor auf L_{2n}. Wegen $A' = I$ ergibt sich das Spektrum von A aus dem Spektrum von A_0 so, daß jeder Spektralwert um 1 vergrößert wird, d. h., wir erhalten als Eigenwerte von A:

$$2 \quad \text{und} \quad \left(\frac{5}{2} - \frac{1}{n+1}\right) \quad \text{für} \quad n = 2, 3, \ldots$$

Für $A_{2n} = A_0 + P_{2n}$ ist $u = p_{n+1}$ Eigenelement zum kleinsten Eigenwert $\left(\frac{3}{2} - \frac{1}{n+2}\right)$ von A_{2n}:

$$A_{2n} p_{n+1} = A_0 p_{n+1} + P_{2n} p_{n+1} = \left(\frac{3}{2} - \frac{1}{n+2}\right) p_{n+1}.$$

Die Folge $\{\lambda_1^n\} = \left\{\frac{3}{2} - \frac{1}{n+2}\right\}$ konvergiert für $n \to \infty$ gegen $\frac{3}{2}$, jedoch ist $\frac{3}{2}$ kein Eigenwert von A.

Beispiel 2. Der anfangsdiskrete Teil des Spektrums von A_0 bestehe aus den endlich vielen einfachen Eigenwerten $\left(\frac{3}{2} - \frac{1}{n+1}\right)$ für $n = 1, 2, \ldots, n_0$ und dem Eigenwert $\frac{3}{2}$ mit unendlicher Vielfachheit. Für $\lambda > \frac{3}{2}$ sei das Spektrum von A_0 beliebig. Auch hier erhalten wir mit $A' = I$ analog zu Beispiel 1 eine Folge $\lambda^n \to \frac{3}{2}$ für $n \to \infty$, jedoch gehört $\frac{3}{2}$ nicht zum Spektrum von A.

Beispiel 3. Das Spektrum von A_0 bestehe aus den endlich vielen Eigenwerten $\left(\frac{3}{2} - \frac{1}{n+1}\right)$ für $n = 1, 2, \ldots, n_0$. Das Intervall $[\eta_1, \eta_2]$ $\left(\frac{3}{2} = \eta_1 \leqq \eta_2 < 2\right)$ sei kontinuierliches Spektrum ohne Eigenwerte, und das Spektrum von A_0 sei für $\lambda > \eta_2$ beliebig.

Mit $A' = I$ erhält man für den ersten Teil des Spektrums von A die Eigenwerte 2 und $\left(\frac{5}{2} - \frac{1}{n+1}\right)$ für $n = 2, \ldots, n_0$ und in $[1 + \eta_1, 1 + \eta_2]$ kontinuierliches Spektrum ohne Eigenwerte. $p_1, \ldots, p_{n_0}$ seien die Eigenelemente zu den ersten n_0 Eigenwerten von A_0. $\{p_i\}_{i=n_0+1}^{\infty}$ ergänze diese n_0 Elemente p_i zu einer orthonormalen Basis in H. P_n sei der orthogonale Projektor auf den durch $p_1, \ldots, p_n$ aufgespannten Unterraum. Für alle $A_n = A_0 + P_n$ gehört das Intervall $[\eta_1, \eta_2]$ zum kontinuierlichen Spektrum, da P_n vollstetig ist. Das Intervall $[\eta_1, \eta_2]$ gehört aber nicht zum Spektrum von A. Damit erhält man wieder, daß das Spektrum von A_n das Spektrum von A nicht approximiert.

Mit diesen Beispielen haben wir gesehen, daß für alle möglichen Formen des anfangsdiskreten Spektrums von A im allgemeinen keine Konvergenz der Näherungseigenwerte gegen die von A vorliegt. Zu bemerken ist noch, daß diese Beispiele konstruiert wurden gerade mit den für die Praxis wichtigen und von den Autoren vorgeschlagenen Basiselementen $p_i = u_k^0$ und auch $A' p_i = u_k^0$ wegen $A' = I$.

Auch für Zwischenprobleme zweiter Art ist im allgemeinen keine Konvergenz der Eigenwerte von A_n^m gegen die von A vorhanden, denn für die Zwischenoperatoren A_n^m gilt ja für beliebiges, aber festes n die Beziehung $A_n^m \leqq A_n$ für alle m und damit

$$\inf_{\substack{x \neq 0 \\ x \in D(A_n^m)}} \frac{(A_n^m x, x)}{(x, x)} \leqq \inf_{\substack{x \neq 0 \\ x \in D(A_n)}} \frac{(A_n x, x)}{(x, x)}.$$

Für unsere betrachteten Beispiele erhalten wir

$$\inf \sigma(A_n{}^m) \leqq \inf \sigma(A_n) \leqq \frac{3}{2} < \inf \sigma(A)$$

($\sigma(B)$ bezeichne das Spektrum von B).

Somit sind also die Grenzen der Anwendbarkeit des Bazley-Fox-Verfahrens aufgezeigt.

Trotzdem bleibt auch im anfangsdiskreten Fall das Verfahren zumindest bedingt anwendbar, denn auch hier erhalten wir untere Schranken für die gesuchten Eigenwerte, die dann allerdings im allgemeinen nicht mehr beliebig verbessert werden können. Daß diese Schranken in speziellen Fällen recht gute Näherungen sind, sieht man an dem in [4] angegebenen Beispiel, in welchem gewisse Eigenfrequenzen für das Heliumatom berechnet werden.

Welche Probleme ergeben sich, wenn man Verfahren solcher Art sucht, die untere Schranken für die Eigenwerte liefern und bei dem Konvergenz vorliegt?

Im Konvergenzbeweis von BAZLEY und FOX für reindiskrete Operatoren ist von wesentlicher Bedeutung eine Verallgemeinerung des Satzes von DINI, wodurch die gleichmäßige Konvergenz von A_n^{-1} gegen A^{-1} gesichert wird:

Satz. *Konvergiert im Hilbert-Raum eine monotone Folge vollstetiger, selbstadjungierter Operatoren $\{B_n\}$ stark gegen den vollstetigen, selbstadjungierten Operator B, so erfolgt die Konvergenz auch gleichmäßig.*

Beweis. Ohne Beschränkung der Allgemeinheit sei $\{B_n\}$ eine monoton fallende, gegen den Nulloperator konvergierende Folge vollstetiger, selbstadjungierter Operatoren. Die Norm von B_n ist gleich dem maximalen Eigenwert von B_n. Wir haben zu zeigen: $\|B_n\| = \|B_n u_n\| \to 0$ mit u_n als normiertem Eigenelement zum größten Eigenwert von B_n. Aus den $\{u_n\}$ mit $\|u_n\| = 1$ wählen wir eine schwach konvergierende Teilfolge $\{u_{n_j}\}$ aus: $u_{n_j} \rightharpoonup u^*$. Wegen der Vollstetigkeit von B_m gilt $B_m u_n \to B_m u^*$ für $j \to \infty$ und jedes m. Da $B_m \to O$ für $m \to \infty$ gilt, existiert für beliebig vorgegebenes $\varepsilon > 0$ ein m_0, so daß für alle $m \geqq m_0$ gilt: $\|B_m u^*\| \leqq \frac{\varepsilon}{2}$. Weiterhin existiert wegen $B_m u_{n_j} \to B_m u^*$ für $j \to \infty$ ein j_0, so daß für alle $j \geqq j_0$ gilt: $\|B_{m_0} u_{n_j} - B_{m_0} u^*\| \leqq \frac{\varepsilon}{2}$. Mit $q = \max\{m_0, n_{j_0}\}$ erhalten wir

$$\|B_r\| = (B_r u_r, u_r) \leqq (B_{m_0} u_r, u_r) \leqq \|B_{m_0} u_r\| \leqq B_{m_0} u_r - B_{m_0} u^*\| + \|B_{m_0} u^*\| \leqq \varepsilon$$

für alle $r \geqq q$. Damit ist der Satz bewiesen.

Mit dieser gleichmäßigen Konvergenz von A_n^{-1} gegen A^{-1} erhält man nach einem Satz der Störungstheorie die Konvergenz der Eigenwerte von A_n gegen die von A([2], S. 354, 355). Die Voraussetzungen dieses Satzes sind jedoch notwendig, wie wir an den folgenden Beispielen sehen werden:

Beispiel 1. $\{p_i\}_{i=1}^{\infty}$ sei eine Basis in H. Mit $H_n = L(p_1, \ldots, p_n)$ werde der durch die ersten n Basiselemente p_n aufgespannte Unterraum bezeichnet. P_n sei der orthogonale Projektor auf H_n und $Q_n = I - P_n$ der orthogonale Projektor auf $H_n^\perp$. Der Projektor Q_n ist nicht vollstetig. Die Folge Q_n konvergiert monoton für $n \to \infty$

gegen den Nulloperator. Jedoch ist $\|Q_n - O\| = \|Q_n\| = 1$, und damit liegt keine gleichmäßige Konvergenz vor.

Beispiel 2. Mit den Bezeichnungen des Beispiels 1 betrachten wir den Operator $B_n = Q_{n-1} - Q_n$. Er konvergiert gegen den Nulloperator und ist vollstetig, jedoch nicht monoton. Es liegt keine gleichmäßige Konvergenz vor, da $\|B_n - O\| = \|B_n\| = 1$ ist.

Will man nun andere beschränkte Zwischenoperatoren $\tilde{A}_n{}^m$ konstruieren, so erhält man für $\tilde{A}_n{}^m \leqq A_n$ keine Konvergenz und für $A_n \leqq \tilde{A}_n{}^m$ einen Widerspruch zwischen der Forderung $\tilde{A}_n{}^m$ beschränkt und A_n unbeschränkt. Daraus kann man schlußfolgern, daß es notwendig ist, andere Zwischenoperatoren A_n zu konstruieren, wobei aber der in den Arbeiten von Bazley und Fox grundlegende Satz von Dini im allgemeinen nicht bei einem entsprechenden Konvergenzbeweis verwendet werden kann.

Literatur

[1] Bazley, N. W., and D. W. Fox, Truncations in the methods of intermediate problems for lower bounds to eigenvalues, J. Res. Nat. Bur. St. B **65** (1961), 105—111.

[2] Riesz, F., und B. Sz.-Nagy, Vorlesungen über Funktionalanalysis, 3. Aufl., VEB Deutscher Verlag der Wissenschaften, Berlin 1973 (Übersetzung aus dem Französischen).

[3] Rellich, F., Halbbeschränkte, gewöhnliche Differentialoperatoren zweiter Ordnung, Math. Ann. **122** (1950), 343—368.

[4] Bazley, N. W., Lower bounds for eigenvalues, J. Math. Mech. **10** (1961), 289—307.

Manuskripteingang: 13. 7. 1972

VERFASSER:

Dipl.-Math. Jürgen Jähnig, Sektion Mathematik der Technischen Hochschule Karl-Marx-Stadt

Beiträge zur Numerischen Mathematik
2 (1974), 69–88

Zur Konvergenz des Differenzenverfahrens und zu Fragen der Fehlerabschätzung für elliptische Differentialgleichungen vierter Ordnung mit quadratisch integrierbarer Inhomogenität

JOHANN KOMUSIEWICZ

Die Arbeit beweist mit Hilfe des Differenzenverfahrens die Existenz verallgemeinerter Lösungen $u \in \mathring{W}_2^2(S)$ für elliptische Differentialgleichungen vierter Ordnung mit quadratisch integrierbarer rechter Seite f und Null-Randbedingungen. Sie gibt ferner eine a-priori-Abschätzung

$$\max_{S^*} |u - U| \leqq Ch \, \|f\|_{L_2(S)},$$

wobei u der stetige Repräsentant der verallgemeinerten Lösung, U die durch das Differenzenverfahren erhaltene Näherungslösung, das zugrunde liegende Gebiet $S \subset R_2$ das Quadrat $0 \leqq x_1, x_2 \leqq 1$ und S^* ein gewisses Innengebiet von S sind.

Der erste Teil knüpft an eine Arbeit [2] von LADYŽENSKAYA an, der zweite Teil an eine Arbeit [3] von NITSCHE, die beide die entsprechende Problematik für Differentialgleichungen zweiter Ordnung zum Inhalt haben.

Mein besonderer Dank gilt den Herren Professoren H. TRIEBEL und W. WALLISCH, die durch zahlreiche Anregungen und Hinweise zur Fertigstellung dieser Arbeit beitrugen.

1. Existenzbeweis

1.1. Für die Differentialgleichung

$$Au + \lambda u = \sum_{\substack{|I|=2 \\ |K|=2}} D^I(a_{IK} D^K u) + \sum_{|I| \leqq 3} a_I D^I u + \lambda u = f \tag{1}$$

mit quadratisch integrierbarer rechter Seite f werde in einem beschränkten Gebiet $S \subset R_2$ eine Lösung u gesucht, die auf dem Rand ∂S des Gebietes den Bedingungen

$$u|_{\partial S} = 0, \quad D^1 u|_{\partial S} = D^2 u|_{\partial S} = 0 \tag{2}$$

genügt. Dabei ist $I = [i_1, \ldots, i_s]$, $i_l = 1, 2$, ein Multiindex, und mit $|I| = s$ wollen wir die Länge oder Ordnung von I bezeichnen. Die Koeffizienten a_{IK} für $|I| = |K| = 2$

seien zweimal stetig differenzierbare, a_I für $|I| = 3$ stetig differenzierbare und alle anderen a_I stetige reelle Funktionen in $\bar{S} = S \cup \partial S$. Für $|I| = |K| = 2$ gelte $a_{IK} = a_{KI}$ und die Elliptizitätsbedingung

$$\operatorname{Re} \sum_{|I|=|K|=2} a_{IK} \xi_{i_1} \xi_{i_2} \overline{\xi_{k_1} \xi_{k_2}} \geqq C_E \left(\sum_{l=1}^{2} |\xi_l|^2 \right)^2, \quad C_E > 0, \tag{3}$$

die für alle $x \in S$ und $\xi_l \in C$ erfüllt sei. λ sei eine komplexe Zahl mit Re λ größer als ein gewisses λ_0.

Da f nur zu $L_2(S)$ gehört, werden Lösungen im klassischen Sinne nicht existieren. Gesucht wird deshalb eine verallgemeinerte Lösung $u \in \mathring{W}_2^2(S)$, d. h. eine Funktion u aus dem Sobolew-Raum $\mathring{W}_2^2(S)$, die für alle $\varphi \in C_0^\infty(S)$ die folgende Integralidentität erfüllt:

$$\int_S \left[\sum_{|I|=|K|=2} a_{IK} D^I u D^K \varphi - \sum_{\substack{|I|=2 \\ |K|=1}} D^I u D^K (a_{IK} \varphi) + \sum_{|I| \leqq 2} a_I D^I u \varphi \right] dS$$
$$= \int_S (f - \lambda u) \varphi dS. \tag{4}$$

1.2. Sei h eine positive Zahl, dann definieren wir durch

$$R_2^h = \{x \in R_2 | x = (ih, kh); i, k \text{ ganz}\} \tag{5}$$

ein unendliches quadratisches Gitter der Maschenweite h in R_2. Mit Q_{ik} bezeichnen wir die Quadratmasche, die (ih, kh) als linken unteren Eckpunkt besitzt:

$$Q_{ik} = \{(\xi, \eta) \in R_2 \,| ih \leqq \xi \leqq (i+1) h, kh \leqq \eta \leqq (k+1) h\}. \tag{6}$$

Sei ferner

$$\overline{S_h} = \bigcup_{Q_{ik} \cap \bar{S} = Q_{ik}} Q_{ik} \tag{7}$$

das maximale ganz in $\bar{S}$ enthaltene Gitter. Die Menge aller inneren Gitter- oder Knotenpunkte bezeichnen wir mit S_h' und definieren sie durch

$$S_h' = \{(ih, kh) \in \overline{S_h} | (ih, kh) \notin \partial S_h \wedge ((i-1) h, kh) \notin \partial S_h \wedge (ih, (k-1) h) \notin \partial S_h\}, \tag{8}$$

wobei ∂S_h den Rand von S_h bezeichnet. Randpunkte sind alle anderen Knotenpunkte aus $\overline{S_h}$; wir wollen sie mit $\partial S_h'$ bezeichnen:

$$\partial S_h' = \{(ih, kh) \in \overline{S_h} | \, (ih, kh) \notin S_{h'}\}. \tag{9}$$

Wir gehen nun zum diskreten Analogon des Problems (1), (2) über, indem wir in bekannter Weise jede partielle Ableitung D^I durch einen Differenzenquotienten D_I ersetzen, wobei überall vordere Differenzen zu wählen sind. Die rechte Seite f wird über die Gittermaschen zu einer Gitterpunktfunktion F gemittelt, wobei wir zunächst

$$F(ih, kh) = F_{ik} = h^{-2} \int_{Q_{ik}} f(x)\, dq \tag{10}$$

definieren wollen. Mit U_h bezeichnen wir die als Lösung des diskreten Problems

$$A_h U_h + \lambda U_h = \sum_{|I|=|K|=2} D_I(a_{IK} D_K U_h) + \sum_{|I|\leqq 3} a_I D_I U_h + \lambda U_h = F \tag{1*}$$

für alle inneren Gitterpunkte und

$$U_h = 0 \tag{2*}$$

für alle Punkte $(ih, kh) \in \partial S_h'$ erhaltene diskrete Näherungsfunktion. Aus schreibtechnischen Gründen wollen wir im folgenden auf den Index h von U verzichten.

Durch Auflösung des algebraischen Gleichungssystems (1*), (2*) erhält man in allen inneren Gitterpunkten Funktionswerte und damit auch Werte der ersten Differenzenquotienten der diskreten Funktion U. Zu dieser definieren wir eine in allen Punkten von S erklärte interpolierende Funktion $U^* = U_h^*$, deren Funktionswerte in den Gitterpunkten mit den Werten von U und deren erste Ableitungen in den Gitterpunkten mit den entsprechenden Differenzenquotienten von U übereinstimmen. U^* ist maschenweise als Polynom dritten Grades definiert durch

$$\begin{aligned} U^*(x_1, x_2) = {} & [U_{ik}(1 - 3\lambda_1^2 + 2\lambda_1^3) + U_{i+1,k}(3\lambda_1^2 - 2\lambda_1^3) \\ & + D_1 U_{ik}(\lambda_1 - 2\lambda_1^2 + \lambda_1^3) + D_1 U_{i+1,k}(-\lambda_1^2 + \lambda_1^3)] \\ & \times (1 - 3\lambda_2^2 + 2\lambda_2^3) \\ & + [U_{i,k+1}(1 - 3\lambda_1^2 + 2\lambda_1^3) + U_{i+1,k+1}(3\lambda_1^2 - 2\lambda_1^3) \\ & + D_1 U_{i,k+1}(\lambda_1 - 2\lambda_1^2 + \lambda_1^3) + D_1 U_{i+1,k+1}(-\lambda_1^2 + \lambda_1^3)] \\ & \times (3\lambda_1^2 - 2\lambda_1^3) \\ & + [D_2 U_{ik}(1 - 3\lambda_1^2 + 2\lambda_1^3) + D_2 U_{i+1,k}(3\lambda_1^2 - 2\lambda_1^3)] \\ & \times (\lambda_2 - 2\lambda_2^2 + \lambda_2^3) \\ & + [D_2 U_{i,k+1}(1 - 3\lambda_1^2 + 2\lambda_1^3) + D_2 U_{i+1,k+1}(3\lambda_1^2 - 2\lambda_1^3)] \\ & \times (-\lambda_2^2 + \lambda_2^3) \end{aligned} \tag{11}$$

mit $U_{ik} = U_h(ih, kh)$, $\lambda_1 = h^{-1}(x_1 - ih)$, $\lambda_2 = h^{-1}(x_2 - kh)$, wobei $i = \text{entier}\,(x_1/h)$, $k = \text{entier}\,(x_2/h)$, und gehört somit zu $W_2^2(Q_{ik})$. Auf Grund der Definition von U^* passen die Funktionen an den Gittergeraden aneinander, d. h., für zwei benachbarte Quadratmaschen Q und R gilt für alle Punkte (ξ, η) auf der beiden Quadraten gemeinsamen Grenze

$$U_Q^*(\xi, \eta) = U_R^*(\xi, \eta), \quad D^j U_Q^*(\xi, \eta) = D^j U_R^*(\xi, \eta), \quad j = 1, 2, \tag{12}$$

wie man unter Berücksichtigung von $\dfrac{\partial}{\partial x_j} = \dfrac{1}{h} \dfrac{\partial}{\partial \lambda_j}$ leicht nachweist. Das bedeutet aber, daß die Funktion U^* zu $W_2^2(\overline{S_h})$ gehört. Da die Funktionswerte und Werte der ersten Differenzenquotienten auf dem Rand ∂S_h wegen (2*) verschwinden, gehört U^* sogar zu $\mathring{W}_2^2(\overline{S_h})$. Indem wir U^* und D^jU^* außerhalb $\overline{S_h}$ mit 0 fortsetzen, erhalten wir schließlich $U^* \in \mathring{W}_2^2(S)$.

1.3. Um die Konvergenz der Folge $\{U_h^*\}$ für $h \to 0$ zu zeigen, müssen wir nachweisen, daß sie beschränkt ist. Wir gehen dazu von der bekannten Friedrichsschen Ungleichung

$$\int_S |v|^2 \, dS \leqq C \int_S \sum_{j=1}^{2} |D^j v|^2 \, dS, \quad C > 0, \tag{13}$$

aus, die für alle $v \in \mathring{W}_2^1(S)$ erfüllt ist. Als spezielles Gebiet betrachten wir $\overline{S_h}$. Zu jeder Funktion $v \in \mathring{W}_2^1(\overline{S_h})$ können wir eine Funktion v^* definieren, die gleichfalls zu $\mathring{W}_2^1(\overline{S_h})$ gehört, deren Werte in den Gitterpunkten mit denen von v übereinstimmen und die ansonsten definiert wird durch

$$\begin{aligned} v^*(x_1, x_2) = {} & v_{ik}(1 - \lambda_1)(1 - \lambda_2) + v_{i+1,k}\lambda_1(1 - \lambda_2) \\ & + v_{i,k+1}(1 - \lambda_1)\lambda_2 + v_{i+1,k+1}\lambda_1\lambda_2, \end{aligned} \tag{14}$$

wobei i, k und λ_j wie früher definiert sind. Durch elementare Berechnungen erhalten wir dann ein Differenzenanalogon zu (13), das für alle Gitterpunktfunktionen mit verschwindenden Randwerten gilt:

$$h^2 \sum_{(ih,kh)\in\overline{S_h'}} |v_{ik}|^2 \leqq h^2 C \sum_{(ih,kh)\in\overline{S_h'}} \sum_{j=1}^{2} |D_j v_{ik}|^2. \tag{15}$$

Ganz analog zeigt man unter Verwendung der früher definierten Funktion U^*, daß für alle Funktionen $U \in \mathring{W}_2^2(\overline{S_h})$ und somit auch für alle Gitterpunktfunktionen U mit verschwindenden Randwerten von U und D_jU

$$h^2 \sum_{\overline{S_h'}} |U|^2 + h^2 \sum_{\overline{S_h'}} \sum_{j=1}^{2} |D_j U|^2 \leqq h^2 C \sum_{\overline{S_h'}} \sum_{j,l=1}^{2} |D_{jl} U|^2 \tag{16}$$

gilt.

Als nächstes wollen wir zeigen, daß, falls das inhomogene Gleichungssystem (1*), (2*) eine Lösung besitzt, die folgenden Ungleichungen erfüllt sind:

$$\left.\begin{aligned} I_{S_h}(U) &\equiv h^2 \sum_{\overline{S_h'}} |U|^2 \leqq C_1 I_{S_h}(F), \\ I_{S_h}^{(1)}(U) &\equiv h^2 \sum_{\overline{S_h'}} \sum_{j=1}^{2} |D_j U|^2 \leqq C_2 I_{S_h}(F), \\ I_{S_h}^{(2)}(U) &\equiv h^2 \sum_{\overline{S_h'}} \sum_{j,l=1}^{2} |D_{jl} U|^2 \leqq C_3 I_{S_h}(F). \end{aligned}\right\} \tag{17}$$

Wegen (16) genügt es, die dritte Ungleichung von (17) zu beweisen. Dies tut man, indem man Gleichung (1*), die in allen inneren Punkten $(ih, kh) \in S_h'$ erfüllt ist, mit der konjugiert komplexen $\overline{U}$ multipliziert und die erhaltene Gleichung, die wegen $U|_{\partial S_h'} = 0$, also auch $\overline{U}|_{\partial S_h'} = 0$, in allen Punkten von $\overline{S_h'}$ erfüllt ist, partiell über ganz $\overline{S_h}'$ aufsummiert, d. h. unter Übertragung gewisser Differenzenquotienten auf $\overline{U}$. Diese partielle Summation ist möglich, da die Randsummen wegen (2*) verschwinden. Durch elementare Abschätzungen erhalten wir auf Grund dessen, daß A_h stark elliptisch in $\overline{S_h}$ ist, d. h., daß

$$\operatorname{Re} \sum_{\overline{S_h}'} \sum_{|I|=|K|=2} a_{IK} D_I U \overline{D_K{}^* U} \geqq C_E \sum_{\overline{S_h}'} \sum_{|J|=2} |D_J U|^2 \tag{18}$$

mit $D_K{}^* = (-1)^{|K|} D_{\check{K}}$, $\check{K} = -K = [-k_1, \ldots, -k_s]$ gilt (siehe [4]), und wegen der Eigenschaften der Koeffizienten von A die Aussage, daß für genügend großen $\operatorname{Re} \lambda > \lambda_0$ die Ungleichungen (17) erfüllt sind. Aus diesen Ungleichungen folgt nun, daß für $F = 0$ auch $U = 0$ sein muß, d. h., das homogene Gleichungssystem hat nur die triviale Lösung. Also ist die Lösung des inhomogenen Gleichungssystems (1*), (2*) eindeutig bestimmt.

Ferner gilt der folgende

Satz. *Das Randwertproblem* (1), (2) *besitzt höchstens eine verallgemeinerte Lösung.*

Zum Beweis sei nur vermerkt: Wenn w die Differenz zweier verallgemeinerter Lösungen ist, muß es die Integralidentität (4) für $f \equiv 0$ erfüllen. Da w und somit $\overline{w}$ zu $\mathring{W}_2{}^2(S)$ gehört, können wir $\overline{w}$ durch eine Folge $\{\varphi_k\}$, $\varphi_k \in C_0{}^\infty(S)$, approximieren. Wenn wir diese Folge für φ einsetzen, erhalten wir als Limes:

$$\int_S \Bigg[\sum_{|I|=|K|=2} a_{IK} D^I w D^K \overline{w} - \sum_{\substack{|I|=2 \\ |K|=1}} D^I w D^K (a_{IK} \overline{w}) + \sum_{|I| \leqq 2} a_I D^I w \overline{w} \Bigg] dS$$
$$= - \int_S \lambda |w|^2 dS. \tag{19}$$

Hieraus erhält man nun die Gleichungen

$$I_S(w) \equiv \int_S |w|^2 dS = 0,$$
$$I_{S^{(1)}}(w) \equiv \int_S \sum_{|J|=1} |D^J w|^2 \, dS = 0,$$
$$I_{S^{(2)}}(w) \equiv \int_S \sum_{|J|=2} |D^J w|^2 \, dS = 0$$

ganz ähnlich, wie aus der Beziehung (1*) vorhin die Ungleichungen (17) hergeleitet wurden. Daraus folgt unmittelbar $w \equiv 0$ und somit der Satz.

1.4. Auf Grund der Ungleichungen (17) und der Definition von U^* gilt nun: Die interpolierenden Funktionen $\{U_h{}^*\}$ bilden eine beschränkte Menge im Raum $\mathring{W}_2{}^2(\overline{S})$. Deshalb existiert eine Teilfolge $\{U_{h_l}\}$, die für $h_l \to 0$ im Sinne der schwachen Konvergenz des Hilbert-Raumes $\mathring{W}_2{}^2(S)$ gegen eine Funktion $u \in \mathring{W}_2{}^2(S)$ strebt. Das Grenzelement u erfüllt die Integralidentität (4). Zum Beweis multiplizieren wir (1*) mit $\varphi \in C_0{}^\infty(S)$, wobei wir h bereits als so klein voraussetzen, daß φ und $D^j\varphi$, $j = 1, 2$, auf dem Rand ∂S_h verschwinden. h durchlaufe die erwähnte Teilfolge h_l. Die erhaltene Gleichung summieren wir über ganz $\overline{S_h}'$ und übertragen wie früher gewisse Differenzenquotienten auf φ. Indem wir mit $\hat{U}$ die Funktion bezeichnen, die auf Q_{ik}

konstant gleich dem Wert U_{ik} ist, und entsprechend für alle anderen Funktionen, können wir die Gleichung in Integralform schreiben:

$$\int_S \Big[\sum_{|I|=|K|=2} \widehat{a_{IK}}\, \widehat{D_I U}\, \widehat{D_K{}^* \varphi} - \sum_{|I|=2,|K|=1} \widehat{D_I U}\, \dot{\widehat{D_K{}^*(a_{IK}\varphi)}} + \sum_{|I|\le 2} \widehat{a_I}\, \widehat{D_I U}\, \hat{\varphi} \Big] dS$$

$$= \int_S (\hat{F}\hat{\varphi} - \lambda \hat{U}\hat{\varphi})\, dS. \tag{20}$$

Wegen $\varphi \in C_0{}^\infty(S)$ konvergieren die Funktionen $\widehat{D_I\varphi}$ für $h_l \to 0$ gleichmäßig gegen $D^I\varphi$ für $|I| \leqq 2$. Gleiches gilt für die Koeffizientenfunktionen. Ferner gilt wegen der Definition von U^* und auf Grund der Beschränktheit der gewählten Teilfolge $\{U_{h_l}\}$

$$\int_S (U^* - \hat{U})\, \hat{\varphi} dS \to 0 \quad \text{und} \quad \int_S \sum_{|I|=1} (D^I U^* - \widehat{D_I U})\, \hat{\varphi} dS \to 0\,,$$

und daraus erhält man

$$\int_S \sum_{|I|\le 1} \widehat{a_I}\, \widehat{D_I U}\, \hat{\varphi} dS \to \int_S \sum_{|I|\le 1} a_I D^I u \varphi dS. \tag{21}$$

Für die Terme mit zweiten Differenzenquotienten gilt nun

$$\begin{aligned} \int_S \widehat{a_{IK}}\, \widehat{D_I U}\, \widehat{D_K \varphi}\, dS &= h^2 \sum_{\underline{S_h'}} a_{IK} D_I U D_K \varphi = -h^2 \sum_{\overline{S_h'}} D_{i_1} U D_{i_2}(a_{IK} D_K \varphi) \\ &= -\int_S \widehat{D_{i_1} U}\, \widehat{D_{i_2}(a_{IK} D_K \varphi)}\, dS \\ &\to -\int_S D^{i_1} u D^{i_2}(a_{IK} D^K \varphi)\, dS \\ &= \int_S D^I u D^K \varphi a_{IK} dS \end{aligned} \tag{22}$$

für $I = [i_1, i_2]$. Durch entsprechende Umformung der anderen Terme ergibt sich die gewünschte Integralidentität. Also ist u die gesuchte verallgemeinerte Lösung. Auf Grund der Ungleichungen (17), die für alle h erfüllt sind, gilt auch für den Grenzwert u

$$\left.\begin{aligned} I_S(u) &\leqq C_1 I_S(f), \\ I_S{}^{(1)}(u) &\leqq C_2 I_S(f), \\ I_S{}^{(2)}(u) &\leqq C_3 I_S(f), \end{aligned}\right\} \tag{23}$$

wobei die Konstanten nicht von f abhängen. Dabei wird benutzt, daß der schwache Limes einer Folge $\{v_n\}$ mit $\|v_n\| \leqq C$ die Ungleichung $\|v\| \leqq C$ mit der gleichen Konstante erfüllt. Da die Einbettung von $\mathring{W}_2{}^2(S)$ in $C(S)$ vollstetig ist, konvergiert die Folge sogar gleichmäßig gegen den stetigen Repräsentanten der Grenzfunktion u. Ebenso konvergiert $D^i U_{h_l}$ wegen der Vollstetigkeit der Einbettung von $\mathring{W}_2{}^1(S)$ in $L_2(S)$ sogar stark.

Diese Ergebnisse sind noch einmal im folgenden Hauptsatz zusammengefaßt.

Hauptsatz. *Das Randwertproblem* (1), (2) *hat unter den eingangs erwähnten Bedingungen genau eine verallgemeinerte Lösung* $u \in \mathring{W}_2^2(S)$. *Die durch das Differenzenverfahren gemäß der Definition* (11) *erhaltenen Funktionen* U^* *und deren erste Ableitungen konvergieren gegen* u *bzw. dessen erste Ableitungen, d. h., die durch das Differenzenverfahren erhaltene Gitterlösung* U *sowie deren erste Differenzenquotienten konvergieren gegen die Funktionswerte bzw. Werte der ersten Ableitungen der Lösung* u *in diesen Gitterpunkten. Für die Lösung* u *gelten die Ungleichungen* (23).

2. Fehlerabschätzung

2.1. Aus der allgemeinen Theorie (siehe [1]) ist bekannt, daß die verallgemeinerte Lösung u des Randwertproblems (1), (2) zu $\mathring{W}_2^2(S) \cap W_2^4(S)$ gehört und der Ungleichung

$$\|u\|^2_{W_2^4(S)} \leqq C_A{}^2\|Au\|^2_{L_2(S)} = C_A{}^2\|f\|^2_{L_2(S)}$$

oder anders ausgedrückt

$$\sum_{|I|\leqq 4} \|D^I u\|^2_{L_2(S)} \leqq C_A{}^2\|f\|^2_{L_2(S)} \tag{24}$$

genügt, wobei C_A vom Operator $A := (A + \lambda I)$ abhängt. Eine entsprechende Ungleichung für Differenzenquotienten kann man aus dem in [4] angegebenen Differenzenanalogon der GÅRDINGschen Ungleichung für formal selbstadjungierte Differenzenoperatoren

$$A_h U = \sum_{|I|,|K|\leqq 2} D_I{}^*(a_{IK} D_K U) \text{ mit } D_I{}^* = (-1)^{|I|}\, D_{\check{I}},\ \check{I} = -I = [-i_1, \ldots, -i_s]$$

herleiten. Diese Ungleichung

$$\sum_{|I|\leqq 4} \|D_I U\|_g{}^2 \leqq C_{A_h}\|A_h U\|_g{}^2 = C_{A_h}\|F\|_g{}^2,\ \forall\, U,\ U \in H(M) = l_2(M),\ M \subseteq \left(\overline{S_h'}\right)^{(4)}, \tag{25}$$

wobei $\|\ \ \|_g$ die übliche Gitternorm $\|W\|_g{}^2 = \sum_{(ih,kh)\in\overline{S_h'}} |W_{ik}|^2$ und $(\overline{S_h'})^{(4)} = \{(ih, kh) \in \overline{S_h'} \mid 4 \leqq i, k \leqq N - 3\}$ eine Teilmenge der in (28) definierten Menge $\overline{S_h'} = S_h' \cup \partial S_h'$ bezeichnen, gilt auch für symmetrische Differenzenquotienten $\tilde{D}_I$, da diese als Mittelwerte benachbarter vorderer Differenzenquotienten darstellbar sind.

Wir betrachten im weiteren nur das Einheitsquadrat

$$S = \{(x_1, x_2) \mid 0 \leqq x_1, x_2 \leqq 1\} \tag{26}$$

als spezielles Gebiet und schreiben das Randwertproblem in der Form

$$Au = \sum_{|I|\leqq 4} a_I D^I u = f, \quad D^I u|_{\partial S} = 0, \quad |I| \leqq 1. \tag{27}$$

Wir überdecken S mit einem quadratischen Gitter der Maschenweite $h = (N + 1)^{-1}$ und definieren

$$\left.\begin{aligned} S_h' &= \{(ih, kh) \mid 0 \leqq i, k \leqq N\}, \\ \partial S_h' &= \{(ih, kh) \mid i = 0, N + 1 \vee k = 0, N + 1\}. \end{aligned}\right\} \tag{28}$$

In allen Randpunkten setzen wir $U = D_j U = 0$, $j = 1, 2$. Das bedeutet die Hinzunahme fiktiver Werte U_{ik} für $i = -1, N + 2$ oder $k = -1, N + 2$, die aber durch die Randbedingungen eindeutig durch die entsprechenden inneren Werte bestimmt sind; z. B. ist $U_{-1,k} = U_{1,k}$. Für A_h wollen wir ebenfalls nur symmetrische Differenzenquotienten zulassen. Damit erhalten wir das finitisierte Randwertproblem in der Gestalt

$$(A_h U)_{ik} = \sum_{|J| \leqq 4} (a_J \tilde{D}_J U)_{ik} = F_{ik} \quad \text{für } (ih, kh) \in S_h' \tag{29}$$

und

$$(\tilde{D}_j U)_{ik} = 0 \quad \text{für} \quad j = 1, 2; \quad (ih, kh) \in \partial S_h'. \tag{30}$$

2.2. Jede Funktion $v \in L_2(S)$ mit verschwindenden Randwerten kann durch ihre Fourierkoeffizienten

$$v^{mn} = \int_S v(x_1, x_2)\, 2 \sin(\pi m x_1) \sin(\pi n x_2)\, dx_1\, dx_2 \tag{31}$$

charakterisiert werden. Die Reihe

$$v(x_1, x_2) = \sum_{m,n=1}^{\infty} v^{mn}\, 2 \sin(\pi m x_1) \sin(\pi n x_2) \tag{32}$$

muß aber nicht in allen Punkten von S konvergieren. Wie in [3] führen wir Funktionenklassen H_α ein: v gehört zu H_α, wenn

$$\sum_{m,n=1}^{\infty} (1 + m^2 + n^2)^\alpha\, |v^{mn}|^2 = \|v\|_\alpha^2 \tag{33}$$

konvergiert.

Es ist klar, daß $H_\alpha \supseteq H_{\alpha+\varepsilon}$, $\varepsilon > 0$, ist. Ebenso gehört jede L_2-Funktion automatisch zu H_0, und ihre L_2-Norm stimmt mit der oben eingeführten 0-Norm überein; deshalb lassen wir bei dieser Norm den Index 0 weg. Wenn $v \in H_\alpha$ ist, gilt ferner $\|v\|_{\alpha-\varepsilon} \leqq \|v\|_\alpha$. Für $\varepsilon = 1$ gilt z. B. $\|v\|_{\alpha-1} \leqq 3^{-1}\|v\|_\alpha$.

In den folgenden Lemmata werden wichtige Ungleichungen hergeleitet. Zum Beweis verweisen wir, wenn nicht anders angegeben, auf NITSCHE [3].

Lemma 1. *Wenn v zur Klasse H_α mit $\alpha > 1$ gehört, ist v stetig in $\bar{S}$, und für $\varrho \leqq 5^{-1}$ gilt*

$$\max |v(x_1, x_2)| \leqq C_1(\alpha)\, \|v\|_\alpha \tag{34}$$

und

$$\varepsilon_\varrho(v) = \begin{cases} C_2(\alpha)^{\min(\alpha-1,1)} \|v\|_\alpha & \text{für } \alpha \neq 2, \\[2ex] C_3 \varrho \left(\log \dfrac{1}{\varrho}\right)^{1/2} \|v\|_\alpha & \text{für } \alpha = 2 \end{cases} \tag{35}$$

mit

$$C_1(\alpha) = \sqrt{\frac{\pi}{\alpha - 1}},$$

$$C_2(\alpha) = \begin{cases} \sqrt{\dfrac{4\pi^3}{2-\alpha} + \dfrac{16\pi}{\alpha - 1}} & \text{für } \alpha < 2, \\ \sqrt{\dfrac{2\pi^3}{\alpha - 2}} & \text{für } \alpha > 2, \end{cases}$$

$$C_3 = \sqrt{8\pi^3 + \frac{16\pi}{\log 5}}.$$

Dabei bedeutet das Stetigkeitsmodul $\varepsilon_\varrho(v)$ *das Maximum von* $|v(x_1^0, x_2^0) - v(x_1^1, x_2^1)|$ *für* $|x_1^0 - x_1^1|, |x_2^0 - x_2^1| \leqq \varrho$ *und* $(x_1^0, x_2^0), (x_1^1, x_2^1) \in \bar{S}$, *beliebig.*

Lemma 2. *Sei* $v \in H_\alpha$ *mit* $\alpha > 1$. *Mit* $v^N(x_1, x_2)$ *bezeichnen wir die endliche Summe*

$$v^N(x_1, x_2) = \sum_{m,n=1}^{N} v^{mn}\, 2 \sin(\pi m x_1) \sin(\pi n x_2) \tag{36}$$

und setzen $W_{ik} = v(ih, kh) - v^N(ih, kh)$. *Dann ist*

$$\|W\|_g \leqq C_4(\alpha)\, h^\alpha \|v\|_\alpha \tag{37}$$

mit

$$C_4(\alpha) = \sqrt{\frac{9}{2} + \frac{\pi}{4(\alpha - 1)}}.$$

Dabei ist $\|W\|_g$ *die übliche Gitternorm mit*

$$\|W\|_g^2 = h^2 \sum_{i,k=0}^{N+1} W_{ik} \overline{W_{ik}}. \tag{38}$$

Lemma 3. v *gehöre zur Klasse* H_α *für eine ganze Zahl* $\alpha \geqq s$. *Dann gehören die* s*-ten Ableitungen* D^J *und die* s*-ten Differenzenquotienten* $\tilde{D}_J$ *mit* $|J| = s$ *zu* $H_{\alpha - s}$, *und es gilt*

$$\|D^J v\|_{\alpha - s} \leqq \pi^s \|v\|_\alpha, \quad \|\tilde{D}_J v\|_{\alpha - s} \leqq \pi^s \|v\|_\alpha. \tag{39}$$

Beweis. Sei $J = [j_1, \ldots, j_s]$, $j_l = 1, 2$. Sei t die Anzahl der Komponenten j_l mit $|j_l| = 1$. Falls s und t gerade sind, ist obige Behauptung klar, denn dann lauten die Fourierkoeffizienten

$$\pm \pi^s m^t n^{s-t} v^{mn} \text{ und } \pm \frac{\sin^t\left(\dfrac{\pi h m}{2}\right) \sin^{s-t}\left(\dfrac{\pi h n}{2}\right)}{\left(\dfrac{\pi h m}{2}\right)^t \left(\dfrac{\pi h n}{2}\right)^{s-t}}\, \pi^s m^t n^{s-t} v^{mn}. \tag{40}$$

Falls s gerade und t ungerade ist, können Ableitungen und Differenzenquotienten bezüglich der L_2-Norm bis auf Vorzeichen durch die Reihen

$$\pi^s \sum_{m,n=1}^{\infty} m^t n^{s-t} v^{mn}\, 2 \cos(\pi m x_1) \cos(\pi n x_2) \tag{41}$$

und

$$\pi^s \sum_{m,n=1}^{\infty} \frac{\sin^{t-1}\left(\frac{\pi h m}{2}\right) \sin^{s-t-1}\left(\frac{\pi h n}{2}\right) \sin(\pi h m) \sin(\pi h n)}{\left(\frac{\pi h m}{2}\right)^{t-1} \left(\frac{\pi h n}{2}\right)^{s-t-1} (\pi h m)(\pi h n)}$$
$$\times\, m^t n^{s-t} v^{mn}\, 2 \cos(\pi m x_1) \cos(\pi n x_2) \tag{42}$$

repräsentiert werden. Die Fourierkoeffizienten der Ableitungen lassen sich durch Differentiation der Fourierreihe von v berechnen. Zur Berechnung der Differenzenquotienten betrachten wir zunächst den Fall $s = 2$, $t = 1$:

$$\begin{aligned} \tilde{D}_{1,2} v(x_1, x_2) = (2h)^{-2} \sum_{m,n=1}^{\infty} 2\Big(&\sin(\pi m(x_1 + h)) \sin(\pi n(x_2 + h)) \\ &- \sin(\pi m(x_1 + h)) \sin(\pi n(x_2 - h)) \\ &- \sin(\pi m(x_1 - h)) \sin(\pi n(x_2 + h)) \\ &+ \sin(\pi m(x_1 - h)) \sin(\pi n(x_2 - h))\Big) v^{mn}. \end{aligned} \tag{43}$$

Innerhalb der Klammer können wir zusammenfassen:

$$\begin{aligned} &\sin(\pi m(x_1 + h)) \big(\sin(\pi n(x_2 + h)) - \sin(\pi n(x_2 - h))\big) \\ &- \sin(\pi m(x_1 - h)) \big(\sin(\pi n(x_2 + h)) - \sin(\pi n(x_2 - h))\big) \\ &= \big(\sin(\pi m(x_1 + h)) - \sin(\pi m(x_1 - h))\big) \big(\sin(\pi n(x_2 + h)) - \sin(\pi n(x_2 - h))\big). \end{aligned}$$

Mit Hilfe der Additionstheoreme erhalten wir

$$\sin(\pi m(x_1 + h)) - \sin(\pi m(x_1 - h)) = 2 \cos(\pi m x_1) \sin(\pi m h),$$
$$\sin(\pi n(x_2 + h)) - \sin(\pi n(x_2 - h)) = 2 \cos(\pi n x_2) \sin(\pi n h)$$

und damit die Behauptung (42). Ganz analog verläuft der Beweis für alle anderen Paare s, t mit s gerade, t ungerade. Für die anderen Kombinationen von s und t erhält man entsprechende Ausdrücke. Wenn wir berücksichtigen, daß $\left|\frac{\sin x}{x}\right| < 1$ und die Normen $\|D^J v\|_{\alpha-s}$, $\|\tilde{D}_J v\|_{\alpha-s}$ ihren Wert nicht ändern, wenn wir die Fourierkoeffizienten im Zusammenhang mit den Systemen

$\{2 \cos(\pi m x_1) \cos(\pi n x_2)\}$, $\{2 \sin(\pi m x_1) \cos(\pi n x_2)\}$, $\{2 \cos(\pi m x_1) \sin(\pi n x_2)\}$

benutzen, erhalten wir

$$\|D^J v\|_{\alpha-s}^2 \leqq \pi^{2s} \sum_{m,n=1}^{\infty} (m^t n^{s-t})^2 (1 + m^2 + n^2)^{\alpha-s} |v^{mn}|^2, \tag{44}$$

$$\|\tilde{D}_J v\|_{\alpha-s}^2 \leqq \pi^{2s} \sum_{m,n=1}^{\infty} (m^t n^{s-t})^2 (1 + m^2 + n^2)^{\alpha-s} |v^{mn}|^2. \tag{45}$$

Aus $(m^t n^{s-t})^2 \leqq (1 + m^2 + n^2)^s$ folgt

$$\|D^J v\|_{\alpha-s} \leqq \pi^s \|v\|_\alpha,$$

$$\|\tilde{D}_J v\|_{\alpha-s} \leqq \pi^s \|v\|_\alpha$$

und damit Lemma 3.

Für spätere Zwecke unterwerfen wir unsere Funktionen einem Glättungsprozeß. Wir definieren ein Mittel

$$\omega_\varrho(v)(x_1, x_2) = \varrho^{-2} \int\limits_{x_1-\varrho/2}^{x_1+\varrho/2} \int\limits_{x_2-\varrho/2}^{x_2+\varrho/2} v(\xi_1, \xi_2)\, d\xi_1 d\xi_2. \tag{46}$$

Damit dieses Mittel überall in $\bar{S}$ definiert ist, setzen wir die Funktion v über die Seiten von S hinaus periodisch als eine ungerade Funktion fort. Zwischen den Fourierkoeffizienten von v und denen von $\omega_\varrho(v)$ besteht die Beziehung

$$\omega_\varrho(v)^{mn} = \frac{\sin\left(\frac{\pi m \varrho}{2}\right) \sin\left(\frac{\pi n \varrho}{2}\right)}{\left(\frac{\pi m \varrho}{2}\right)\left(\frac{\pi n \varrho}{2}\right)} v^{mn}, \tag{47}$$

so daß insbesondere $|\omega_\varrho(v)^{mn}| \leqq |v^{mn}|$ oder

$$\|\omega_\varrho(v)\|_\alpha \leqq \|v\|_\alpha \tag{48}$$

gilt.

Lemma 4. *Sei $v \in H_\alpha$ für $\alpha \geqq 0$. Dann gehört $\omega_\varrho(v)$ zur Klasse $H_{\alpha+1}$, und es ist*

$$\|\omega_\varrho(v)\|_{\alpha+1} \leqq \frac{4\sqrt{3}}{\pi^2 \varrho^2} \|v\|_\alpha. \tag{49}$$

Lemma 5. *v gehöre zu H_α $(1 < \alpha < 3)$. Dann gilt für $\varrho \leqq \frac{1}{5}$*

$$\max_{(x_1,x_2)\in S} |v(x_1, x_2) - \omega_\varrho(v)(x_1, x_2)| \leqq C_5(\alpha)^{\frac{2(\alpha-1)}{\max(\alpha,2)}} \|v\|_\alpha \tag{50}$$

mit

$$C_5(\alpha) = 2\sqrt{\frac{\pi^5}{576} + \frac{9\pi}{\alpha - 1}}.$$

2.4. In S führen wir ein echtes Innengebiet Ω ein (Abb. 1) und definieren eine Funktion $\chi \in C_0^\infty(S)$ mit $0 \leqq \chi(x) \leqq 1$ und $\chi(x) = 1$ für $x \in \Omega$. Ist $u \in \mathring{W}_2^2(S) \cap W_2^4(S)$ die verallgemeinerte Lösung des Randwertproblems (1), (2), dann gehört die durch

$$u\chi(x_1, x_2) = u(x_1, x_2)\, \chi(x_1, x_2) \tag{51}$$

definierte Funktion $u\chi$ zu H_4. Da die vierten Ableitungen und Differenzenquotienten nur zu H_0 gehören, werden die dazugehörigen Fourierreihen im allgemeinen nicht überall konvergieren, insbesondere nicht unbedingt in den Gitterpunkten. Indem wir den bereits erwähnten Glättungsprozeß anwenden, führen wir deshalb eine Funktion $\widetilde{u\chi}$ ein:

$$\widetilde{u\chi}(x_1, x_2) = \omega_\varrho{}^2(u\chi)\,(x_1, x_2) = \omega_\varrho(\omega_\varrho(u\chi))\,(x_1, x_2). \tag{52}$$

$\widetilde{u\chi}$ gehört zu H_6, und aus Lemma 4 folgt

$$\|\widetilde{u\chi}\|_6 \leqq 48\pi^{-4}\varrho^{-4}\|u\chi\|_4. \tag{53}$$

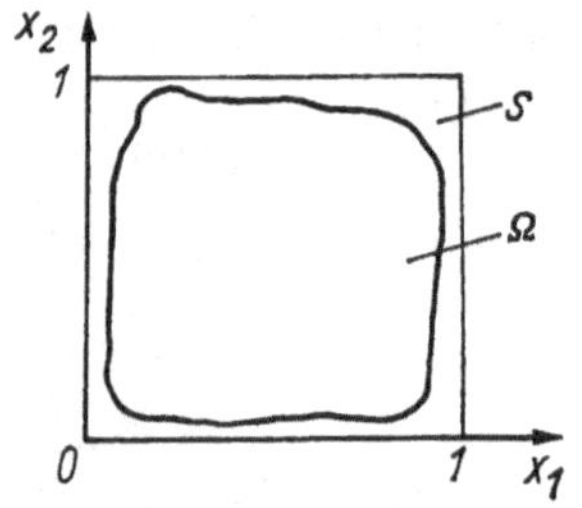

Abb. 1

Lemma 6. *Sei $v \in H$, $\tilde{v} = \omega_\varrho{}^2(v)$, D^J irgendeine partielle Ableitung mit $|J| = s \leqq \alpha$, α ganze Zahl, und $\tilde{D}_J$ der zugehörige symmetrische Differenzenquotient. Dann gilt*

$$\|D^J\tilde{v} - \tilde{D}_J\tilde{v}\|_g \leqq C_7(s)h^2\|v\|_{\alpha+2}. \tag{54}$$

Die Gitternorm wird dabei für die Gitterfunktion $D^J\tilde{v}(ih, kh) - \tilde{D}_J\tilde{v}(ih, kh)$ genommen.

Beweis. Für $s = 0$ ist $D^J\tilde{v} = \tilde{D}_J\tilde{v} = \tilde{v}$ und somit $\|D^J\tilde{v} - \tilde{D}_J\tilde{v}\|_g = 0$, also (54) trivialerweise erfüllt. Ansonsten können wir mit der Dreiecksungleichung abschätzen:

$$\|D^J\tilde{v} - \tilde{D}_J\tilde{v}\|_g \leqq \|D^J\tilde{v} - (D^J\tilde{v})^N\|_g + \|(D^J\tilde{v})^N - (\tilde{D}_J\tilde{v})^N\|_g + \|\tilde{D}_J\tilde{v} - (\tilde{D}_J\tilde{v})^N\|_g.$$

Mit Lemma 2 für $\alpha = 2$ erhalten wir die Ungleichungen

$$\|D^J\tilde{v} - (D^J\tilde{v})^N\|_g \leqq C_4(2)\,h^2\|D^J\tilde{v}\|_2,$$

$$\|\tilde{D}^J\tilde{v} - (\tilde{D}_J\tilde{v})^N\|_g \leqq C_4(2)\,h^2\|\tilde{D}_J\tilde{v}\|_2$$

und daher nach Lemma 3

$$\|D^J\tilde{v} - (D^J\tilde{v})^N\|_g, \quad \|\tilde{D}_J\tilde{v} - (\tilde{D}_J\tilde{v})^N\|_g \leqq C_4(2)\,\pi^s h^2\|v\|_{s+2}. \tag{55}$$

Ferner ist

$$\|(D^J\tilde{v})^N - (\tilde{D}_J\tilde{v})^N\|_g{}^2 = \sum_{m,n=1}^{N} g_{mn}^2|\tilde{v}^{mn}|^2.$$

Sei t wie im Beweis von Lemma 3 die Anzahl der j_l aus J mit $j_l = 1$. Dann lassen sich die g_{mn} für die bekannten Fälle von s und t wie folgt definieren:

1. s und t gerade:

$$g_{mn} = \pi^s m^t n^{s-t}\left(1 - \frac{\sin^t\left(\frac{\pi m h}{2}\right)\sin^{s-t}\left(\frac{\pi n h}{2}\right)}{\left(\frac{\pi m h}{2}\right)^t\left(\frac{\pi n h}{2}\right)^{s-t}}\right).$$

2. s gerade, t ungerade:

$$g_{mn} = \pi^s m^t n^{s-t}\left(1 - \frac{\sin^{t-1}\left(\frac{\pi m h}{2}\right)\sin^{s-t-1}\left(\frac{\pi n h}{2}\right)\sin(\pi m h)\sin(\pi n h)}{\left(\frac{\pi m h}{2}\right)^{t-1}\left(\frac{\pi n h}{2}\right)^{s-t-1}(\pi m h)(\pi n h)}\right).$$

3. s ungerade, t gerade:

$$g_{mn} = \pi^s m^t n^{s-t}\left(1 - \frac{\sin^{t}\left(\frac{\pi m h}{2}\right)\sin^{s-t-1}\left(\frac{\pi n h}{2}\right)\sin(\pi n h)}{\left(\frac{\pi m h}{2}\right)^{t}\left(\frac{\pi n h}{2}\right)^{s-t-1}(\pi n h)}\right).$$

4. s und t ungerade:

$$g_{mn} = \pi^s m^t n^{s-t}\left(1 - \frac{\sin^{t-1}\left(\frac{\pi m h}{2}\right)\sin^{s-t}\left(\frac{\pi n h}{2}\right)\sin(\pi m h)}{\left(\frac{\pi m h}{2}\right)^{t-1}\left(\frac{\pi n h}{2}\right)^{s-t}(\pi m h)}\right).$$

Für alle diese g_{mn} gilt die Ungleichung $g_{mn} \leqq 6^{-1}\pi^{s+2}h^2(1 + m^2 + n^2)^{(s+2)/2}$ wie man sich an Hand der Potenzreihenentwicklung von $\frac{\sin x}{x}$ leicht klarmachen kann. Deshalb ist

$$\sum_{m,n=1}^{N} g_{mn}^2|\tilde{v}^{mn}| \leqq 6^{-2}\pi^{2s+4}h^4 \sum_{m,n=1}^{N}(1 + m^2 + n^2)^{s+2}|\tilde{v}^{mn}|^2$$

oder, was das gleiche ist,

$$\|(D^J\tilde{v})^N - (\tilde{D}_J\tilde{v})^N\|_g \leqq 6^{-1}\pi^{s+2}h^2\|v\|_{s+2}. \tag{56}$$

Durch Kombination der Ungleichungen (55) und (56) erhalten wir schließlich unter Verwendung von $\|v\|_{\alpha-1} \leqq \frac{1}{3}\|v\|_\alpha$

$$\|D^J\tilde{v} - \tilde{D}_J\tilde{v}\|_g \leqq \pi^s h^2\left(\frac{\pi^2}{6} + 2C_4(2)\right)\|\tilde{v}\|_{s+2} \leqq C_7(s)\,h^2\|v\|_{\alpha+2} \tag{57}$$

mit $C_7(s) = 3^{s-\alpha}\pi^s\left(\frac{\pi^2}{6} + 2C_4(2)\right)$ und somit Lemma 6.

Sei $a(x_1, x_2)$ eine stetige Funktion in $\bar{S}$. Mit $\varepsilon_\varrho(a)$ bezeichnen wir das Stetigkeitsmodul von a. Es ist leicht, $a(x_1, x_2)$ auf die ganze Ebene fortzusetzen, ohne daß sich $\varepsilon_\varrho(a)$ vergrößert. Im folgenden Lemma ist eine solche Fortsetzung vorausgesetzt.

Lemma 7. *Sei $a(x_1, x_2)$ stetig und $v \in H_0$. Dann gilt*

$$\|a\omega_\varrho^2(v) - \omega_\varrho^2(av)\|_g \leqq 4\varepsilon_\varrho(a)\|v\|. \tag{58}$$

Wir denken uns nun die Funktion χ als fest vorgegeben und definieren

$$M_s(\chi) = \max_{\substack{x \in S \\ |K| \leqq s}} |D^K\chi(x)|. \tag{59}$$

Damit können wir für $|J| = s \leqq 4$ die Abschätzung

$$\|D^J u\chi\|^2_{L_2(S)} \leqq \frac{2^s + 1}{2} [M_s(\chi)]^2 C_A^2 \|f\|^2 \tag{60}$$

erhalten. Unter Verwendung der Fourierkoeffizienten von $D^J u$ und unter Berücksichtigung von

$$\sum_{t=0}^{s} (m^{s-t} n^t)^2 \geqq 3^{-s}(s + 1)(1 + m^2 + n^2)^s \tag{61}$$

können wir (60) umformen in

$$\|u\chi\|_s^2 \leqq \frac{3^s(2^s + 1)}{2\pi^{2s}(s + 1)} [M_s(\chi)]^2 C_A^2 \|f\|^2 \quad \forall s,\ s \leqq 4. \tag{62}$$

Durch Kombination von (53) und (62) ergibt sich die Abschätzung

$$\|\widetilde{u\chi}\|_6 \leqq 2^5 3^3 \pi^{-8} M_4(\chi) C_A \varrho^{-4} \|f\| \leqq C_6 \varrho^{-4} \|f\|. \tag{63}$$

Wir wenden auf $\widetilde{u\chi}$ Lemma 6 an und schätzen die rechte Seite mit Hilfe von (63) weiter ab. Als Resultat erhalten wir

$$\|D^J \widetilde{u\chi} - \tilde{D}_J \widetilde{u\chi}\|_g \leqq C_6 C_7(s)\, h^2 \varrho^{-4} \|f\| \leqq C_8(s)\, h^2 \varrho^{-4} \|f\|. \tag{64}$$

Wir wollen uns nun wieder der Fehlerabschätzung zuwenden. In ganz S_h' gilt

$$(A_h \widetilde{u\chi})_{ik} = (A \widetilde{u\chi})_{ik} + R_{ik}^{(1)}, \tag{65}$$

wobei $R_{ik}^{(1)}$ der beim Übergang von den Differential- zu den Differenzenoperatoren begangene Fehler ist, d. h.

$$R_{ik}^{(1)} = \Big[\sum_{|J| \leqq 4} a_J(\tilde{D}_J - D^J)\Big] \widetilde{u\chi}(ih, kh). \tag{66}$$

Wir führen jetzt ein Gebiet Ω_h^ϱ ein mit

$$\Omega_h^\varrho = \{(ih, kh) \in \Omega_h, (ih \pm \varrho, kh \pm \varrho) \in \Omega_h\}. \tag{67}$$

Aus der Definition von $\widetilde{u\chi}$ folgt: Für alle $(ih, kh) \in \Omega_h^\varrho$ ist

$$(A\widetilde{u\chi})_{ik} = (\omega_\varrho^2(f))_{ik} + R_{ik}^{(2)} \tag{68}$$

mit

$$R_{ik}^{(2)} = \left\{\sum_{|J|\leqq 4} [a_J\omega_\varrho^2(D^J u\chi) - \omega_\varrho^2(a_J D^J u\chi)]\right\}_{ik}, \tag{69}$$

da die Mittelbildung und Differentiation vertauschbar sind, wobei wir wegen $\chi \equiv 1$ in Ω, also $u\chi = u$ in Ω_h^ϱ, auch das χ weglassen könnten.

Aus Ungleichung (64) erhalten wir

$$\|R^{(1)}\|_g \leqq \max_{|J|\leqq 4} |a_J| \sum_{|J|\leqq 4} \|D^J\widetilde{u\chi} - \tilde{D}_J\widetilde{u\chi}\|_g \leqq C_9 h^2\varrho^{-4}\|f\|. \tag{70}$$

Dabei ist

$$C_9 = \sum_{s=1}^{4} (s+1)\, C_8(s) \max_{|J|\leqq 4} |a_J|.$$

Aus Lemma 7 und Ungleichung (60) folgt

$$\|R^{(2)}\|_g \leqq \sum_{|J|\leqq 4} 4\varepsilon_\varrho(a_J)\|D^J u\chi\| \leqq 132\varepsilon_\varrho(A) M_4(\chi)\, C_A\|f\| \leqq C_{10}\varepsilon_\varrho(A)\, \|f\| \tag{71}$$

mit $\varepsilon_\varrho(A) = \max\limits_{|J|\leqq 4} \varepsilon_\varrho(a_J)$. Falls alle a_J Konstanten sind, entfällt dieser Rest natürlich. Wir vergleichen nun die Lösung U der Differenzengleichungen mit den Werten der Funktion $\widetilde{u\chi}$ in den Gitterpunkten von Ω_h^ϱ:

$$A_h(\widetilde{u\chi} - U)_{ik} = (\omega_\varrho^2(f))_{ik} - F_{ik} + R_{ik}^{(1)} + R_{ik}^{(2)}. \tag{72}$$

Wir fordern nun zusätzlich $\Omega_h^\varrho \subseteq (\overline{S_h'})^{(4)}$. Dann können wir auf die Funktion V mit

$$V_{ik} = \begin{cases} (\widetilde{u\chi} - U)_{ik} & \text{für } (ih, hk) \in \Omega_h^\varrho, \\ 0 & \text{sonst} \end{cases}$$

die Ungleichung (25) anwenden, denn es ist $\Omega_h^\varrho \subseteq (\overline{S_h'})^{(4)}$ und $V \in H(\Omega_h^\varrho)$. Damit erhalten wir die *Haupt-Ungleichung*

$$\sum_{|J|\leqq 4} \|\tilde{D}_J V\|_g^2 \leqq C_{11}\|\omega_\varrho^2(f) - F\|_g^2 + C_{12}(\varepsilon_\varrho(A))^2\|f\|^2 + C_{13}\,\frac{h^4}{\varrho^8}\,\|f\|^2 \tag{73}$$

mit

$$C_{11} = 3C_{A_h},$$
$$C_{12} = 3C_{A_h}C_{10}^2,$$
$$C_{13} = 3C_{A_h}C_9^2,$$

da V außerhalb von Ω_h^ϱ verschwindet. Das Endergebnis dieser Haupt-Ungleichung hängt in entscheidendem Maße von f ab. Wir unterscheiden zwei Fälle: Falls f stetig in $\bar{S}$ ist, wird die numerische Berechnung mit den Werten $F_{ik} = f(ih, hk)$ für die rechte Seite der Differenzengleichungen ausgeführt. Unter Anwendung von Lemma 7 mit $a = f$, $v = 1$ erhalten wir dann

$$\|\omega_\varrho^2(f) - F\|_g \leqq 4\varepsilon_\varrho(f).$$

Wenn wir das in die Haupt-Ungleichung (73) eintragen, erhalten wir die Ungleichung

$$\sum_{|J|\leqq 4} \|\tilde{D}_J V\|_g^2 \leqq \|f\|^2\left(C_{12}(\varepsilon_\varrho(A))^2 + C_{13}h^4\varrho^{-8}\right) + C_{14}(\varepsilon_\varrho(f))^2 \tag{74}$$

mit $C_{14} = 16C_{11} = 48C_{A_h}$.

Falls f nicht stetig ist, müssen wir den Ausdruck $\|\omega_\varrho^2(f) - F\|_g$ an Stelle von $4\varepsilon_\varrho(f)$ belassen. Wenn wir die Mittelwerte $\omega_\varrho^2(f)(ih, kh)$ für die rechten Seiten F_{ik} verwenden, entfällt dieser Term ganz.

Die Haupt-Ungleichung (73) werden wir nun zur Abschätzung der Differenz $(D^J u)(ih, kh) - \tilde{D}_J U_{ik}$, $|J| = s \leqq 2$, im Gebiet Ω_h^ϱ ausnutzen. Zuvor beweisen wir zwei weitere Lemmata.

Lemma 8. *Ist W_{ik} eine Gitterfunktion mit verschwindenden Randwerten, dann gilt für alle J mit $|J| = s \leqq 2$*

$$\begin{aligned} \max_{S_h'} |\tilde{D}_J W_{ik}| &\leqq C_{15}(s)\, \|\Delta_h^2 W\|_g \\ &\leqq 2C_{15}(s)\, (\|\tilde{D}_{1,1,1,1}W\|_g + \|\tilde{D}_{1,1,2,2}W\|_g + \|\tilde{D}_{2,2,2,2}W\|_g). \end{aligned} \tag{75}$$

Beweis. Wir drücken W_{ik} durch seine „diskreten" Fourierkoeffizienten

$$W^{mn} = h^2 \sum_{i,k=1}^{N} W_{ik}\, 2 \sin(\pi m h i) \sin(\pi n h k)$$

aus:

$$W_{ik} = \sum_{m,n=1}^{N} W^{mn}\, 2 \sin(\pi m h i) \sin(\pi n h k).$$

Dann ist

$$\|W\|_g^2 = \sum_{m,n=1}^{N} |W^{mn}|^2, \qquad |W_{ik}|^2 \leqq 4 \left(\sum_{m,n=1}^{N} |W^{mn}|\right)^2.$$

Für die ersten und zweiten Differenzenquotienten erhalten wir

$$\tilde{D}_1 W_{ik} = \pi \sum_{m,n=1}^{N} \frac{\sin(\pi m h)}{\pi m h}\, m\, 2 \cos(\pi m h i) \sin(\pi n h k) W^{mn},$$

$$\tilde{D}_2 W_{ik} = \pi \sum_{m,n=1}^{N} \frac{\sin(\pi n h)}{n h}\, n\, 2 \sin(\pi m h i) \cos(\pi n h k)\, W^{mn},$$

$$\tilde{D}_{1,1} W_{ik} = -\pi^2 \sum_{m,n=1}^{N} \frac{\sin^2\left(\dfrac{\pi m h}{2}\right)}{\left(\dfrac{\pi m h}{2}\right)^2}\, m^2\, 2 \sin(\pi m h i) \sin(\pi n h k) W^{mn},$$

$$\tilde{D}_{2,2} W_{ik} = -\pi^2 \sum_{m,n=1}^{N} \frac{\sin^2\left(\frac{\pi n h}{2}\right)}{\left(\frac{\pi n h}{2}\right)^2} n^2 \, 2 \sin(\pi m h i) \sin(\pi n h k) \, W^{mn},$$

$$\tilde{D}_{1,2} W_{ik} = \pi^2 \sum_{m,n=1}^{N} \frac{\sin(\pi m h) \sin(\pi n h)}{(\pi m h)(\pi n h)} mn \, 2 \cos(\pi m h i) \cos(\pi n h k) \, W^{mn}.$$

Da $\left|\frac{\sin x}{x}\right| < 1$, gilt für alle diese $\tilde{D}_J$

$$|\tilde{D}_J W_{ik}|^2 \leqq 4\pi^{2s} \left(\sum_{m,n=1}^{N} (m^2 + n^2)^{s/2} |W^{mn}|\right)^2$$

$$\leqq 4\pi^{2s} \left(\sum_{m,n=1}^{\infty} (m^2 + n^2)^{s-4}\right) \left(\sum_{m,n=1}^{N} (m^2 + n^2)^4 |W^{mn}|^2\right). \tag{76}$$

Andererseits folgt aus der Fourierentwicklung:

$$\|\Delta_h^2 W\|_g = 256 \sum_{m,n=1}^{N} \left[\frac{\sin^2\left(\frac{\pi m h}{2}\right)}{h^2} + \frac{\sin^2\left(\frac{\pi n h}{2}\right)}{h^2}\right]^4 |W^{mn}|^2. \tag{77}$$

Wegen $mh \leqq 1$ gilt $\dfrac{\sin\left(\frac{\pi m h}{2}\right)}{h} \geqq m$, und damit folgt

$$|\tilde{D}_J W_{ik}|^2 \leqq 2^{-6} \pi^{2s} \left(\sum_{m,n=1}^{\infty} (m^2 + n^2)^{s-4}\right) \|\Delta_h^2 W\|_g \leqq C_{15}^2(s) \|\Delta_h^2 W\|_g. \tag{78}$$

Nun ist

$$\sum_{m,n=1}^{\infty} (m^2 + n^2)^{s-4} \leqq 2^{s-4} + 2 \cdot 5^{s-4} + 8^{s-4} + \frac{\pi}{2} \int_2^{\infty} \frac{r}{r^{8-2s}} \, dr$$

$$\leqq \begin{cases} 2^{-8} \left(\dfrac{51 + \pi}{3}\right) & \text{für } s = 0, \\ 2^{-6} \left(\dfrac{28 + \pi}{3}\right) & \text{für } s = 1, \\ 2^{-4} \left(\dfrac{17 + \pi}{3}\right) & \text{für } s = 2. \end{cases}$$

Wenn wir

$$\left.\begin{aligned} C_{15}(0) &= 2^{-7}\sqrt{\frac{51+\pi}{3}}, \\ C_{15}(1) &= 2^{-6}\pi\sqrt{\frac{28+\pi}{3}}, \\ C_{15}(2) &= 2^{-5}\pi^2\sqrt{\frac{17+\pi}{3}} \end{aligned}\right\} \tag{79}$$

setzen und

$$\begin{aligned} \|\Delta_h{}^2 W\|_g &= \|\tilde{D}(_{1,1,1,1} + 2\tilde{D}_{1,1,2,2} + \tilde{D}_{2,2,2,2})\, W\|_g \\ &\leqq 2(\|\tilde{D}_{1,1,1,1}W\|_g + \|\tilde{D}_{1,1,2,2}W\|_g + \|\tilde{D}_{2,2,2,2}W\|_g) \end{aligned}$$

verwenden, haben wir Lemma 8 bewiesen.

Lemma 9. *Ist D^J irgendeine partielle Ableitung mit $|J| = s \leqq 2$ und $\tilde{D}_J$ der zugehörige Differenzenquotient, dann gilt*

$$\max_{x \in S} |(D^J - \tilde{D}_J)\, \widetilde{u\chi}(x)| \leqq C_{16}(s)\, h^2 \varrho^{-4} \|f\|. \tag{80}$$

Beweis. Für $s = 0$ folgt die Behauptung (80) sofort aus der Tatsache, daß $D^J \widetilde{u\chi} = \tilde{D}_J \widetilde{u\chi} = \widetilde{u\chi}$ ist. Ansonsten gilt für jede Funktion v mit $v \in H_\alpha$ $(\alpha > 1)$ und für alle $x \in \bar{S}$

$$|v(x)|^2 \leqq 4 \left(\sum_{m,n=1}^{\infty} |W^{mn}| \right)^2. \tag{81}$$

Für die Fourierkoeffizienten von $(D^J - \tilde{D}_J)\widetilde{u\chi}$ erhalten wir ganz ähnlich wie im Beweis von Lemma 6 für alle J mit $|J| = s \leqq 2$

$$|[(D^J - \tilde{D}_J)\, \widetilde{u\chi}]^{mn}| \leqq 6^{-1}\pi^{s+2}h^2\, (1 + m^2 + n^2)^{(s+2)/2}\, |\widetilde{u\chi}^{mn}|.$$

Wenn wir das in (81) eintragen, ergibt sich

$$\begin{aligned} &\left(\sum_{m,n=1}^{\infty} |(D^J - \tilde{D}_J)\widetilde{u\chi}^{mn}| \right)^2 \\ &\leqq \frac{4\pi^{2s+4}h^4}{36} \left(\sum_{m,n=1}^{\infty} (1 + m^2 + n^2)^{(s+2)/2} |\widetilde{u\chi}^{mn}| \right)^2 \\ &\leqq \frac{4\pi^{2s+4}h^4}{36} \left(\sum_{m,n=1}^{\infty} (1 + m^2 + n^2)^{s+2-6} \right) \left(\sum_{m,n=1}^{\infty} (1 + m^2 + n^2)^6\, |\widetilde{u\chi}^{mn}|^2 \right) \\ &\leqq \frac{4\pi^{2s+4}h^4}{36} \, \frac{\pi}{2} \int_0^\infty \frac{r\,dr}{(1 + r^2)^{4-s}} \, \|\widetilde{u\chi}\|_6{}^2 \\ &\leqq \frac{\pi^{2s+5}h^4}{36(4 - s - 1)} \, \|\widetilde{u\chi}\|_6{}^2 \end{aligned} \tag{82}$$

und daraus

$$\max_{x\in S}|(D^J - \tilde{D}_J)\widetilde{u\chi}(x)| \leqq \frac{\pi^{s+2}}{6}\sqrt{\frac{\pi}{3-s}}\, h^2\|\widetilde{u\chi}\|_6.$$

Wenn wir nur noch die Abschätzung (63) verwenden, erhalten wir

$$\max_{x\in S}(D^J - \tilde{D}_J)\,\widetilde{u\chi}(x)| \leqq 2^4 3^2 \pi^{s-6}\sqrt{\frac{\pi}{3-s}}\, M_4(\chi)\, C_A h^2 \varrho^{-4}\|f\|$$

und damit Lemma 9.

Die Differenz $(D^J\widetilde{u\chi} - \tilde{D}_J U)_{ik}$ für $|J| = s \leqq 2$ kann geschrieben werden als

$$\begin{aligned}&(D^J u\chi - \omega_\varrho(D^J u\chi))_{ik} + (\omega_\varrho(D^J u\chi) - \omega_\varrho{}^2(D^J u\chi))_{ik}\\ &+ ((D^J - \tilde{D}_J)\,\widetilde{u\chi})_{ik} + (\tilde{D}_J\widetilde{u\chi} - \tilde{D}_J U)_{ik},\end{aligned} \tag{83}$$

wobei wir die Vertauschbarkeit von Mittelbildung und Differentiation benutzt haben. Wie vorher entfällt für $s = 0$ der dritte Term. Wenn wir Lemma 5 für $\alpha = 2$ und die Ungleichungen (47) und (39) sowie (62) verwenden, erhalten wir für die ersten beiden Terme

$$\begin{aligned}\max_{x\in S}|D^J u\chi - \omega_\varrho(D^J u\chi)| &\leqq C_5(2)\,\varrho\|D^J u\chi\|_2 \leqq C_5(2)\,\varrho\pi^s\|u\chi\|_{s+2}\\ &\leqq C_5(2)\,\varrho\pi^s 3^{-4+s+2}\|u\chi\|_4\\ &\leqq C_5(2)\cdot 3^{s+1}\pi^{s-4} M_4(\chi)\, C_A\varrho\|f\|\end{aligned} \tag{84}$$

und

$$\begin{aligned}\max_{x\in S}|\omega_\varrho(D^J u\chi) - D^J\widetilde{u\chi}| &\leqq C_5(2)\,\varrho\|\omega_\varrho(D^J u\chi)\|_2 \leqq C_5(2)\,\varrho\|D^J u\chi\|_2\\ &\leqq C_5(2)\cdot 3^{s+1}\pi^{s-4} M_4(\chi)\, C_A\varrho\|f\|.\end{aligned} \tag{85}$$

Für den dritten Term erhalten wir nach Lemma 9

$$\max_{x\in S}|(D^J - \tilde{D}_J)\widetilde{u\chi}| \leqq C_{16}(s)\, h^2\varrho^{-4}\|f\|. \tag{86}$$

Den letzten Term können wir für das Gebiet $\Omega_h{}^\varrho$ mit Lemma 8 abschätzen:

$$\begin{aligned}\max_{\Omega_h{}^\varrho}|(\tilde{D}_J\widetilde{u\chi} - \tilde{D}_J U)_{ik}| &\leqq C_{17}(s)\|\,\omega_\varrho{}^2(f) - F\|_g\\ &+ \|f\|\{C_{18}(s)\varepsilon_\varrho(A) + C_{19}(s)\, h^2\varrho^{-4}\}\end{aligned} \tag{87}$$

mit

$$C_{17}(s) = 2\sqrt{3}C_{15}(s)\sqrt{C_{11}},$$

$$C_{18}(s) = 2\sqrt{3}C_{15}(s)\sqrt{C_{12}},$$

$$C_{19}(s) = 2\sqrt{3}C_{15}(s)\sqrt{C_{13}},$$

und daraus erhalten wir, wenn wir berücksichtigen, daß in $\Omega_h{}^\varrho$ $u\chi = u$ und $\widetilde{u\chi} = \tilde{u}$ ist, die gewünschte Fehlerabschätzung:

$$\begin{aligned}\max_{(ih,kh)\in\Omega_h{}^\varrho}|(D^J u - \tilde{D}_J U)_{ik}| &\leqq C_{17}(s)\,\|\omega_\varrho{}^2(f) - F\|_g\\ &+ \{C_{20}(s)\, h^2\varrho^{-4} + C_{18}(s)\,\varepsilon_\varrho(A) + C_{21}(s)\,\varrho\}\|f\|\end{aligned} \tag{88}$$

mit

$$C_{20}(s) = C_{16}(s) + C_{19}(s)$$

und

$$C_{21}(s) = 2 \cdot 3^{s+1}\pi^{s-4}C_5(2)\, M_4(\chi)\, C_A .$$

Insbesondere gilt, wenn wir $\varrho = h^{2/5}$ setzen,

$$\max_{(ih,kh)\in\Omega_h\varrho} |(D^J u - \tilde{D}_J U)_{ik}| \leqq C_{17}(s)\, \|\omega^2_{h^{2/5}}(f) - F\|_g + C_{18}(s)\, \varepsilon_{h^{2/5}}(A)\, \|f\| + C_{22}(s)\, h^{2/5}\|f\| \tag{89}$$

mit

$$C_{22}(s) = [C_{20} + C_{21}]\,(s).$$

Wie vorher kann der Term $\|\omega^2_{h^{21/5}}(f) - F\|_g$ durch $4\varepsilon_{h^{21/5}}(f)$ ersetzt werden, wenn f stetig ist.

Literatur

[1] БЕРЕЗАНСКИЙ, Ю. М., Разложение по собственных функциям самосопряженных операторов, Наукова думка, Киев 1965.

[2] ЛАДЫЖЕНСКАЯ, О. А., Смешанная задача для гиперболического уравнения, Гостехиздат, Москва 1965.

[3] NITSCHE, J., and J. C. C. NITSCHE, Error estimates for the numerical solution of elliptic differential equations, Arch. Rat. Mech. Anal. **5** (1960), 293–306.

[4] STUMMEL, F., Elliptische Differenzenoperatoren unter Dirichletrandbedingungen, Math. Z. **97** (1967), 169–211.

Manuskripteingang: 3. 7. 1972

VERFASSER:
Dr. rer. nat. JOHANN KOMUSIEWICZ, Sektion Mathematik der Friedrich-Schiller-Universität Jena

Beiträge zur Numerischen Mathematik
2 (1974), 89–101

Anwendung der Pseudostöriteration auf Differentialgleichungen

WILGARD LANG

Einleitung

Zahlreiche Probleme technischer Art erfordern die Lösung von Eigenwertaufgaben mit Differentialoperatoren. In vielen Fällen lassen sich diese Aufgabenstellungen so formulieren, daß sich Eigenwertaufgaben mit selbstadjungierten Differentialoperatoren in Hilberträumen ergeben (COLLATZ [1], NEUMARK [5]).

Ein sehr effektives Verfahren zur Bestimmung isolierter einfacher Eigenwerte und der entsprechenden Eigenvektoren eines selbstadjungierten Operators, das von einer Näherung für den gesuchten Eigenvektor ausgeht, stellt das Verfahren der Pseudostöriteration dar. Dieses Verfahren wurde von GAVURIN für selbstadjungierte Operatoren entwickelt [3] und von KUHNERT [4] für abgeschlossene nichtselbstadjungierte Operatoren verallgemeinert. In der vorliegenden Arbeit wird eine Modifizierung dieses Verfahrens angegeben und auf selbstadjungierte Differentialoperatoren spezieller Gestalt angewandt.

Im Abschnitt 1 wird kurz das Prinzip der Pseudostöriteration dargelegt (eine ausführliche Darlegung der Pseudostöriteration ist in [4] enthalten) und eine nichtlineare Gleichung hergeleitet, auf deren Lösung das Problem der Bestimmung von Eigenwert und Eigenvektor zurückgeführt werden kann.

Die Lösung dieser Operatorgleichung mit Hilfe eines modifizierten Newton-Verfahrens ist Inhalt des Abschnitts 2. Sich dabei ergebende numerische Schwierigkeiten werden durch Einführung einer sogenannten Voriteration überwunden. Diese Voriteration besteht in der Ausführung einiger der von GAVURIN [3] als LW_1-Schritte bezeichneten Iterationen.

Schließlich wird im Abschnitt 3 der numerische Algorithmus angegeben. Er ist so aufgebaut, daß bei der Anwendung des Newton-Verfahrens auf die nichtlineare Gleichung und der nachfolgenden Berechnung des Eigenvektors eine vorgegebene Genauigkeitsschranke für diesen nicht überschritten wird.

Bei den durchgeführten numerischen Experimenten, auf die in Abschnitt 4 eingegangen wird, wurden Differentialgleichungen der Gestalt $-y'' + g(x)\,y = \lambda y$, $y(0) = y(1) = 0$ betrachtet. Als Näherungseigenvektoren eigneten sich sehr gut die Eigenvektoren des Operators $-(d^2/dx^2)$ unter den angegebenen Randbedingungen. Diese Eigenvektoren wurden auch als Koordinatenfunktionen für die Darstellung der Elemente des betrachteten Hilbertraumes benutzt.

1. Das Prinzip der Pseudostöriteration

Es sei H ein Hilbertraum mit den Elementen $x, y, \varphi, \psi, \ldots$, dem Skalarprodukt (x, y) und der Norm $\|x\| = \sqrt{(x, x)}$. Der Operator A sei selbstadjungiert und sein Definitionsgebiet $D(A)$ dicht in H. Gesucht werden der einfache isolierte Eigenwert λ und der entsprechende Eigenvektor φ, so daß

$$(A - \lambda I)\,\varphi = 0 \tag{1}$$

gilt. Für den Eigenvektor φ sei ein Näherungsvektor φ_0 bekannt, für den ohne Einschränkung der Allgemeinheit

$$\|\varphi_0\| = 1 \quad \text{und} \quad (\varphi, \varphi_0) = 1$$

vorausgesetzt werden kann. Der Wert

$$\lambda_0 = (A\varphi_0, \varphi_0)$$

soll als Näherung für den Eigenwert λ betrachtet werden. Mit Hilfe des Defektes

$$\sigma_0 = (A - \lambda_0 I)\,\varphi_0$$

kann ein ,,Störoperator" L_0 konstruiert werden, so daß der Operator

$$A_0 = A - L_0$$

den Eigenwert λ_0 und den Eigenvektor φ_0 besitzt und als ,,ungestörter" Operator im Sinne der Störungstheorie dienen kann, während der Operator $A = A_0 + L_0$ den durch die Störung L_0 aus A_0 hervorgegangenen Operator darstellt. Ein solcher Operator kann folgendermaßen definiert werden:

$$L_0 x = (x, \varphi_0)\,\sigma_0 + (x, \sigma_0)\,\varphi_0, \quad x \in D(A).$$

Unter der Voraussetzung, daß $\|L_0\| = \|\sigma_0\|$ genügend klein ist, folgt aus der angegebenen Gestalt des Operators L_0, daß der Wert λ_0 einfacher isolierter Eigenwert des Operators A_0 ist. Eine genauere Aussage darüber ergibt sich aus Überlegungen von GAVURIN ([2, 3]): Für

$$\|\sigma_0\| < \varrho/2, \tag{2}$$

wobei $\varrho > 0$ den minimalen Abstand des Eigenwertes λ vom übrigen Spektrum des Operators A darstellt, ist λ_0 einfacher isolierter Eigenwert des Operators A_0. Es existiert demzufolge ein Operator R_0 mit

$$\left.\begin{aligned} &R_0(A_0 - \lambda_0 I)\,x = x \quad \text{für} \quad x \in H(\varphi_0) \cap D(A) \\ \text{und} \qquad & \\ &(A_0 - \lambda_0 I)\,R_0 x = x \quad \text{für} \quad x \in H(\varphi_0), \end{aligned}\right\} \tag{3}$$

wobei

$$H(\varphi_0) = \{x \in H : (x, \varphi_0) = 0\}$$

das orthogonale Komplement zum Eigenvektor φ_0 darstellt.

Eine Aussage über die Lösung des gegebenen Eigenwertproblems erhält man aus dem folgenden Satz.

Satz 1. *Die Lösung, d. h. Eigenvektor φ und Eigenwert λ, des Eigenwertproblems* (1) *ergibt sich in der Form*

$$\varphi = \varphi_0 + z, \quad \lambda = \lambda_0 + (z, \sigma_0)$$

mit $(\varphi, \varphi_0) = 1$ *genau dann, wenn das Element z Lösung der nichtlinearen Operatorgleichung*

$$(A_0 - \lambda_0 I)\, z = -\sigma_0 + (\sigma_0, z)\, z, \quad z \in H(\varphi_0) \tag{4}$$

ist.

Beweis. a) Nach Voraussetzung seien jetzt $\varphi = \varphi_0 + z$ und $\lambda = \lambda_0 + (\sigma_0, z)$ Eigenvektor bzw. entsprechender Eigenwert des Operators A; d. h., es muß

$$0 = A(\varphi_0 + z) - (\lambda_0 + (\sigma_0, z))\,(\varphi_0 + z)$$

gelten. Hieraus erhält man leicht

$$0 = \sigma_0 + (A - \lambda_0 I)\, z - (\sigma_0, z)\,\varphi_0 - (\sigma_0, z)\, z\,.$$

Aus der Definition des Operators L_0 ergibt sich wegen

$$1 = (\varphi, \varphi_0) = (\varphi_0 + z, \varphi_0) = 1 + (z, \varphi_0), \quad (z, \varphi_0) = 0,$$

daß

$$L_0 z = (z, \sigma_0)\,\varphi_0$$

gilt, und damit ist für das Element z die Gleichung (4) erfüllt.

b) Das Element z sei jetzt Lösung der nichtlinearen Operatorgleichung (4). Nach der Bildung des Elementes

$$\varphi = \varphi_0 + z$$

wird der Defekt $\sigma(\varphi) = \sigma(z)$ berechnet und gezeigt, daß dieser verschwindet und

$$\lambda = \lambda_0 + (z, \sigma_0)$$

der zugehörige Eigenwert ist. Es ist

$$\sigma(z) = A(\varphi_0 + z) - \frac{(A(\varphi_0 + z), (\varphi_0 + z))}{(\varphi_0 + z, \varphi_0 + z)}\,(\varphi_0 + z)$$

$$= A(\varphi_0 + z) - \frac{(A\varphi_0, \varphi_0) + 2(A\varphi_0, z) + (Az, z)}{1 + (z, z)}\,(\varphi_0 + z)\,.$$

Durch einfache Rechnung erhält man

$$(A\varphi_0, z) = (\sigma_0, z)$$

und

$$(Az, z) = (A_0 z, z)\,.$$

Aus der Tatsache, daß das Element z Lösung der Gleichung (4) ist, folgt

$$(A_0 z, z) = \lambda_0 (z, z) - (\sigma_0, z) + (\sigma_0, z)\,(z, z),$$

und damit wird der Defekt

$$\sigma(z) = A(\varphi_0 + z) - (\lambda_0 + (\sigma_0, z))\,(\varphi_0 + z)\,.$$

Für den Operator A gilt $A = A_0 + L_0$; wegen $L_0\varphi_0 = \sigma_0$, $A_0\varphi_0 - \lambda_0\varphi_0 = 0$ und $L_0 z = (z, \sigma_0)\,\varphi_0$ ergibt sich

$$\sigma(z) = \sigma_0 + (A_0 - \lambda_0 I)\,z - (\sigma_0, z)\,z = 0\,.$$

Vergleicht man die letzte Zeile mit dem vorhergehenden Ausdruck für $\sigma(z)$, so ergibt sich

$$A(\varphi_0 + z) - (\lambda_0 + (\sigma_0, z))\,(\varphi_0 + z) = 0\,,$$

und das bedeutet, daß $\varphi = \varphi_0 + z$ Eigenvektor des Operators A zum Eigenwert $\lambda = \lambda_0 + (\sigma_0, z)$ ist.

Damit ist der Satz vollständig bewiesen.

Zur Bestimmung des Elementes z ist die Gleichung (4) in der angegebenen Form ungeeignet. Sie kann unter der Voraussetzung, daß der Operator R_0 in der Form (3) existiert, in der Gestalt

$$z = -R_0\sigma_0 - \frac{(R_0\sigma_0, \sigma_0)}{1 - (R_0\sigma_0, z)}\,R_0 z\,, \quad z \in H(\varphi_0) \tag{5}$$

geschrieben werden.

2. Herleitung eines zweistufigen Verfahrens zur Bestimmung der Lösung des Eigenwertproblems

Um die Bestimmung des Elementes z, das Lösung der nichtlinearen Gleichung (5) ist, zu vereinfachen, wird ein Ansatz benutzt:

$$z = -\sum_{i=1}^{\infty} \mu^{i-1} R_0{}^i \sigma_0\,.$$

Verwendet man diesen Ansatz, so ergibt sich, daß das Element z die Gleichung (5) befriedigt, wenn die Funktion

$$f(\mu) = \mu + (R_0\sigma_0, (I - \mu R_0)^{-1}\,\sigma_0)\,,$$

$$f(\mu) = \mu + \sum_{i=1}^{\infty} \mu^{i-1}(R_0{}^i\sigma_0, \sigma_0)$$

verschwindet. Ausgehend von $\mu_0 = 0$ liefert die Anwendung des modifizierten Newton-Verfahrens (KANTOROWITSCH-AKILOW [6], S. 563) auf die Gleichung $f(\mu) = 0$ die Iterationsvorschrift

$$\mu_{n+1} = \mu_n - \frac{f(\mu)}{f'(0)}\,, \quad \mu_{n+1} = -\frac{(R_0\sigma_0, \sigma_0) + \mu_n{}^2(R_0{}^3\sigma_0, \sigma_0) + \mu_n{}^3(R_0{}^4\sigma_0, \sigma_0) + \cdots}{1 + \|R_0\sigma_0\|^2}\,. \tag{6}$$

Die Elemente z_n,

$$z_n = -\sum_{i=1}^{\infty} \mu_n^{i-1} R_0^i \sigma_0 ,$$

dienen dann als Näherungen für das Element z, das Lösung der Gleichung (5) ist.

Für das Konvergenzverhalten der durch die Iterationsvorschrift (6) definierten Folgen können die folgenden Abschätzungen angegeben werden.

Satz 2. *Unter der Voraussetzung*

$$\|\sigma_0\| < \varrho/5$$

gelten folgende Abschätzungen für die Folgen (μ_n) *und* $(\sigma(z_n))$, *wobei die* μ_n *nach der Iterationsvorschrift* (6) *gebildet werden:*

a) $$|\mu_n| \leqq 1{,}014\,315 \|R_0\sigma_0\| \, \|\sigma_0\| < 0{,}338\,105 \|\sigma_0\| ,$$

b) $$D_{n+1} = |\mu_{n+1} - \mu_n| \leqq \frac{\|R_0\sigma_0\|^3}{1 + \|R_0\sigma_0\|^2} \cdot 0{,}8105\, D_n ,$$

c) $$D_{n+1} \leqq \frac{\|R_0\sigma_0\|^{3n+1} (0{,}8105)^n}{(1 + \|R_0\sigma_0\|^2)^{n+1}} \|\sigma_0\| ,$$

d) $$\|\sigma(z_n)\| < \frac{\|R_0\sigma_0\|^{3n-2} (0{,}8105)^{n-1}}{(1 + \|R_0\sigma_0\|^2)^n} \|\sigma_0\| < p^{3n} \|\sigma_0\|$$

mit $p = \|R_0\sigma_0\| \leqq 1/3$.

Der Beweis dieses Satzes ist in [7] enthalten.

Die Berechnung einer Näherung für das Element z auf diesem Wege stößt auf numerische Schwierigkeiten. Bei der Berechnung der Elemente $R_0^i\sigma_0$ kann nämlich eine Verstärkung einmal aufgetretener Rundungsfehler erfolgen, so daß das Element z_n im Rahmen der geforderten Genauigkeit keine Näherung für z ist. Dieser Fall tritt besonders dann ein, wenn $\|R_0\| > 1$ gilt. Um den Effekt der Verstärkung der Rundungsfehler zu vermeiden, muß gewährleistet sein, daß zur Näherung des Elementes z entsprechend wenig Glieder der Reihe genügen. Die Anzahl der benötigten Reihenelemente hängt von der Größe der Norm des Defektes ab. Je kleiner $\|\sigma_0\|$ ist, desto weniger Glieder der Reihe werden benötigt.

Zur Verkleinerung der Norm des Defektes werden einige der von Gavurin [3] eingeführten LW_1-Schritte benutzt. Ausgehend von der Näherung φ_0 wird ein LW_1-Schritt nach der folgenden Vorschrift ausgeführt:

$$\left.\begin{aligned} \lambda_m &= (A\varphi_m, \varphi_m) , \\ \sigma_m &= A\varphi_m - \lambda_m\varphi_m , \\ L_m &= (\cdot, \varphi_m)\, \sigma_m + (\cdot, \sigma_m)\, \varphi_m , \\ A_m &= A - L_m , \end{aligned}\right\} \qquad (7)$$

$$\left.\begin{aligned}&R_m\sigma_m \text{ als Lösung der linearen Gleichung}\\&(A_m - \lambda_m I)\, u = \sigma_m,\\&\varphi_{m+1} = (\varphi_m - R_m\sigma_m)/\|\varphi_m - R_m\sigma_m\| = w_m/\|w_m\|\end{aligned}\right\}$$

für $m = 0, 1, 2, \ldots, m' - 1$.

In seiner Arbeit [3] wies Gavurin die Konvergenz dieser Iteration unter der Voraussetzung

$$\|\sigma_0\| < \varrho/3$$

nach. In Erweiterung dessen gilt der folgende Satz:

Satz 3. *Die Folge* (σ_m) *der bei dem Prozeß* (7) *entstehenden Defekte konvergiert gegen Null bei beliebiger Anfangsnäherung* φ_0 *für den Eigenvektor* φ, *für die* $\|\varphi_0\| = 1$ *und* $\|\sigma_0\| < \varrho/2$ *gilt.*

Beweis. Für den Beweis dieses Satzes ist von grundlegender Bedeutung, daß

$$\|\sigma_{m+1}\| \leqq \frac{\|R_m\sigma_m\|^2}{1 + \|R_m\sigma_m\|^2}\,\|\sigma_m\| \tag{8}$$

gilt. Berechnet man entsprechend der Vorschrift (7) den Defekt, so ergibt sich im einzelnen:

$$Aw_m = (\lambda_m - (R_m\sigma_m, \sigma_m))\,\varphi_m - \lambda_m R_m\sigma_m,$$

$$(Aw_m, w_m) = \lambda_m(1 + \|R_m\sigma_m\|^2) - (R_m\sigma_m, \sigma_m)$$

und

$$\sigma_{m+1} = -(R_m\sigma_m, \sigma_m)\,(\|R_m\sigma_m\|^2\,\varphi_m + R_m\sigma_m)/\|w_m\|^3.$$

Daraus ergibt sich für die Norm

$$\|\sigma_{m+1}\| = |(R_m\sigma_m, \sigma_m)|\,\|R_m\sigma_m\|/(1 + \|R_m\sigma_m\|^2) \leqq \frac{\|R_m\sigma_m\|^2}{1 + \|R_m\sigma_m\|^2}\,\|\sigma_m\|.$$

Für die Normen der Operatoren R_m gilt

$$\|R_m\| \leqq 1/(\varrho - 2\|\sigma_0\|) = K < \infty.$$

Aus der Relation (8) folgt unter Beachtung der Monotonie der Funktion $f(x) = x^2/(1 + x^2)$ und der Relation

$$\|R_m\sigma_m\| \leqq \|R_m\|\,\|\sigma_m\| < K \cdot \|\sigma_0\|,$$

daß

$$\|\sigma_{m+1}\| < \bar{q}\|\sigma_m\|$$

gilt, wobei

$$\bar{q} = K^2\|\sigma_0\|^2/(1 + K^2\|\sigma_0\|^2) < 1$$

ist. Daraus folgt sofort die Konvergenz der Folge (σ_m) gegen Null für $m \to \infty$.

Unter einer zusätzlichen Voraussetzung erhält man kubische Konvergenz für die Folge der Defekte.

Satz 4. *Gilt für die Anfangsnäherung* φ_0 *für den Eigenvektor* φ *zum Eigenwert* λ, *daß*

$$\|\sigma_0\| < \varrho/2 \quad \textit{und} \quad \|R_0\sigma_0\| \leqq 1$$

ist, so konvergiert die Iteration (7) *in dem Sinn, daß* $\|\sigma_m\| \to 0$ *und* $\|R_m\sigma_m\| \to 0$ *für* $m \to \infty$ *gilt mit den Abschätzungen*

$$\|\sigma_m\| < 2(q^3/2)^{3^{m-2}} \|\sigma_0\|$$

und

$$\|R_m\sigma_m\| < (q^3/2)^{3^{m-2}}$$

für $m \geqq 2$ *und* $q = \|R_0\sigma_0\|^2/(1 + \|R_0\sigma_0\|^2) \leqq 1/2$.

Beweis. Der Beweis erfolgt induktiv. Es werden Relationen für $m = 1$ und $m = 2$ hergeleitet, die sich dann durch vollständige Induktion verallgemeinern lassen. (Der Beweis ist vollständig in [7] enthalten.)

3. Der numerische Algorithmus

Die numerische Rechnung wird in vier Etappen durchgeführt:

I. In dieser Etappe werden einige Elemente eines LW_1-Schrittes berechnet. Ausgehend von der Näherung φ_0 ergeben sich die Elemente $A\varphi_0$, $\lambda_0 = (A\varphi_0, \varphi_0)$, $\sigma_0 = A\varphi_0 - \lambda_0\varphi_0$. Bei bekanntem Abstand des gesuchten Eigenwertes vom übrigen Spektrum kann man an dieser Stelle überprüfen, ob $\|\sigma_0\| < \varrho/2$ gilt. Daraus folgt dann die Existenz des Elementes $R_0\sigma_0$. Weiter werden L_0, A_0 und $R_0\sigma_0$ entsprechend der Vorschrift (7) berechnet.

II. Mit Hilfe der Elemente σ_0 und $R_0\sigma_0$ kann man die Anzahl der Schritte der Voriteration berechnen, die notwendig sind, um bei vorgegebener Anzahl der Reihenglieder für das Element z nach der Newton-Iteration für den Wert μ eine vorgegebene Genauigkeit für den gesuchten Eigenvektor zu erreichen. Dazu werden einige Hilfsgrößen $d\varphi$, $d\sigma$, $d\mu$ und dz mit der im folgenden erläuterten Bedeutung eingeführt. Wenn m' die Anzahl der durchgeführten Voriterationsschritte und n die Anzahl der Newton-Iterationen ist, sollen die folgenden Beziehungen erfüllt sein:

$$\begin{aligned} &\|\bar\varphi - \varphi_{m'+1}\| < d\varphi, \\ &\|\sigma_{m'+1}\| < d\sigma, \\ &|\mu_n - \mu_{n-1}| = D_n < d\mu, \\ &\|z_{nk} - z_{n,k-1}\| = \|\mu_n{}^{k-1} R_{m'}^k \sigma_{m'}\| < dz, \end{aligned} \tag{9}$$

wobei $\bar\varphi = \varphi/\|\varphi\|$ der normierte Eigenvektor des Operators A ist und

$$z_{nk} = -\sum_{i=0}^{k-1} \mu_n{}^i R_{m'}^{i+1} \sigma_{m'},$$

$$\varphi_{m'+1} = (\varphi_{m'} + z_{nk})/\|\varphi_{m'} + z_{nk}\|$$

sowie

$$\sigma_{m' r+1} = A\varphi_{m'+1} - (A\varphi_{m'+1}, \varphi_{m'+1})\, \varphi_{m'+1}$$

gilt.

Es lassen sich jetzt Abschätzungen angeben:

$$\left.\begin{aligned} &\|\bar{\varphi} - \varphi_{m'+1}\| < C_\mu d\mu + C_z dz \\ \text{und} \\ &\|\sigma_{m'+1}\| < G_\mu d\mu + G_z dz \end{aligned}\right\} \qquad (10)$$

mit den Koeffizienten

$$C_\mu = \frac{0{,}8105\,\|R_{m'}\sigma_{m'}\|^3 \|R^2_{m'}\sigma_{m'}\|}{(1 - 1{,}014315\,\|R_{m'}\sigma_{m'}\|\, \|R_{m'}\|\, \|\sigma_{m'}\|)^2 \cdot S},$$

$$S = 1 + \|R_{m'}\sigma_{m'}\|^2 - 0{,}8105\,\|R_{m'}\sigma_{m'}\|^3,$$

$$C_z = \frac{1{,}014\,315\,\|R_{m'}\sigma_{m'}\|\, \|R_{m'}\|\, \|\sigma_{m'}\|}{1 - 1{,}014\,315\,\|R_{m'}\sigma_{m'}\|\, \|R_{m'}\|\, \|\sigma_{m'}\|},$$

$$G_\mu = \frac{0{,}8105\,\|R_{m'}\sigma_{m'}\|^3 \|z_{nk}\|}{1 + \|z_{nk}\|^2},$$

$$G_z = \frac{|\mu_n|(1 + \|z_{nk}\|)}{1 + \|z_{nk}\|^2}.$$

Die in den Koeffizienten auftretenden Elemente sind aber bei diesem Stand der Rechnung noch nicht bekannt, es können lediglich Abschätzungen für deren Normen entsprechend den in Satz 3 und Satz 4 angegebenen Relationen benutzt werden. Man erhält daraus neue Koeffizienten C_μ' und C_z', für die

$$\|\bar{\varphi} - \varphi_{m'+1}\| < C_\mu' d\mu + C_z' dz = d\varphi \qquad (11)$$

gesetzt wird. Da für kleine Werte von $\|\sigma\|$ die Relation

$$C_\mu' \ll C_z'$$

erfüllt ist, kann ohne Verfälschung des Ergebnisses

$$d\mu = d\varphi$$

gewählt werden. Aus der Gleichung (11) erhält man dann einen Wert für dz. Die Relation (9) dient danach zur Berechnung eines Wertes für m', der Anzahl de notwendigen Schritte der Voriteration. Dazu muß die Norm des Elementes $\mu_n{}^{k-1} R^k_{m'}\sigma_m$ für vorgegebenes k nach oben abgeschätzt werden.

III. In der dritten Etappe erfolgt die Durchführung von m' Voriterationsschritten nach dem Schema (7).

IV. Anschließend wird die Newton-Iteration für den Wert μ durchgeführt und das Element

$$z_{nk} = -\sum_{i=1}^{k} \mu_n{}^{i-1} R^i_{m'}\sigma_{m'}$$

bestimmt. Daraus erhält man $\varphi_{m'+1}$ und $\sigma_{m'+1}$.

Mit Hilfe der Relationen (9) und (10) kann a posteriori eine Abschätzung für den maximal möglichen Fehler des errechneten Eigenvektors angegeben werden:

$$\|\bar{\varphi} - \varphi_{m'+1}\| < C_\mu|\mu_n - \mu_{n-1}| + C_z\|\mu_n^{k-1} R^k_{m'}\sigma_{m'}\| = d\varphi'.$$

Für den Fehler des Eigenwertes ergibt sich

$$|\lambda - \lambda_{m'+1}| \leqq \|\sigma_{m'+1}\| \, \|\varphi_{m'+1} + z\| \, \|\bar{\varphi} - \varphi_{m'+1}\| < 1{,}2\|\sigma_{m'+1}\| \, d\varphi'.$$

4. Anwendung des Verfahrens auf Differentialgleichungen

Das vorgenannte Verfahren wurde an Matrizen erprobt und auf die Lösung von Eigenwertaufgaben der Gestalt

$$-y'' + g(x)\,y = \lambda y, \quad y(0) = y(1) = 0$$

angewandt. Diese Differentialgleichung soll im Raum $L_2(0, 1)$ betrachtet werden. Durch den linksstehenden Differentialausdruck wird ein Differentialoperator A definiert:

$$A = -\frac{d^2}{dx^2} + gI = -\frac{d^2}{dx^2} + G,$$

wobei

$$Gy = g(x)y(x)$$

gelten soll. Der Operator A ist in einem Teilraum H des Raumes $L_2(0, 1)$ selbstadjungiert:

$$H = \left\{z \in L_2(0, 1) : z(0) = z(1) = 0;\, z,\, \frac{dz}{dx} \text{ absolut stetig};\, \frac{d^2z}{dx^2} \in L_2(0, 1)\right\}.$$

Die Eigenfunktionen des in gewissem Sinne zu A benachbarten Operators

$$B = -\frac{d^2}{dx^2}$$

sind

$$y_n = \sqrt{2}\sin n\pi x, \quad n = 1, 2, \ldots,$$

und bilden in H ein vollständiges Orthonormalsystem. Sie sollen als Koordinatenfunktionen in H und als Anfangsnäherungen für die Eigenvektoren des Operators A dienen. Der Abstand $\varrho_A^{(n)}$ des n-ten Eigenwertes des Operators A vom übrigen Spektrum ist nicht bekannt; mit Hilfe der Eigenwerte des Operators B läßt sich eine untere Schranke ϱ_n für diesen Abstand angeben. Die Operatoren A und B besitzen nur einfache Eigenwerte, es werden also jeweils die Abstände benachbarter Eigenwerte betrachtet. Weil $v_n = n^2\pi^2$ die Eigenwerte von B sind, gilt

$$\varrho_B^{(n)} = v_n - v_{n-1} = \pi^2(n^2 - (n-1)^2) = \pi^2(2n - 1), \quad n \geqq 2,$$

und

$$\varrho_B^{(1)} = v_2 - v_1 = 3\pi^2,$$

d. h.

$$\varrho_B^{(n)} \geqq 3\pi^2 \quad \text{für alle} \quad n \geqq 1.$$

Wird der Operator A in der Form

$$A = B + G$$

geschrieben, so kann man ihn als durch G gestörten Operator zum ungestörten Operator B ansehen. Deshalb gilt entsprechend den Untersuchungen von GAVURIN ([2, 3])

$$\varrho_A^{(n)} = \pi^2(2n-1) - 2\|G\| = \varrho_n = 3\pi^2 - 2\|G\| = \varrho_A > 0$$

für

$$\|G\| < 3\pi^2/2.$$

Die Werte ϱ_n oder $\varrho_A^{(n)}$ können zur Überprüfung der Bedingung $\|\sigma_0\| < \varrho/2$ benutzt werden.

Als Näherung für den n-ten Eigenvektor soll das Element

$$\varphi_0^{(n)} = y_n = \sqrt{2} \sin n\pi x$$

dienen. Werden die Eigenfunktionen des Operators B auch als Koordinatenfunktionen im Raum H gewählt, so kann der Eigenvektor $\varphi^{(n)}$ in der Form

$$\varphi^{(n)} = \sum_{k=1}^{\infty} \varphi_k^{(n)} y_k$$

oder in anderer Schreibweise

$$\varphi^{(n)} = (\varphi_k^{(n)})$$

angesetzt werden. Für die Koeffizienten der Anfangsnäherung gilt

$$\varphi_{0k}^{(n)} = \delta_{kn} = \begin{cases} 1 & \text{für} \quad k = n, \\ 0 & \text{für} \quad k \neq n, \end{cases} \qquad k = 1, 2, \ldots$$

Die Koeffizienten der weiteren Näherungen $\varphi_m^{(n)}$ für den n-ten Eigenvektor von A sollen mit $\varphi_{mk}^{(n)}$ bezeichnet werden. Die Anwendung des Operators A auf das Element $\varphi_m^{(n)}$ ergibt

$$A\varphi_m^{(n)} = B\varphi_m^{(n)} + G\varphi_m^{(n)};$$

B und G sollen als Matrizen dargestellt werden mit

$$B = (b_{ik}), \quad b_{ik} = \pi^2 k^2 \delta_{ik} \quad \text{und} \quad G = (g_{ik}),$$

$$g_{ik} = 2\int_0^1 g(x) \sin i\pi x \sin k\pi x \, dx.$$

Daraus können dann

$$\lambda_m^{(n)} = (A\varphi_m^{(n)}, \varphi_m^{(n)}) \quad \text{und} \quad \sigma_m^{(n)} = A\varphi_m^{(n)} - \lambda_m^{(n)}\varphi_m^{(n)} = (\sigma_{mk}^{(n)})$$

berechnet werden. Der Operator $L_m^{(n)}$ ist als Matrixoperator darstellbar:

$$L_m^{(n)} = (l_{ik}) \quad \text{mit} \quad l_{ik} = (\sigma_{mi}^{(n)}\varphi_{mk}^{(n)} + \sigma_{mk}^{(n)}\varphi_{mi}^{(n)})/2.$$

Nach diesen Vorbereitungen erhält man zur Bestimmung des Elementes $R_m^{(n)}\sigma_m$ ein unendliches Gleichungssystem der Form

$$\sum_{i=1}^{\infty} (b_{ik} + g_{ik} - l_{ik} - \lambda_m^{(n)}\delta_{ik})\, u = \sigma_{mk}^{(n)}, \quad k = 1, 2, \ldots,$$

dessen Lösbarkeit gesichert ist, wenn

$$\|\sigma_0^{(n)}\| < \varrho_n/2 = (n - 1/2)\,\pi^2 - \|G\|$$

erfüllt ist.

Ausgehend von $\varphi_0^{(n)} = \sqrt{2} \sin n\pi x$ erhält man

$$A\varphi_0^{(n)} = \sqrt{2}(\pi^2 n^2 \sin n\pi x + g(x) \sin n\pi x),$$

$$\lambda_0^{(n)} = \pi^2 n^2 + 2\int_0^1 g(x) \sin^2 n\pi x\, dx$$

und

$$\sigma_0^{(n)} = \sqrt{2} \sin n\pi x \left(g(x) - 2\int_0^1 g(x) \sin^2 n\pi x\, dx\right).$$

Für die Norm von $\sigma_0^{(n)}$ gilt damit

$$\|\sigma_0^{(n)}\|^2 = 2\left(\int_0^1 g^2(x) \sin^2 n\pi x\, dx - 2\left(\int_0^1 g(x) \sin^2 n\pi x\, dx\right)^2\right)$$

$$\leqq 2\int_0^1 g^2(x) \sin^2 n\pi x\, dx \leqq 2\int_0^1 g^2(x)\, dx = 2\|g\|^2,$$

$$\|\sigma_0^{(n)}\| \leqq \sqrt{2}\, \|g\|.$$

Weil

$$\varrho_A^{(n)} \geqq \varrho_n = (2n - 1)\,\pi^2 - 2\|G\|$$

gilt, ist für

$$\sqrt{2}\, \|g\| + \|G\| < (n - 1/2)\,\pi^2$$

die Lösbarkeit des oben genannten Gleichungssystems und die Konvergenz des gesamten Verfahrens gegen den gesuchten Eigenvektor gesichert.

Praktische Untersuchungen wurden für verschiedene Funktionen $g(x)$ durchgeführt; speziell für

$$g(x) = 1 - \cos \pi x$$

sollen einige Ergebnisse angegeben werden. Für die Norm der Funktion $g(x)$ gilt dann

$$\|g\|^2 = \int_0^1 (1 - \cos \pi x)^2 \, dx$$

$$= \int_0^1 (1 - 2 \cos \pi x + \cos^2 \pi x) \, dx = \frac{3}{2},$$

$$\|g\| = \sqrt{3/2}.$$

Weiter erhält man

$$\|G\|^2 = \sup_{\|y\|=1} \|Gy\|^2 = \sup_{\|y\|=1} \int_0^1 (1 - \cos \pi x)^2 \, y^2(x) \, dx$$

$$= \sup_{\|y\|=1} 4 \int_0^1 \sin^4 (\pi x/2) \, y^2(x) \, dx \leqq 4,$$

$$\|G\| \leqq 2.$$

Daraus folgt

$$\sqrt{2} \, \|g\| + \|G\| \leqq 2 + \sqrt{3} < 3\pi^2/2,$$

und die Relation (11) ist für alle $n \geqq 1$ erfüllt.

Für diese Funktion $g(x)$ wurden Eigenvektoren und Eigenwerte bis $n = 5$ berechnet. Die Reihe für das Element z wurde nach zwei Gliedern abgebrochen; d. h. $k = 2$. Um eine Genauigkeit von 10^{-16} zu erreichen, genügten $m' = 1$ und $n = 1$. Als Näherung für den Eigenvektor $\bar{\varphi}$ wurde demzufolge

$$\varphi_2 = (\varphi_1 + z_{12})/\|\varphi_1 + z_{12}\|$$

mit

$$z_{12} = -R_1\sigma_1 - \mu_1 R_1^2 \sigma_1$$

berechnet.

Abschließend sei noch vermerkt, daß die Bedingung

$$\|\sigma_0\| < \varrho/2$$

die schärfste hinreichende Bedingung für die Konvergenz des Verfahrens der Pseudostöriteration darstellt; es lassen sich Beispiele konstruieren, so daß für $\|\sigma_0\| = \varrho/2$ das Element $R_0\sigma_0$ nicht existiert. Andererseits ist diese Bedingung aber nicht notwendig; für Matrizen wurden Beispiele gerechnet, für die $\|\sigma_0\| > \varrho/2$ galt, und das Verfahren konvergierte trotzdem gegen den gesuchten Eigenvektor.

Literatur

[1] Collatz, L., Eigenwertaufgaben mit technischen Anwendungen, 2. Aufl., BSB B. G. Teubner Verlagsgesellschaft, Leipzig 1963.
[2] Габурин, М. К., О собственных числах операторов, зависящих от параметра, Вестник ЛГУ **1952**, № 9.
[3] Габурин, М. К., О методе ложных возмущений для разыскания собственных значений, Ж. вычислит. матем. и матем. физ.
[4] Kuhnert, F., Die Pseudostöriteration zur Bestimmung von Eigenwerten und Eigenvektoren, VEB Deutscher Verlag der Wissenschaften, Berlin 1971.
[5] Наймарк, М. А., Линейные дифференциальные операторы, изд. 2–е, Наука, Москва 1969.
[6] Kantorowitsch, L. W., und Akilow, G. P., Funktionalanalysis in normierten Räumen, Akademie-Verlag, Berlin 1964 (Übersetzung aus dem Russischen).
[7] Lang, W., Numerische Aspekte der Pseudostöriteration (an der TH Karl-Marx-Stadt als Dissertation eingereichte Arbeit).

Manuskripteingang: 21. 7. 1972

VERFASSER:

Dr. Wilgard Lang, Sektion Mathematik der Technischen Hochschule Karl-Marx-Stadt

Beiträge zur Numerischen Mathematik
2 (1973), 103–113

Einige Abschätzungen von Eigenwerten und Eigenvektoren eines gestörten Operatorbüschels[1])

Reinhard Lehmann

1. Wenn L_k $(0 \leqq k \leqq m)$ lineare Operatoren in einem Hilbertraum H bezeichnen, dann ist die Menge L der Operatoren

$$L(\lambda) = \sum_{k=0}^{m} \lambda^{m-k} L_k, \quad \lambda \in \mathbb{C},$$

ein (polynomiales) Operatorbüschel. Die Definitionsbereiche $\mathscr{D}(L_k)$ $(0 \leqq k \leqq m)$ der Operatoren L_k seien dicht in H,

$$\mathscr{D}(L) = \bigcap_{k=0}^{m} \mathscr{D}(L_k) \quad (\neq \emptyset)$$

werde als Definitionsbereich des Büschels L genommen. Dann existiert das adjungierte Büschel L^*,

$$L^*(\lambda) = \sum_{k=0}^{m} \lambda^{m-k} L_k^*, \quad \lambda \in \mathbb{C};$$

es gelte wieder $\mathscr{D}(L^*) = \bigcap_{k=0}^{m} \mathscr{D}(L_k^*)$, so daß für $\psi \in \mathscr{D}(L^*)$ die Gleichung $[L(\lambda)]^* \psi = L^*(\bar{\lambda}) \psi$ gilt.

Mit L' werde die Ableitung des Polynoms $L(\lambda)$ nach dem Parameter λ bezeichnet, $L'(\lambda) = \sum_{k=0}^{m} (m-k) \lambda^{m-k-1} L_k$, es ist $\mathscr{D}(L') = \mathscr{D}(L)$.

Wenn die Gleichung

$$L(\lambda)\, x = 0 \quad (x \in \mathscr{D}(L))$$

für ein gewisses $\lambda \in \mathbb{C}$ eine nichttriviale Lösung besitzt, dann heißt dieses λ Eigenwert des Büschels L, die zugehörigen nichttrivialen Lösungen Eigenvektoren zum Eigenwert λ. Die Eigenwerte bilden das Punktspektrum $\sigma_P(L)$ des Büschels L. In analog verallgemeinernder Weise definiert man die restlichen Teile des Spektrums und die Resolventenmenge des Büschels L.

---

[1]) Der Autor dankt seinem Betreuer während des Zusatzstudiums in Leningrad, Herrn Prof. Dr. Gavurin, für die Anregung zu dieser Arbeit und die Unterstützung bei deren Durchführung sehr herzlich.

Hat man für ein Operatorbüschel L einen Eigenwert $\lambda = \lambda_0$ und bringt an den Operatorkoeffizienten L_k des Büschels L eine kleine Störung an, so entsteht die Frage nach dem Verhalten der Eigenwerte des gestörten Operatorbüschels. Diese Fragestellung wird i. a. in das Gebiet der Verzweigungstheorie fallen, siehe dazu ENI [3] und BAUMGÄRTEL [1, 2]. Es zeigt sich jedoch, daß unter gewissen Voraussetzungen (im wesentlichen an die Kleinheit der Störung) analoge Aussagen möglich sind, wie sie aus der Störungstheorie linearer Operatoren bekannt sind (RELLICH [10], FRIEDRICHS [4], KATO [8], GAVURIN [5, 6], KUHNERT [9]).

2. Es sei L das unter Nr. 1 eingeführte Operatorbüschel mit einem isolierten Spektrumspunkt und einfachem Eigenwert λ_0 ($\dim \operatorname{cer} L(\lambda_0) = 1$) mit dem Eigenvektor φ_0, so daß $\bar{\lambda}_0$ isolierter Spektrumspunkt und einfacher Eigenwert von L^* mit dem Eigenvektor ψ_0 ist:

$$L(\lambda_0)\,\varphi_0 = 0\,, \quad L^*(\bar{\lambda}_0)\,\psi_0 = 0$$

$$(\|\varphi_0\| = \|\psi_0\| = 1,\ \varphi_0 \in \mathscr{D}(L),\ \psi_0 \in \mathscr{D}(L^*))\,.$$

Unter diesen Voraussetzungen stellt der Operator $L(\lambda_0)$ eine (1,1)-Abbildung von $H_{\varphi_0} \cap \mathscr{D}(L)$ auf H_{ψ_0} dar[1]) und besitzt in diesem Raumpaar einen inversen Operator R, der durch $R\psi_0 = 0$ und lineare Fortsetzung auf ganz H erweitert werden kann:

$$\begin{cases} RL(\lambda_0)\,x = x & (x \in H_{\varphi_0} \cap \mathscr{D}(L))\,, \\ L(\lambda_0)\,Rx = x & (x \in H_{\psi_0})\,, \\ R\psi_0 = 0\,. \end{cases}$$

Wenn $L(\lambda_0)$ z. B. ein abgeschlossener Operator ist, dann ist R beschränkt, es existiert der Operator R^*, wobei speziell $R^*\varphi_0 = 0$ ist.

Neben dem Büschel L werde das gestörte Büschel L_t,

$$L(\lambda, t) = \sum_{k=0}^{m} \lambda^{m-k} L_k(t)\,, \quad \lambda \in \mathbb{C}\,,$$

in einer Nullumgebung $\mathscr{U}$ der t-Ebene betrachtet, wobei $L_k(t)$ $(0 \leqq k \leqq m)$ in dieser Umgebung (schwach) analytische Operatorfunktionen mit $L_k(0) = L_k$ sind, so daß man das gestörte nichtlineare Eigenwertproblem

$$L(\lambda, t)\,\varphi = 0 \quad (t \in \mathscr{U}) \tag{1}$$

hat.

a) Das gestörte Büschel L_t besitze einen Eigenwert λ mit dem Eigenvektor φ, so daß die Gleichung (1) gilt; dabei soll φ nicht orthogonal zu φ_0 sein, so daß durch geeignete Normierung $(\varphi, \varphi_0) = 1$ gilt.

Der Operator $B(\lambda, t) = L(\lambda_0) - L(\lambda, t)$ spielt die Rolle des Störoperators; es folgt aus (1)

$$L(\lambda_0)\,\varphi = B(\lambda, t)\,\varphi\,, \tag{2}$$

---

[1]) Für $x \in H$ bezeichnet H_x das orthogonale Komplement von x in H.

d. h.

$$(B(\lambda, t)\, \varphi, \psi_0) = 0 \quad (t \in \mathscr{U}). \tag{3}$$

Damit ist auf Gleichung (2) der Operator R anwendbar, und $RL(\lambda_0)\, \varphi$ ist die Projektion des Elementes φ in H_{φ_0}, also wegen $(\varphi, \varphi_0) = 1$ gleich dem Vektor $\varphi - \varphi_0$:

$$\varphi - \varphi_0 = RB(\lambda, t)\, \varphi. \tag{4}$$

Wenn der Operator $(I - RB(\lambda, t))^{-1}$ existiert, dann ist

$$\varphi = (I - RB(\lambda, t))^{-1}\, \varphi_0. \tag{5}$$

Dieser Operator existiert z. B., wenn

$$\|RB(\lambda, t)\| < 1 \quad (t \in \mathscr{U}) \tag{6}$$

ist, was durch hinreichend kleine Störung erreicht werden kann.

Wenn also die Bedingung (6) erfüllt ist, dann genügt im Falle a) der Eigenwert λ mit dem Eigenvektor φ den Gleichungen (3) und (5).

b) Es mögen umgekehrt $\lambda \in \mathbb{C}$ und $\varphi \in \mathscr{D}(L)$ existieren, so daß unter der Voraussetzung (6) die Beziehungen (3) und (5) gelten. Dann überzeugt man sich leicht, daß λ Eigenwert mit dem Eigenvektor φ des gestörten Büschels L_t ist, d. h., die Gleichung (1) gilt.

Das bedeutet also, daß das gestörte Büschel L_t genau dann einen Eigenwert λ mit dem Eigenvektor φ besitzt, wenn der Operator $(I - RB(\lambda, t))^{-1}$ existiert und die Gleichungen (3) und (5) gelten.

Das System (3), (5) besitzt unter der Voraussetzung (6) eine Lösung. Denn dann ist der Vektor (5) definiert, und die Beziehung (3) wird durch Einsetzen von (5) zu einer Gleichung für λ:

$$F(\lambda, t) \equiv \big(B(\lambda, t)\, (I - RB(\lambda, t))^{-1}\, \varphi_0, \psi_0\big) = 0. \tag{7}$$

Dabei gilt $F(\lambda_0, 0) = 0$, so daß die Gleichung $F(\lambda, t) = 0$ für $t = 0$ die Lösung $\lambda = \lambda_0$ besitzt. Weiter gilt unter Benutzung der Beziehung (falls $T = T(z)$ einen parameterabhängigen linearen Operator bezeichnet)

$$\frac{\partial}{\partial z}\, (I - T(z))^{-1} = (I - T)^{-1}\, \frac{\partial T}{\partial z}\, (I - T)^{-1},$$

daß

$$\frac{\partial F}{\partial \lambda}\, (\lambda, t) = (B_\lambda'(I - RB)^{-1}\, \varphi_0, \psi_0) + (B(I - RB)^{-1}\, RB_\lambda'(I - RB)^{-1}\, \varphi_0, \psi_0)$$

ist (die Argumente wurden der Kürze halber weggelassen). Damit gilt

$$\frac{\partial F}{\partial \lambda}\, (\lambda_0, 0) = -(L'(\lambda_0)\, \varphi_0, \psi_0).$$

Die Gleichung (7) besitzt also eine eindeutig bestimmte Lösung $\lambda = \lambda(t)$ in einer gewissen Nullumgebung $\mathscr{U}_0$ der t-Ebene, wenn die Zahl

$$\varrho_0 \equiv (L'(\lambda_0)\, \varphi_0, \psi_0)$$

von Null verschieden ist. In diesem Fall ist $\lambda = \lambda(t)$ analytisch in $\mathscr{U}_0$, und es gilt $\lambda_0 = \lambda(0)$.

Die Zahl ϱ_0 ist im gewissen Sinne eine Verzweigungscharakteristik für die Eigenwerte der gestörten Eigenwertaufgabe (1). Im Falle $\varrho_0 = 0$ wird sich die Funktion $\lambda(t)$ bei λ_0 i. a. verzweigen.

3. Im folgenden sollen quantitative Beziehungen zwischen den gestörten und den ungestörten Eigenvektoren hergeleitet werden.

Es sei $\varrho_0 \neq 0$ und R ein beschränkter Operator. Es bezeichne $\mathscr{U}(\ni 0)$ ein einfachzusammenhängendes Gebiet der t-Ebene, in dem gilt:

I. $L(\lambda, t)$ ist in $t \in \mathscr{U}$ analytisch.

II. Es existiert eine Funktion $\lambda = \lambda(t)$ $(t \in \mathscr{U})$ mit $\lambda(0) = \lambda_0$, so daß gilt $F(\lambda(t), t) = 0$, $s = s(t) \equiv \|R\| \, \|B(\lambda(t), t)\| < 1$.

Dann ist die Funktion $\lambda = \lambda(t)$ in $\mathscr{U} \cap \mathscr{U}_0$ analytisch und Eigenwert des gestörten Büschels L_t mit dem Eigenvektor $\varphi = \varphi(t)$, der nach (5) bestimmt ist, wie in Nr. 2 gezeigt.

Aus der Beziehung (4) folgt $\|\varphi - \varphi_0\| = \|RB(\lambda, t)\,\varphi\|$, und wegen $\varphi - \varphi_0 \perp \varphi_0$ gilt $\|\varphi\|^2 = 1 + \|\varphi - \varphi_0\|^2$, so daß

$$\|\varphi - \varphi_0\|^2 = \|\varphi\|^2 - 1 = \|RB\varphi\|^2 \leqq s^2\|\varphi\|^2.$$

Daraus ergibt sich

$$\|\varphi\|^2 \leqq \frac{1}{1 - s^2}, \quad \|\varphi - \varphi_0\|^2 \leqq \frac{s^2}{1 - s^2}. \tag{8}$$

Analoge Beziehungen lassen sich auch für den Eigenvektor des adjungierten gestörten Büschels nachweisen.

Der Vektor

$$\psi = \left(I - R^*B^*(\overline{\lambda(t)}, t)\right)^{-1} \psi_0 \tag{9}$$

ist Eigenvektor zum Eigenwert $\overline{\lambda} = \overline{\lambda(t)}$ des gestörten adjungierten Büschels. Es gelten zu (8) *analoge Abschätzungen.*

In der Tat, aus (9) erhält man

$$\psi - \psi_0 = R^*B^*\psi_0 \tag{10}$$

(die Argumente sind der Kürze halber weggelassen). Wegen $\psi_0 \in \mathscr{D}(L^*)$ kann man in dem Skalarprodukt $F(\lambda, t)$ zu den adjungierten Operatoren übergehen,

$$F(\lambda, t) = (\varphi_0, (I - B^*R^*)^{-1} B^*\psi_0) = (\varphi_0, B^*(I - R^*B^*)^{-1} \psi_0).$$

Damit gilt mit (9) und II. $(\varphi_0, B^*\psi) = 0$, d. h. $B^*\psi \in H_{\varphi_0}$. Dann kann auf (10) der Operator $L^*(\overline{\lambda_0})$ angewendet werden, es ist $\psi \in \mathscr{D}(L^*)$ und $L^*(\overline{\lambda(t)}, t)\,\psi = 0$.

Die Abschätzungen

$$\|\psi\|^2 \leqq \frac{1}{1 - s^2}, \quad \|\psi - \psi_0\|^2 \leqq \frac{s^2}{1 - s^2} \tag{11}$$

werden wie (8) hergeleitet.

4. Es sei r die größte Zahl, so daß die Kreisscheibe $S(\lambda_0; r)$ um λ_0 mit dem Radius r bis auf λ_0 selbst in der Resolventenmenge $\varrho(L)$ des Büschels L liegt. Wegen der Isoliertheit von λ_0 ist $r > 0$. Ferner sei $\gamma_0 = |\varrho_0| \neq 0$, $\nu_0 = \|L'(\lambda_0)\| < +\infty$,

$$M = \sup_{z \in S(\lambda_0; r)} \|L''(z)\| < +\infty,$$

$T(\lambda, t) = L(\lambda, t) - L(\lambda)$. Dann ist $B(\lambda, t) + T(\lambda, t) = L(\lambda_0) - L(\lambda)$. Für $\lambda = \lambda(t)$ ergibt sich daraus (wegen (3), (7), II)

$$\alpha(t) \equiv \big(T(\lambda(t), t)\, \varphi, \psi_0\big) = (L(\lambda_0)\varphi, \psi_0) - \big(L(\lambda(t))\, \varphi, \psi_0\big).$$

Dann genügt $\lambda = \lambda(t)$ der Gleichung

$$f(z) \equiv (L(\lambda_0)\, \varphi, \psi_0) - (L(z)\, \varphi, \psi_0) - \alpha(t) = 0,$$

wobei $f(\lambda(t)) = 0$ $(t \in \mathcal{U} \cap \mathcal{U}_0)$. Für die analytische Funktion $\alpha(t)$ ist $\alpha(0) = 0$, so daß sich $f(\lambda_0) = -\alpha(t)$ für hinreichend kleine t beliebig klein machen läßt.

Um eine Abschätzung für $\lambda(t) - \lambda_0$ zu erhalten, wird auf $f(z)$ das Newton-Verfahren, beginnend bei $z = \lambda_0$, angewendet; die Abschätzung liefert dann ein bekannter Satz (Satz 6.XVIII.1, Kantorowitsch und Akilow [7]).

Es ist $f'(z) = -(L'(z)\, \varphi, \psi_0)$, $f'(\lambda_0) = -(L'(\lambda_0)\, \varphi, \psi_0)$ sowie $f''(z) = -(L''(z)\, \varphi, \psi_0)$.

Dabei gilt

$$|f'(\lambda_0)| \geqq |(L'(\lambda_0)\, \varphi_0, \psi_0)| - |(L'(\lambda_0)\, (\varphi - \varphi_0), \psi_0)|$$

$$\geqq \gamma_0 - \nu_0 \frac{s}{\sqrt{1 - s^2}} = \frac{\gamma_0 \sqrt{1 - s^2} - \nu_0 s}{\sqrt{1 - s^2}}.$$

Für $s < \Gamma_1 \equiv \gamma_0(\nu_0^2 + \gamma_0^2)^{-1/2}$ ist die rechte Seite dieser Ungleichungskette positiv Damit ergibt sich

$$\left|\frac{f(\lambda_0)}{f'(\lambda_0)}\right| \leqq |\alpha(t)| \frac{\sqrt{1 - s^2}}{\gamma_0 \sqrt{1 - s^2} - \nu_0 s} \equiv \eta$$

und $|f''(z)| \leqq |(L''(z)\, \varphi, \psi_0)| \leqq M(1 - s^2)^{-1/2}$ $(z \in S(\lambda_0; r))$, so daß

$$\left|\frac{f''(z)}{f'(\lambda_0)}\right| \leqq \frac{M}{\gamma_0 \sqrt{1 - s^2} - \nu_0 s} \equiv K.$$

Es sei t so gewählt, daß

$$h \equiv K\eta = |\alpha(t)| \frac{M \sqrt{1 - s^2}}{(\gamma_0 \sqrt{1 - s^2} - \nu_0 s)^2} < \frac{1}{2}.$$

Dann gilt nach dem erwähnten Satz, daß die Lösung $\lambda = \lambda(t)$ der Gleichung $f(z) = 0$ der Ungleichung

$$|\lambda(t) - \lambda_0| \leqq r_0 \equiv \frac{1 - \sqrt{1 - 2h}}{h}\, \eta$$

genügt, sofern $r \geqq r_0$ ist. Für hinreichend kleine t ist auch diese Bedingung erfüllbar. Nun ist

$$r_0 = \frac{2\eta}{1 + \sqrt{1 - 2h}} \leqq 2\eta = 2|\alpha(t)| \frac{\sqrt{1 - s^2}}{\gamma_0 \sqrt{1 - s^2} - \nu_0 s} \leqq \frac{2}{\gamma_0 \sqrt{1 - s^2} - \nu_0 s} \|T(\lambda(t), t)\|.$$

Damit hat man für $s < \Gamma_1$, $h < \frac{1}{2}$ die Abschätzung

$$|\lambda(t) - \lambda_0| \leqq \frac{2}{\gamma_0 \sqrt{1 - s^2} - \nu_0 s} \|T(\lambda(t), t)\|. \tag{12}$$

Falls $\gamma_0 > 2$ ist, gilt für $s \leqq \dfrac{\gamma_0 \sqrt{\nu_0^2 + \gamma_0^2 - 4} - 2\nu_0}{\nu_0^2 + \gamma_0^2} \equiv \Gamma_2$ die Beziehung

$\gamma_0 \sqrt{1 - s^2} - \nu_0 s \geqq 2$, so daß die Abschätzung (12) hier die Gestalt

$$|\lambda(t) - \lambda_0| \leqq \|T(\lambda(t), t)\|$$

annimmt. Dabei gilt, wie man sich leicht überzeugt, $0 < \Gamma_2 < \Gamma_1$.

5. In dieser Nr. soll untersucht werden, inwieweit Abbildungseigenschaften des Büschels bei hinreichend kleinen Störungen erhalten bleiben. Dabei zeigt es sich, daß *der gestörte Operator* $L(\lambda(t), t)$ *für* $s < 1$ *eine (1,1)-Abbildung von* $H_\varphi \cap \mathscr{D}(L)$ *auf* H_ψ *vermittelt.*

Der Beweis verläuft in zwei Schritten.

1. Die Gleichung $L(\lambda(t), t)\, x = 0$ besitzt (bis auf einen Faktor) nur die Lösung $x = \varphi$.

2. $\forall y \in H_\psi \ \exists\, x \in H_\varphi \cap \mathscr{D}(L) : L(\lambda(t), t)\, x = y$.

Zu 1. Es sei $x = \theta$ linear unabhängig von φ und Lösung der Gleichung $L(\lambda(t), t)\, x = 0$. Wenn $(\theta, \varphi_0) \neq 0$ ist, dann sei θ so normiert, daß $(\theta, \varphi_0) = 1$. Dann ergibt sich wie bei der Herleitung von (5), daß

$$\theta = \big(I - RB(\lambda(t), t)\big)^{-1} \varphi_0 = \varphi.$$

Wenn $(\theta, \varphi_0) = 0$, also $\theta \in H_{\varphi_0}$ ist, dann folgt aus $L(\lambda(t), t)\, \theta = 0$, daß

$$L(\lambda_0)\, \theta = B(\lambda(t), t)\, \theta$$

und

$$\theta = RL(\lambda_0)\, \theta = RB(\lambda(t), t)\, \theta,$$

was wegen $s = \|R\| \, \|B(\lambda(t), t)\| < 1$ ebenfalls unmöglich ist.

Zu 2. Es sei $y \in H_\psi$. Gesucht ist ein Element $x \in H_\varphi \cap \mathscr{D}(L)$, so daß $L(\lambda(t), t)\, x = y$. Diese Gleichung ist äquivalent zur Gleichung

$$L(\lambda_0)\, x = y + B(\lambda(t), t)\, x. \tag{13}$$

Für x hat man die Zerlegung $x = a\varphi_0 + z$ mit $z \in H_{\varphi_0}$, wobei $a = (x, \varphi_0)$. Dann ist

$$L(\lambda_0)\, x = L(\lambda_0)\, z = y + B(\lambda(t), t)\, x$$

und damit

$$z = Ry + RB(\lambda(t), t)\, x .$$

Dann ist

$$x = Ry + RB(\lambda(t), t)\, x + a\varphi_0 ,$$

also

$$x = \big(I - RB(\lambda(t), t)\big)^{-1} Ry + a\big(I - RB(\lambda(t), t)\big)^{-1} \varphi_0$$

und nach (5)

$$x = \big(I - RB(\lambda(t), t)\big)^{-1} Ry + a\varphi . \tag{14}$$

Wenn dieses Element x der Gleichung (13) genügt, dann ist gezeigt, daß durch (14) die Lösung der Gleichung $L(\lambda(t), t)\, x = y$ gegeben ist. Aus (14) folgt wiederum, daß

$$x - a\varphi_0 = Ry + RB(\lambda(t), t)x$$

ist. Dann gilt (13), sofern $y + B(\lambda(t), t)x \in H_{\psi_0}$ ist. Setzt man in

$$\big(y + B(\lambda(t), t)x, \psi_0\big) = (y, \psi_0) + \big(B(\lambda(t), t)x, \psi_0\big)$$

die Beziehung (14) ein und geht zu den adjungierten Operatoren über, dann ergibt sich unter Berücksichtigung von (3)

$$\begin{aligned}(y, \psi_0) + \big(B(\lambda(t), t)\, x, \psi_0\big) &= (y, \psi_0) + \big(B(\lambda(t), t)\, \big(I - RB(\lambda(t), t)\big)^{-1} Ry, \psi_0\big) + a\, (B\varphi, \psi_0) \\ &= (y, \psi_0) + \big(y, R^*\big(I - B^*(\overline{\lambda(t)}, t)\, R^*\big)^{-1} B^*(\overline{\lambda(t)}, t)\, \psi_0\big) \\ &= (y, \psi_0) + \big(y, R^*B^*(\overline{\lambda(t)}, t)\, \big(I - R^*B^*(\overline{\lambda(t)}, t)\big)^{-1} \psi_0\big).\end{aligned}$$

Das ergibt unter Berücksichtigung von (9)

$$\big(y + B(\lambda(t), t)\, x, \psi_0\big) = (y, \psi_0) + (y, \psi - \psi_0) = (y, \psi) = 0 ,$$

da $y \in H_\psi$ ist.

Zusammenfassend läßt sich folgender Satz formulieren.

Satz 1. *Es sei $L(\lambda, t)$ analytisch in einer gewissen Nullumgebung $\mathcal{U}$ der t-Ebene. In $\mathcal{U}$ sei eine Funktion $\lambda = \lambda(t)$ definiert, die Lösung der Gleichung* (7) *ist, so daß für $\gamma_0 > 0$ gilt $s < 1$.*
Dann gilt:

a) *$\lambda = \lambda(t)$ ist Eigenwert des gestörten Büschels mit dem Eigenvektor φ* (5), *und $\bar{\lambda} = \overline{\lambda(t)}$ ist Eigenwert des gestörten adjungierten Büschels mit dem Eigenvektor ψ* (9) *für $t \in \mathcal{U}_0 \cap \mathcal{U}$, wobei $\mathcal{U}_0$ das Analytizitätsgebiet der Funktion $\lambda(t)$ bezeichnet.*

b) *Es gelten die Abschätzungen* (8) *und* (11) *für $t \in \mathcal{U}_0 \cap \mathcal{U}$.*

c) *Für $h < \dfrac{1}{2}$ gilt bei $s < \Gamma_1$ die Abschätzung* (12) *für $t \in \mathcal{U}_0 \cap \mathcal{U}$.*

d) *Der Operator $L(\lambda(t), t)$ ist eine (1,1)-Abbildung von $H_\varphi \cap \mathcal{D}(L)$ auf H_ψ für $t \in \mathcal{U}_0 \cap \mathcal{U}$.*

Bemerkungen. 1. Offensichtlich sind auch $\varphi = \varphi(t)$ und $\psi = \psi(t)$ analytische Funktionen für $t \in \mathcal{U}_0 \cap \mathcal{U}$.

2. Es gilt $\gamma_0 \leqq \nu_0$, so daß $\Gamma_1 \leqq 1/\sqrt{2}$; für $s < 1/\sqrt{2}$ ergeben sich in den Abschätzungen (8) und (11) die Schranken 2 bzw. 1.

6. Über den Zusammenhang der Analytizitätsgebiete $\mathcal{U}$ (der Störung) und $\mathcal{U}_0$ (des gestörten Eigenwertes) gibt der folgende Satz Auskunft.

Satz 2. *Es bezeichne G ($\ni 0$) ein zusammenhängendes Gebiet der t-Ebene, in dem gilt:*

1. $L_t = L(\lambda, t)$ *ist analytisch in* t;

2. $s < \Gamma_1 \quad (\gamma_0 > 0)$;

3. $h < \frac{1}{2}$.

Dann ist die Gleichung (7) *lösbar, und die Funktion $\lambda = \lambda(t)$ ist in G analytisch.*

Beweis. Zunächst wird die Differenzierbarkeit der Funktion $\lambda(t)$ nachgewiesen. In G gilt Satz 1. Nach dem bekannten Satz über implizite Funktionen ist
$$\frac{d\lambda}{dt} = -\frac{\partial F}{\partial t} : \frac{\partial F}{\partial \lambda}.$$
Es ist
$$\frac{\partial F}{\partial t}(\lambda, t) = (B_t'(I - RB)^{-1} \varphi_0, \psi_0) + (B(I - RB)^{-1} RB_t'(I - RB)^{-1} \varphi_0, \psi_0).$$

Geht man im zweiten Skalarprodukt zu den adjungierten Operatoren über, dann wird
$$\frac{\partial F}{\partial t}(\lambda, t) = (B_t'(I - RB)^{-1} \varphi_0, \psi_0) + (B_t'(I - RB)^{-1} \varphi_0, R^*(I - B^*R^*)^{-1} B^*\psi_0)$$
$$= (B_t'(I - RB)^{-1} \varphi_0, \psi_0 + R^*B^*(I - R^*B^*)^{-1} \psi_0).$$
Für $\lambda = \lambda(t)$ erhält man mit (9)
$$\frac{\partial F}{\partial t}(\lambda(t), t) = (B_t'(I - RB)^{-1} \varphi_0, \psi_0 + R^*B^*\psi),$$
so daß schließlich mit (5)
$$\frac{\partial F}{\partial t}(\lambda(t), t) = \big(B_t'(\lambda(t), t)\, \varphi(t), \psi(t)\big)$$
wird. Analog erhält man
$$\frac{\partial F}{\partial \lambda}(\lambda(t), t) = \big(B_\lambda'(\lambda(t), t)\, \varphi(t), \psi(t)\big),$$
also
$$\frac{d\lambda(t)}{dt} = -\frac{\big(B_t'(\lambda(t), t)\, \varphi(t), \psi(t)\big)}{\big(B_\lambda'(\lambda(t), t)\, \varphi(t), \psi(t)\big)}. \tag{15}$$

Dabei gilt

$$B_t'(\lambda(t), t) = -L_t'(\lambda(t), t), \quad B_\lambda'(\lambda(t), t) = -L_\lambda'(\lambda(t), t).$$

Der Nenner von (15) verschwindet nicht identisch, da er für $t = 0$ zu ϱ_0 wird; mit Hilfe der Stetigkeit kann man schließen, daß er in einer gewissen Umgebung des Nullpunktes ebenfalls von Null verschieden ist. Damit ist $\lambda(t)$ differenzierbar.

Es soll nun gezeigt werden, daß $\lambda(t)$ in G analytisch ist.

Es sei $\bar{t}$ ein für die Funktion $\lambda = \lambda(t)$ singulärer Punkt in G. Die Punkte $t = 0 \in G$ und $t = \bar{t}$ werden durch eine stetige Kurve l verbunden. Man kann ohne weiteres annehmen, daß l außer $\bar{t}$ keine weiteren singulären Punkte enthält. Dann kann man ein Gebiet G_0 angeben, das l bis auf $\bar{t}$ umfaßt und gänzlich in G liegt, so daß $\lambda(t)$ in G_0 analytisch ist.

Es wird nun gezeigt, daß $\lambda = \lambda(t)$ in $\bar{t}$ hinein analytisch fortsetzbar ist.

In G_0 gelten die Aussagen von Satz 1. Sei $t_n \in l$, so daß $t_n \to \bar{t}$; es wird $\lambda(t_n)$ untersucht.

Der Grenzwert

$$\lim_{t_n \to \bar{t}} \lambda(t_n) \tag{16}$$

existiert und ist eindeutig, denn unter den angegebenen Voraussetzungen ist die oben konstruierte Funktion $\lambda(t)$ die einzige Lösung von $f(z) = 0$ im Kreis

$$|z - \lambda_0| \leqq r_1 \equiv \frac{1 + \sqrt{1 - 2h}}{h} \eta$$

und $\lambda = \lambda(t)$ genügt der Ungleichung

$$|\lambda(t) - \lambda_0| \leqq r_0 \leqq r_1.$$

Der Grenzwert (16) werde mit $\bar{\lambda}$ bezeichnet. Es existieren die Grenzwerte

$$\lim_{t_n \to \bar{t}} \varphi(t_n) = \tilde{\varphi}, \quad \lim_{t_n \to \bar{t}} \psi(t_n) = \tilde{\psi}.$$

Ferner ist wegen der Stetigkeit von F auch $F(\bar{\lambda}, \bar{t}) = 0$ und $F_\lambda'(\bar{\lambda}, \bar{t}) \neq 0$.

Folglich gibt es in einer Umgebung $\mathscr{U}_1$ des Punktes $\bar{t}$ eine analytische Funktion $\mu = \mu(t)$, so daß

$$\mu(\bar{t}) = \bar{\lambda}, \quad F(\mu(t), t) \equiv 0 \quad (t \in \mathscr{U}_1).$$

Die Funktion $\mu = \mu(t)$ stimmt auf l in $t_n \in \mathscr{U}_1$, die sich gegen $\bar{t}$ häufen, mit $\lambda = \lambda(t)$ überein, so daß $\mu(t)$ analytische Fortsetzung von $\lambda(t)$ in $\bar{t}$ hinein ist. Das aber widerspricht der Singularität von $\bar{t}$ für $\lambda(t)$, womit der Satz bewiesen ist.

B e m e r k u n g. Aus Satz 2 folgt unmittelbar, daß auch $\varphi = \varphi(t)$ und $\psi = \psi(t)$ in G analytisch sind.

7. Der Störungsparameter t spielt eigentlich nur eine Hilfsrolle. Hat man neben dem Operatorbüschel $L(\lambda)$ ein dazu benachbartes Büschel $L_1(\lambda)$, für das Eigenwert und Eigenvektor zu berechnen sind, so kann man erwarten, daß diese Eigenwerte und Eigenvektoren ebenfalls benachbart sind.

Man betrachtet das Büschel

$$L(\lambda, t) = L(\lambda) + t(L_1(\lambda) - L(\lambda)), \quad |t| \leqq 1, \lambda \in \mathbb{C}.$$

Für das Büschel $L_1(\lambda)$ möge ein $\lambda_1 \in \mathbb{C}$ existieren, so daß mit $B(\lambda) = L(\lambda_0) - L_1(\lambda)$ gilt (hier ist also $t = 1$)

$$s \equiv \|R\| \, \|B(\lambda_1)\| < 1.$$

Dann gilt:

1. Für $\gamma_0 = |(L'(\lambda_0) \varphi_0, \psi_0)| > 0$ und $s < 1$ ist das System

$$\left.\begin{aligned} \varphi &= (I - RB(\lambda))^{-1} \varphi_0, \\ (B(\lambda) \varphi, \psi_0) &= 0 \end{aligned}\right\}$$

eindeutig mit $\varphi = \varphi_1$, $\lambda = \lambda_1$ lösbar, wobei φ_1 der zum Eigenwert λ_1 gehörende Eigenvektor des Büschels L_1 ist. Mit $(\varphi_1, \varphi_0) = 1$ gelten die Abschätzungen

$$\|\varphi_1\|^2 \leqq \frac{1}{1 - s^2}, \quad \|\varphi_1 - \varphi_0\|^2 \leqq \frac{s^2}{1 - s^2}.$$

Der Vektor

$$\psi_1 = (I - R^* B^*(\bar{\lambda}_1))^{-1} \psi_0$$

ist Eigenvektor des adjungierten Büschels L_1^* zum Eigenwert $\bar{\lambda}_1$, für ψ_1 und $\psi_1 - \psi_0$ gelten bei $(\psi_1, \psi_0) = 1$ die Abschätzungen

$$\|\psi_1\|^2 \leqq \frac{1}{1 - s^2}, \quad \|\psi_1 - \psi_0\|^2 \leqq \frac{s^2}{1 - s^2}.$$

2. Es ist $T(\lambda, 1) = T(\lambda) = L_1(\lambda) - L(\lambda)$, so daß $\alpha = \alpha(1) = -(L(\lambda_1) \varphi_1, \psi_0)$. Wenn

$$h \equiv \frac{|\alpha| M \sqrt{1 - s^2}}{(\gamma_0 \sqrt{1 - s^2} - \nu_0 s)^2} < \frac{1}{2}$$

ist, dann gilt für $s < \Gamma_1$

$$|\lambda_1 - \lambda_0| \leqq \frac{2}{\gamma_0 \sqrt{1 - s^2} - \nu_0 s} \|L_1(\lambda_1) - L(\lambda_1)\|.$$

3. Für $s < 1$ ist der Operator $L_1(\lambda_1)$ eine (1, 1)-Abbildung von $H_{\varphi_0} \cap \mathscr{D}(L)$ auf H_{ψ_1}.

8. Die angeführten Untersuchungen sind nicht an polynomiale Operatorbüschel gebunden. Man kann auch solche Operatorfunktionen betrachten, für die hinreichend viele Ableitungen nach dem Parameter existieren, also z. B. Funktionen, die analytisch in einer gewissen Kreisscheibe $\mathscr{K}$ sind. Hierbei ist lediglich die Definition des Spektrums des Büschels bezüglich der Kreisscheibe $\mathscr{K}$ (anstelle von $\mathbb{C}$) zu formulieren.

Die in Nr. 7 gegebenen Hinweise gestatten es, die Ergebnisse zur Konstruktion eines iterativen Verfahrens zur Eigenwertberechnung bei nichtlinearen Eigenwertaufgaben analog zur Pseudostöriteration zu nutzen.

Literatur

[1] BAUMGÄRTEL, H., Analytische Störung isolierter Eigenwerte endlicher algebraischer Vielfachheit von nicht selbstadjungierten Operatoren, Monatsber. DAW Berlin **10** (1968), 250–258.
[2] BAUMGÄRTEL, H., Zur Störungstheorie linearer beschränkter Operatoren im Banachraum, Math. Nachr. **26** (1964), 361–379.
[3] ЕНИ, В. М., Об устойчивости корневого числа аналитической операторфункции по возмущениях ее характеристических чисел и собственных векторов, ДАН СССР **173** (1967), 1251–1254.
[4] FRIEDRICHS, K. O., Perturbation of spectra in Hilbert space, American Mathematical Society, Providence (R. I.) 1965.
[5] ГАВУРИН, М. К., О собственных числах операторов, зависящих от параметра, Вестник ЛГУ **1952**, № 9, 77–95.
[6] ГАВУРИН, М. К., Об оценках для собственных чисел и векторов возмущенного оператора, ДАН СССР **96** (1954), 1093–1095.
[7] KANTOROWITSCH, L. W., und G. P. AKILOW, Funktionalanalysis in normierten Räumen, Akademie-Verlag, Berlin 1964 (Übersetzung aus dem Russischen).
[8] KATO, T., Perturbation theory for linear operators, Springer-Verlag, Berlin–Heidelberg–New York 1966.
[9] KUHNERT, F., Die Pseudostöriteration zur Bestimmung von Eigenwerten und Eigenvektoren, VEB Deutscher Verlag der Wissenschaften, Berlin 1971.
[10] RELLICH, F., Störungstheorie der Spektralzerlegung I–II, Math. Ann. **113** (1937), 600–617, 677–685.

Manuskripteingang: 17. 7. 1972

VERFASSER:

Dr. REINHARD LEHMANN, Sektion Mathematik der Technischen Hochschule Karl-Marx-Stadt

Beiträge zur Numerischen Mathematik
2 (1974), 115–124

Ein parameterabhängiges Projektionsverfahren zur Lösung von Wiener-Hopf-Gleichungen

WALTER MACH

Im folgenden werden von einem Parameter abhängige Projektoren angegeben. Sie bilden die Grundlage für ein Näherungsverfahren zur Lösung von Wiener-Hopf-Gleichungen. Des weiteren wird ein Algorithmus zur Bestimmung des Parameters formuliert und an Hand von Beispielen demonstriert.

1. Einleitung

Zur numerischen Lösung der singulären Wiener-Hopf-Integralgleichung zweiter Art

$$(Ax)(t) \equiv x(t) - \int_0^{+\infty} k(t-s)\, x(s)\, ds = f(t) \qquad (0 \leqq t < +\infty) \tag{1}$$

und ihrem diskreten Analogon — der diskreten Wiener-Hopf-Gleichung —

$$B\{x_j\}_0^{+\infty} \equiv \sum_{s=0}^{+\infty} k_{t-s} x_s = y_t \qquad (t = 0, 1, 2, \ldots) \tag{2}$$

wird in [2] ein Projektionsverfahren angegeben und dessen Konvergenz für obige Gleichungen bewiesen.

Eingehende analytische Untersuchungen der Gleichungen wurden in [1] vorgenommen. Die in [2] verwendete Methode der Zerlegung von Operatoren nach einseitig invertierbaren Operatoren zur Untersuchung der aufgeschriebenen Gleichungen erlaubt die Verallgemeinerung des Projektionsverfahrens aus [2] in der im folgenden zu beschreibenden Weise [6].

Dazu werden die speziellen Projektoren

$$P_k(\alpha) = I - V_\alpha^k (V_\alpha^{(-1)})^k, \tag{3}$$

wobei V_α ein einseitiger Verschiebungsoperator [3] und $V_\alpha^{(-1)}$ der zu ihm adjungierte Operator ist, betrachtet. Als Funktionensystem $l_k(t; \alpha)$ im Ansatz für die Näherungslösung

$$x_n(t; \alpha) = \sum_{k=0}^{n-1} c_k(\alpha)\, l_k(t; \alpha) \tag{4}$$

wird das System

$$l_{k+1}(t;\alpha) = V_\alpha l_k(t;\alpha) \qquad (k = 0, 1, \ldots) \tag{5a}$$

mit

$$V_\alpha^{(-1)} l_0(t;\alpha) = 0, \qquad \|l_0\| = 1 \tag{5b}$$

genommen. Eine Verbesserung der Approximation der Lösung $x(t)$ bzw. $\{x_j\}_0^\infty$ wird jetzt nicht durch Vergrößerung von n, sondern durch geeignete Wahl des Parameters $\alpha > 0$ gesucht. Die umfangreichen numerischen Auswertungen und Experimente wurden auf der ERA ZRA1 begonnen und auf der Anlage R300 des Rechenzentrums der TH Karl-Marx-Stadt weitergeführt.[1])

2. Zur Theorie der Wiener-Hopf-Gleichung

Es sei $\mathfrak{A} = \mathfrak{A}(\mathfrak{B})$ die Algebra der linearen und beschränkten Operatoren über dem Banachraum $\mathfrak{B}$. Weiter sei $V \in \mathfrak{A}$ ein nur von links invertierbarer Operator und $V^{(-1)} \in \mathfrak{A}$ der zu V linksinverse Operator, d. h. $V^{(-1)}V = I$, $VV^{(-1)} \neq I$.

Voraussetzung A. Das Spektrum der Operatoren V und $V^{(-1)}$ ist im Einheitskreis $|z| \leqq 1$ enthalten.

Dem Operatorpolynom

$$R = \sum_{j=-n}^{n} b_j V^{(j)} \in \mathfrak{R}(V), \qquad b_j \text{ komplex},$$

wobei $\mathfrak{R}(V)$ die lineare Hülle der Operatoren $V^{(j)}$ mit $V^{(j)} = V^j$ für $j = 0, 1, 2, \ldots$ und $V^{(j)} = (V^{(-1)})^{(-j)}$ für $j = -1, -2, \ldots$ ist, wird das Polynom

$$R(z) = \sum_{j=-n}^{n} b_j z^j \qquad (|z| = 1)$$

auf dem Einheitskreis zugeordnet. Diese Zuordnung ist eineindeutig.

Voraussetzung B. Es seien $R_1, R_2 \in \mathfrak{R}(V)$. Aus $R(z) = R_1(z) \cdot R_2(z)$ folgt

$$|R| \leqq |R_1| \cdot |R_2|.$$

Ist $\mathfrak{N}(V)$ die Abschließung von $\mathfrak{R}(V)$ in der Norm von $\mathfrak{A}$ und konvergiert die Folge $\{R_n\}$, $R_n \in \mathfrak{R}(V)$, gegen $A \in \mathfrak{N}(V)$, so konvergieren die entsprechenden Polynome $R_n(z)$ auf $|z| = 1$ gleichmäßig gegen die auf $|z| = 1$ stetige Funktion $A(z)$. Dabei hängt $A(z)$ nicht von der Auswahl der gegen A konvergierenden Folge $R_n \in \mathfrak{R}(V)$ ab. Somit kann jedem Operator $A \in \mathfrak{R}(V)$ in eindeutiger Weise eine auf $|z| = 1$ stetige Funktion $A(z)$ zugeordnet werden. Es gilt nun der

Satz [2]. *Die Operatoren V und $V^{(-1)}$ mögen die Voraussetzungen* A *und* B *erfüllen. Der Operator $A \in \mathfrak{N}(V)$ ist dann und nur dann von wenigstens einer Seite invertierbar,*

---

[1]) Für die Anregung zu diesen Untersuchungen und für die wertvollen Hinweise möchte ich Herrn Prof. Dr. S. Prössdorf und Herrn Prof. Dr. I. Z. Gochberg danken.

wenn $A(z) \neq 0$ *ist auf* $|z| = 1$. *Der Operator* A *ist invertierbar, invertierbar nur von links, invertierbar nur von rechts, wenn*

$$\nu(A) = \frac{1}{2\pi} [\arg A(e^{it})]_{t=0}^{2\pi}$$

gleich Null, größer als Null, kleiner als Null ist.

2.1. *Anwendung auf W-H-Integralgleichungen*

Für die weiteren Betrachtungen sei in (1) $k(t) \in L(-\infty, +\infty)$ und $f(t) \in L^2(\emptyset, +\infty)$. Dann ist auch $x(t) \in L^2(0, +\infty)$ [1].

Um den obigen Satz anzuwenden, ist es notwendig, daß die Operatoren V und $V^{(-1)}$ bekannt sind. Sie sollen hier in ihrer verallgemeinerten Form nur angegeben werden [6]:

$$\left.\begin{aligned} (V_\alpha f)(t) &= f(t) - 2\alpha \int_0^t e^{\alpha(s-t)} f(s)\, ds, \qquad (6)\\ (V_\alpha^{(-1)} f)(t) &= f(t) - 2\alpha \int_t^{+\infty} e^{-\alpha(s-t)} f(s)\, ds \qquad (7)\end{aligned}\right\} (0 < t < +\infty, \alpha > 0).$$

In [6] wurde gezeigt, daß diese Operatoren die Voraussetzungen A und B erfüllen, daß der Operator A aus (1) ein Element von $\mathfrak{R}(V_\alpha)$ ist und daß

$$A(z) = \mathscr{A}\left(i\alpha \frac{1+z}{1-z}\right), \qquad |z| = 1, \tag{8}$$

mit

$$\mathscr{A}(\lambda) = 1 - \int_{-\infty}^{+\infty} k(t)\, e^{i\lambda t} dt$$

ist.

Die Aussage des obigen Satzes ergibt mit (6), (7) und (8) den Hauptsatz für die Wiener-Hopf-Integralgleichung (1) [2], [6].

2.2. *Anwendung auf diskrete Wiener-Hopf-Gleichungen*

Bezüglich des Operators B in (2) wird vorausgesetzt, daß

$$\{k_t\}_{-\infty}^{\infty} \in l, \qquad \text{d. h.} \quad \sum_{t=-\infty}^{\infty} |k_t| < +\infty$$

und

$$\{y_t\}_0^{\infty} \in l^2, \qquad \text{d. h.} \quad \sum_{t=0}^{\infty} |y_t|^2 < +\infty$$

ist. Dann kann $\{x_t\}_0^\infty \in l^2$ gezeigt werden [1]. Als Operatoren V und $V^{(-1)}$ sind die einseitigen Verschiebungsoperatoren

$$V\{x_j\}_0^\infty = \{0, x_0, x_1, x_2, \ldots\} \tag{9}$$

und

$$V^{(-1)}\{x_j\}_0^\infty = \{x_{j+1}\}_0^\infty = \{x_1, x_2, \ldots\} \tag{10}$$

zu wählen. Auch hier kann das Erfülltsein der Voraussetzungen des allgemeinen Satzes nachgewiesen werden mit

$$B \in \mathfrak{R}(V) \qquad \text{und} \qquad B(z) = \sum_{t=-\infty}^{\infty} k_t z^t \qquad (|z| = 1),$$

und man erhält als Aussage den Hauptsatz über diskrete W-H-Gleichungen [2], [6]. Die entsprechenden Verallgemeinerungen $V_\alpha, V_\alpha^{(-1)}$ haben eine etwas kompliziertere Gestalt und werden in Abschnitt 3 angegeben.

Abschließend soll noch bemerkt werden, daß sich die Fälle, in denen der Index $\nu(A)$ ungleich Null ist, mittels geeigneter Projektoren auf den Fall $\nu = 0$ zurückführen lassen [2].

3. Projektionsverfahren, Approximation

3.1. Projektionsverfahren

Ist die Operatorgleichung

$$Ax = y \tag{11}$$

mit $A \in \mathfrak{A}(\mathfrak{B})$ und $x, y \in \mathfrak{B}$ zu lösen, so besteht das Projektionsverfahren als Näherungsverfahren zur Lösung von (11) darin, daß die Lösung $x_n \in P_n\mathfrak{B}$ der Gleichung

$$P_n A P_n x = P_n y \tag{12}$$

bestimmt und als Näherungslösung für die Lösung der Gleichung (11) genommen wird. Dabei ist $\{P_n\}$ eine Menge von Projektoren $P_n \in \mathfrak{A}(\mathfrak{B})$. Man sagt, das Projektionsverfahren ist auf den Operator A anwendbar, wenn die Gleichung (12) für $n \geqq n_0$ und für beliebiges $y \in \mathfrak{B}$ eine eindeutige Lösung x_n besitzt mit $\lim_{n\to\infty} x_n = x$ und x Lösung der Gleichung (11) ist. Eine eingehendere Diskussion dieses Näherungsverfahren kann [2], [5], [8] entnommen werden.

S a t z [2]. *Die Operatoren V, $V^{(-1)} \in \mathfrak{A}(\mathfrak{B})$ erfüllen die Voraussetzungen* A *und* B; *die Projektoren P_n konvergieren für $n \to +\infty$ stark gegen den Einheitsoperator;*

$$\dim \mathfrak{B}/V\mathfrak{B} = \operatorname{codim} V\mathfrak{B} < +\infty,$$

$$P_n V P_n = P_n V, \quad P_n V^{(-1)} P_n = V^{(-1)} P_n \quad (n = 0, 1, \ldots).$$

Gilt dann für den Operator $A \in \mathfrak{R}(V)$

$$A(z) \neq 0 \quad (|z| = 1) \quad \textit{und} \quad \nu(A) = 0,$$

so ist auf A das Projektionsverfahren anwendbar.

Es sei jetzt speziell $\mathfrak{B} = H$ ein Hilbertraum,

$$P_n = I - V^n V^{(-n)} \tag{13}$$

und $\{l_k\}$ ein vollständiges Orthonormalsystem (ONS) gemäß (5).

Mit diesen Annahmen sind folgende Aussagen richtig [6]:

1. $P_n x = \sum_{k=0}^{n-1} (x, l_k)\, l_k = x_n \in P_n H$ für P_n aus (13).
2. Die Gleichung (12) ist äquivalent mit

$$\sum_{k=0}^{n-1} (A l_k, l_i)\, c_k = (y, l_i) = y_i \qquad (i = 0, 1, \ldots, n-1). \tag{14}$$

3. Die Matrix des Gleichungssystems (14) ist eine Toeplitzmatrix

$$a_{ik} = (A l_k, l_i) = a_{i-k}. \tag{15}$$

4. Die Elemente a_{i-k} sind die Koeffizienten in der Entwicklung

$$A = \sum_{m=-\infty}^{+\infty} a_m V^{(m)};$$

$(.,.)$ ist das Skalarprodukt im Hilbertraum H.

Werden die Beziehungen (5) mit den Operatoren (6), (7) konkretisiert, so ist die normierte Lösung der homogenen Gleichung (5b)

$$l_0(t; \alpha) = \sqrt{2\alpha}\, e^{-\alpha t}, \tag{16}$$

und für die Elemente des ONS $\{l_k(t; \alpha)\}_0^{+\infty}$ gemäß (5a) gilt

$$l_k(t; \alpha) = \sqrt{2\alpha}\, e^{-\alpha t} L_k(2\alpha t), \tag{17}$$

wobei $L_k(t)$ $(k = 0, 1, \ldots)$ die Laguerreschen Polynome [4] sind und $\alpha > 0$ ist.

Im diskreten Fall können die verallgemeinerten Operatoren als unendliche Teoplitzmatrizen dargestellt werden:

$$V_\alpha = \{v_{ik}\}_{i,k=0}^{+\infty}, \qquad V_\alpha^{(-1)} = \{w_{ik}\}_0^{+\infty} = \{v_{ki}\}_0^{+\infty} \tag{18}$$

mit

$$v_{ik} = \begin{cases} d_{i-k} & \text{für } i \geqq k, \\ 0 & \text{für } i < k, \end{cases} \quad d_0 = -b, \ d_j = s b^{j-1}, \quad s = 1 - b^2, \quad b = \frac{\alpha - 1}{\alpha + 1}.$$

Die Lösung der homogenen Gleichung $V_\alpha^{(-1)} l_0 = 0$ lautet

$$l_0(\alpha) = \frac{2\sqrt{\alpha}}{1 + \alpha} [1, b, b^2, b^3, \ldots]^{\mathsf{T}}. \tag{19}$$

Die Vektoren des ONS gemäß (5) mit (18), (19) sind die Spalten der unendlichen Matrix $H = \{h_{ik}\}_{i,k=0}^{\infty}$, wobei

$$\frac{(w - b)^k}{(1 - bw)^{k+1}} = \sum_{i=0}^{\infty} g_{ik} w^i \quad (|w| = 1), \quad h_{ik} = \frac{2\sqrt{\alpha}}{1 + \alpha} g_{ik} \tag{20}$$

ist.

Sowohl für das System (16), (17) als auch im diskreten Fall gilt die wichtige Beziehung

$$\frac{dl_k(\alpha)}{d\alpha} = \frac{1}{2\alpha}\left[(k+1)\, l_{k+1}(\alpha) - k l_{k-1}(\alpha)\right] \tag{21}$$

$$(k = 0, 1, \ldots; \quad l_{-1} \equiv 0).$$

Die für die angegebenen Beziehungen erforderlichen analytischen Betrachtungen sind in [6] enthalten. Ein numerisches Verfahren zur Lösung eines linearen Gleichungssystems mit Toeplitzsystemmatrix ist in [7] beschrieben.

3.2. Approximation

Ist $M_n(\alpha)$ ein endlichdimensionaler Teilraum des Hilbertraumes H mit einer parameterabhängigen Orthonormalbasis $\{q_k(\alpha)\}_{k=0}^{n-1}$ und $f \in H$, so existiert ein orthogonaler Projektor $R_n(\alpha)$ derart, daß

$$f_n = R_n(\alpha) f = \sum_{k=0}^{n-1} c_k q_k(\alpha) \in M_n(\alpha), \quad c_k(\alpha) = (f, q_k(\alpha))$$

die beste Approximation für f bezüglich $M_n(\alpha)$ bei festem α darstellt. Die Norm des Approximationsfehlers $D_n(\alpha)$ ist

$$D_n^2(\alpha) = \|(I - R_n(\alpha)) f\|^2 = (f, f - R_n(\alpha) f). \tag{22}$$

Eine Verbesserung der Approximation soll jetzt nicht durch Erhöhung von n geschehen, sondern durch Bestimmung des Parameters α aus der Forderung:

$$D_n^2(\alpha) \to \min \quad \text{bei Variation über } \alpha. \tag{23}$$

Für die in 3.1. betrachteten ONS erhält man aus (23) wegen (21) als Bestimmungsgleichung für α

$$c_n(\alpha) = (f, q_n(\alpha)) = 0. \tag{24}$$

Es gilt dann für einen solchen Parameter α_{opt}

$$D_n^2(\alpha) > D_n^2(\alpha_{\text{opt}}). \tag{25}$$

Die Anwendung dieser Überlegungen auf das Projektionsverfahren führt zu folgendem Ergebnis. Es sei x_n eine berechnete Näherungslösung (4), (14). Der Defekt erlaubt dann die Entwicklung

$$Ax_n - y = \sum_{k=n}^{\infty} a_k l_k(\alpha; t), \qquad a_k = (Ax_n - y, l_k).$$

Analog zu (24) lautet die Forderung

$$a_n^{(\alpha)} = (Ax_n - y, l_n(\alpha; t)) = 0. \tag{26}$$

Da einerseits die exakte Lösung der Gleichung (11) nicht bekannt ist und somit (24) nicht zur Anwendung kommen kann, andererseits der numerische Aufwand für die wiederholte Funktionswertberechnung nach (26) recht aufwendig ist, wird ein Algorithmus vorgeschlagen, der (26) realisiert, aber weniger Aufwand erfordert.

4. Algorithmus

Zu lösen sei eine der Gleichungen (1) oder (2) durch Anwendung des Projektionsverfahrens mit dem Projektor $P_n(\alpha)$ (3) und dem ONS (5), d. h. (17) für (1) und (20) für (2).

1. Vorgabe eines Wertes $\alpha_0 > 0$ für α, etwa $\alpha = 1$.

2. Formale Konstruktion des Projektors

$$P_n(\alpha)\,x = \sum_{k=0}^{n-1} x_k l_k(\alpha) \tag{27}$$

und damit Festlegung des linearen Gleichungssystems (14), (15)

$$\sum_{k=0}^{n-1} a_{i-k} x_k = y_i \qquad (i = 0, 1, \ldots, n-1). \tag{28}$$

Die Lösung des Systems (28) sei $\{\bar{x}_k\}_0^{n-1}$.

3. Approximation von

$$\tilde{x}_n = \sum_{k=0}^{n-1} \bar{x}_k l_k(\alpha) \tag{29}$$

durch $z_{n-1} = P_{n-1}(\beta)\tilde{x}_n$ gemäß (23), d. h.

$$D_{n-1}^2(\beta) = (\tilde{x}_n, \tilde{x}_n - P_{n-1}(\beta)\tilde{x}_n) \to \min \quad \text{bezüglich } \beta .$$

Die notwendige Bedingung lautet entsprechend (24)

$$c_{n-1}(\beta) = (\tilde{x}_n, l_n(\beta)) = 0, \tag{30}$$

woraus β bestimmt wird.

4. Ist $\beta \neq \alpha$, so wird mit $\alpha := \beta$ bei 2. fortgefahren. Ist $\beta = \alpha = \alpha_{\text{opt}}$, so muß auch

$$\bar{x}_k(\alpha_{\text{opt}}) = c_k \qquad (k = 0, 1, \ldots, n-2)$$

und

$$\bar{x}_{n-1}(\alpha_{\text{opt}}) = c_{n-1}(\alpha_{\text{opt}}) = 0$$

sein. (29) wird dann mit $\alpha = \alpha_{\text{opt}}$ als Näherungslösung angesehen. Eine Verbesserung der Lösung ist in diesem Fall nur durch Erhöhung von n möglich.

Für die Funktionen $c_i(\beta)$ in (30) kann sowohl für den stetigen Fall (Integralgleichung) als auch für den diskreten Fall ein und derselbe analytische Ausdruck angegeben werden [6]:

$$c_i(\beta) = (\bar{x}_n, l_i(\beta)) = \sum_{k=0}^{n-1} \bar{x}_k(l_k(\alpha), l_i(\beta)) = 2\sqrt{\alpha\beta} \sum_{k=0}^{n-1} \bar{x}_k I_{k,i}(\beta),$$

$$I_{k,i}(\beta) = (-1)^k \frac{(k+i)!}{k! \cdot i!} \left(\frac{\alpha-\beta}{\alpha+\beta}\right)^{k+i} F\left[-k, -i; -(i+k); \left(\frac{\alpha+\beta}{\alpha-\beta}\right)^2\right];$$

$F[\cdot]$ ist die hypergeometrische Reihe.

$\frac{1}{2\sqrt{\alpha\beta}} (\alpha + \beta)^i c_i(\beta)$ ist ein Polynom $2i$-ten Grades in β.

Durch einfache algebraische Überlegungen überzeugt man sich, daß nach Beendigung des vorgeschlagenen Algorithmus die Forderung (26) für $\alpha = \alpha_{\text{opt}}$ erfüllt ist.

5. Beispiele

Beispiel 1 (vgl. Abb. 1 und 2).

$$x(t) + 12 \int_0^{+\infty} e^{-|t-s|} x(s)\, ds = e^{-3t}.$$

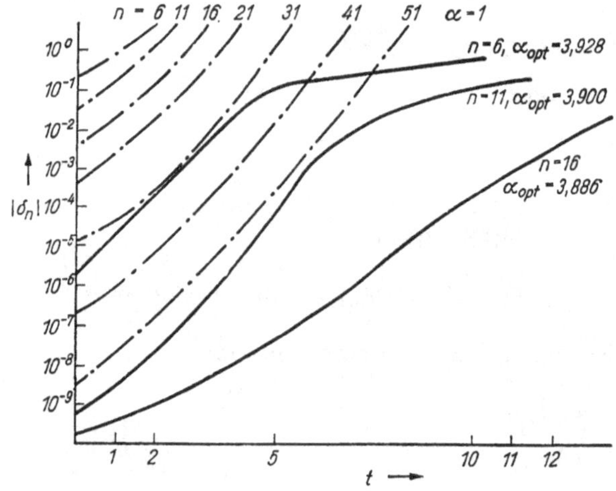

Abb. 1

Die exakte Lösung lautet

$$x(t) = e^{-5t} - 0{,}5e^{-3t}, \qquad \|x(t)\|^2 = 1/60.$$

Beispiel 2 (vgl. Abb. 3 und 4).

$$x(t) - 0{,}495 \int_0^{+\infty} e^{-|t-s|} x(s)\, ds = e^{-0{,}2t}$$

mit der exakten Lösung

$$x(t) = 36e^{-0{,}1t} - 32e^{-0{,}2t}, \qquad \|x(t)\|^2 = 1360.$$

Für diese Gleichung konnte eine gute Näherungslösung nur mit Hilfe des beschriebenen Verfahrens errechnet werden.

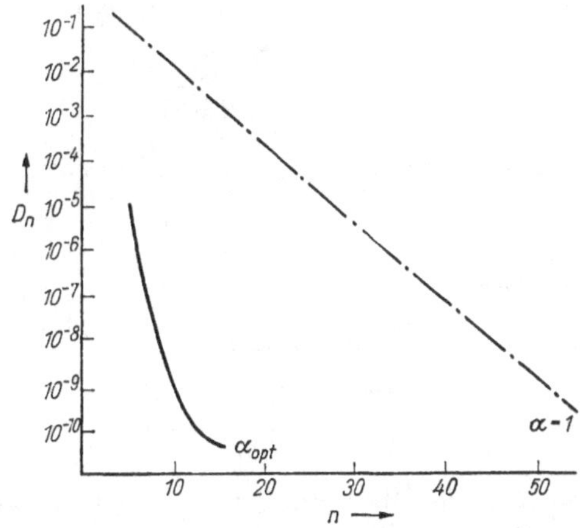

Abb. 2

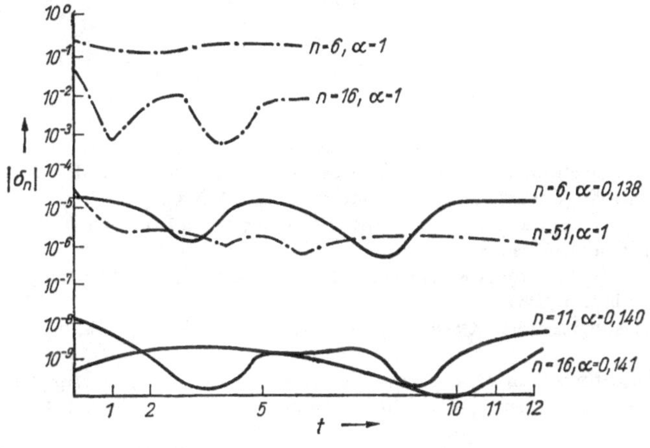

Abb. 3

In den Abbildungen 1 und 3 ist der relative Fehler

$$|\delta_n(t)| = |x(t) - x_n(t)|/|x(t)|$$

in den Abbildungen 2 und 4 die Norm des Defektes

$$D_n = \|Ax_n(\alpha) - f\|_{L^2(0,+\infty)}$$

veranschaulicht.

Die Abbildungen lassen überzeugend die Überlegenheit der parameterabhängigen Projektionsverfahren gegenüber denen mit festem (α = const) Projektor erkennen.

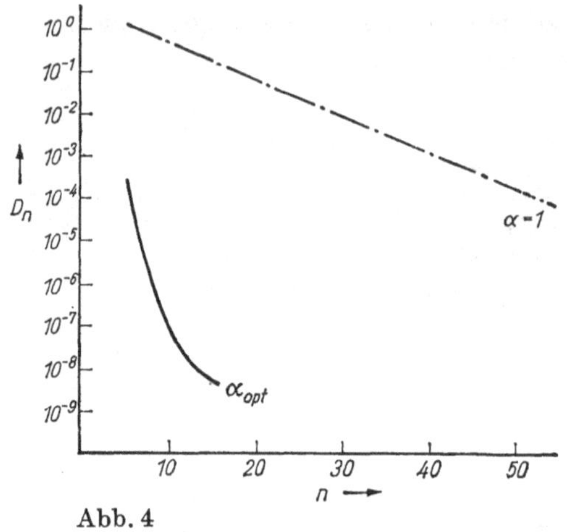

Abb. 4

In dem Dargelegten wurde versucht, die Überlegungen so allgemein zu halten, daß die vorgeschlagene Methode auch auf andere Gleichungen und Probleme der numerischen Mathematik übertragen werden kann.

Literatur

[1] Krein, M. G., Integralgleichungen auf der Halbgeraden mit einem Kern, der von der Differenz der Argumente abhängt (russ.), Uspechi matem. nauk **13** No 5 (1958), 3–120.
[2] Gochberg, I. Z., und I. A. Feldman, Faltungsgleichungen und Projektionsmethoden zu ihrer Lösung (russ.), Nauka, Moskau 1971.
[3] Sz.-Nagy, B., und C. Foiaş, Analyse harmonique des opérateurs de l'espace de Hilbert, Akadémiai Kiadó, Budapest 1967.
[4] Tricomi, F. G., Vorlesungen über Orthogonalreihen, Springer-Verlag, Berlin–Göttingen–Heidelberg 1955.
[5] Gawurin, M. K., Vorlesungen über numerische Methoden (russ.), Nauka, Moskau 1971.
[6] Mach, W., Zur numerischen Lösung von Wiener-Hopf-Gleichungen, Dissertation, TH Karl-Marx-Stadt 1972.
[7] Bareiss, E. H., Numerical solution of linear equations with Toeplitz and vector Toeplitz matrices, Numer. Math. **13** (1969), 404–424.
[8] Krasnoselski, M. A., u. a., Näherungslösung von Operatorgleichungen (russ.), Nauka, Moskau 1969.

Manuskripteingang: 3. 7. 1972

VERFASSER:

Dr. Walter Mach, Sektion Rechentechnik/Datenverarbeitung der Technischen Hochschule Karl-Marx-Stadt

Beiträge zur Numerischen Mathematik
2 (1974), 125–136

Inversionsfreie Verfahren zur Einschließung von Nullstellen nichtlinearer Operatoren

WOLFGANG MÖNCH

1. Einleitung

Es sind wiederholt überlinear konvergente Iterationsverfahren beschrieben worden, die unter geeigneten Monotonievoraussetzungen Nullstellen eines nichtlinearen Operators monoton einschließen (vgl. etwa [1], [4], [6], [7], [9] und [11]). Diese Verfahren sind vom Typ des Newton-Verfahrens oder der Regula falsi und erfordern in jedem Iterationsschritt die Auflösung linearer Gleichungen bzw. die Inversion von Ableitungs- oder Steigungsoperatoren.

Beim Newton-Verfahren und der Regula falsi kann man die Auflösung von linearen Gleichungen umgehen, wenn man mit einer Zusatziteration Näherungen für die inversen Ableitungs- bzw. Steigungsoperatoren berechnet (vgl. S. ULM [10], H. P. HELFRICH [3], J. W. SCHMIDT und D. LEDER [8], W. BURMEISTER [2]). Dieses Vorgehen wird hier auf zwei von J. W. SCHMIDT [7] angegebene Verfahren zur monotonen Einschließung von Lösungen nichtlinearer Operatorgleichungen übertragen. Es werden für die inversionsfreien Verfahren Monotonie- und Einschließungsaussagen sowie überlineare Konvergenz nachgewiesen.

Neben dem Newton-Verfahren und der Regula falsi wird noch eine Variante betrachtet, die dem Steffensen-Verfahren entspricht, also mit Steigungen arbeitet und quadratisch konvergent ist. Die Darstellung erfolgt für alle drei Verfahren einheitlich.

2. Aufgabenstellung

Den Betrachtungen wird ein Banach-Raum B zugrunde gelegt, der durch einen abgeschlossenen, normalen Kegel $K \subset B$ halbgeordnet sei ($K + K \subset K$, $\lambda K \subset K$ für $\lambda \geqq 0$, $K \cap (-K) = \{0\}$). Es wird dabei $x \leqq y$ für $x, y \in B$ genau dann gesetzt, wenn $y - x \in K$ gilt. Ein Kegel $K \subset B$ heißt *normal,* wenn mit einer Konstanten $\alpha > 0$ aus $x, y \in K$ stets $\|x\| \leqq \alpha \|x + y\|$ folgt. Intervalle $[x, y] := \{z \in B\colon x \leqq z \leqq y\}$ sind dann konvexe, abgeschlossene und beschränkte Mengen.

Über die Halbordnung in B kann auch in $L(B)$, dem Raum der linearen, beschränkten Operatoren von B in sich, eine Ordnungsrelation erklärt werden. Für $G, H \in L(B)$ gelte $G \leqq H$ genau dann, wenn für alle $x \in K$ die Beziehung $Gx \leqq Hx$ erfüllt ist.

Ein nichtlinearer Operator F, der eine Teilmenge $D \subset B$ von B in B abbildet, besitzt auf D eine *Steigung* $\delta F(u, v)$ (vgl. J. W. SCHMIDT [5]), falls es einen bei festem $u, v \in D$ linearen, beschränkten Operator $\delta F(u, v)$ von B in sich mit den folgenden Eigenschaften gibt:

$$\delta F(u, v)(u - v) = Fu - Fv,$$

$$\|\delta F(u, v) - \delta F(v, w)\| \leqq \beta\{\|u - w\| + \|u - v\| + \|v - w\|\}$$

für $u, v, w \in D$ und eine Konstante β. Der Operator F ist dann auf D Fréchet-differenzierbar, und für die Ableitung F' gelten die Beziehungen $F'(u) = \delta F(u, u)$ sowie $\|F'(u) - F'(v)\| \leqq 4\beta\|u - v\|$, $u, v \in D$.

Vorgelegt sei nun die Aufgabe

$$Fx = 0$$

mit einem nichtlinearen Operator F, der eine Teilmenge $D \subset B$ in B abbildet. Zunächst werden einige Voraussetzungen formuliert.

(V1) Der Operator F sei zerlegbar in der Form

$$F = F^+ + F^-,$$

wobei F^+ und F^- ebenfalls D in B abbilden. Die Operatoren F^+ und F^- mögen auf D Steigungen $\delta F^+(u, v)$ bzw. $\delta F^-(u, v)$ besitzen; $\delta F(u, v) = \delta F^+(u, v) + \delta F^-(u, v)$ ist dann eine Steigung von F.

(V2) Für $u, v, w, z \in D$ mit $u \leqq w$ und $v \leqq z$ gelte

$$\delta F^+(u, v) \leqq \delta F^+(w, z) \quad \text{und} \quad \delta F^-(u, v) \geqq \delta F^-(w, z).$$

Für Operatoren, welche die Voraussetzungen (V1) und (V2) erfüllen, wurde in [7] die Bezeichnung *Operator mit monoton zerlegbarer Steigung* eingeführt.

(V3) Es existiere ein Operator $G \in L(B)$, der eine positive, beschränkte Inverse $G^{-1} \geqq 0$ besitzt und für den die Ungleichung

$$G + \delta F^+(x_1, x_0) + \delta F^-(y_1, y_0) \geqq 0$$

erfüllt ist (dabei sind x_0, x_1, y_0, y_1 Startelemente gemäß (V5)).

(V4) Der Operator $G + F$ sei vollstetig.

Weiterhin wird eine Voraussetzung über die Existenz von Startelementen benötigt.

(V5) Es gebe Elemente $x_0, x_1, y_0, y_1 \in D$ mit

$$x_0 \leqq x_1 \leqq y_1 \leqq y_0, \quad [x_0, y_0] \subset D \quad \text{und} \quad Fx_1 \geqq 0,\ Fy_1 \leqq 0.$$[1]

Zur monotonen Einschließung von Lösungen einer Operatorgleichung $Fx = 0$ mit einem nichtlinearen Operator F, der eine monoton zerlegbare Steigung besitzt,

[1]) Nur das unten angegebene Verfahren (1) mit (1.1) benötigt vier Startelemente x_0, x_1, y_0, y_1. Alle übrigen Verfahren kommen mit zwei Elementen x_1, y_1 aus; es wird dann $x_0 := x_1$ und $y_0 := y_1$ gesetzt.

wurde von J. W. SCHMIDT [7] das folgende Verfahren angegeben:

$$\left.\begin{aligned} Fx_k + \{\delta F^+(x_k, u_k) + \delta F^-(y_k, v_k)\} \quad (x_{k+1} - x_k) &= 0, \\ Fy_k + \{\delta F^+(x_k, u_k) + \delta F^-(y_k, v_k)\} \quad (y_{k+1} - y_k) &= 0 \end{aligned}\right\} \tag{1}$$

($k = 1, 2, \ldots$). Es erfordert in jedem Iterationsschritt die Auflösung von zwei linearen Gleichungen. Wählt man u_k und v_k gemäß einer der Vorschriften

$$u_k = x_{k-1}, \qquad v_k = y_{k-1}, \tag{1.1}$$

$$u_k = x_k, \qquad v_k = y_k \tag{1.2}$$

oder

$$u_k = x_k + G^{-1}Fx_k, \qquad v_k = y_k + G^{-1}Fy_k, \tag{1.3}$$

so ergeben sich drei Verfahren, die der Regula falsi, dem Newton- bzw. Steffensen-Verfahren entsprechen. Aus den obigen Voraussetzungen (V1) bis (V5) folgt über den Schauderschen Fixpunktsatz die Existenz einer Nullstelle x^* von F im Intervall $[x_1, y_1]$. Das Verfahren (1) mit (1.1), (1.2) oder (1.3) ist unbeschränkt durchführbar[1]; es liefert zwei Folgen (x_k) und (y_k), welche x^* monoton einschließen, d. h., es gilt

$$x_0 \leqq \cdots \leqq x_k \leqq x_{k+1} \leqq \cdots \leqq x^* \leqq \cdots \leqq y_{k+1} \leqq y_k \leqq \cdots \leqq y_0. \tag{2}$$

Unter zusätzlichen Voraussetzungen besitzt das Verfahren (1) bei der Wahl $u_k = x_{k-1}$, $v_k = y_{k-1}$ die Konvergenzgeschwindigkeit $\varkappa = \frac{1}{2}\left(1 + \sqrt{5}\right)$, während man mit (1.2) oder (1.3) quadratische Konvergenz, $\varkappa = 2$, erzielt.

Ausgehend von dem Verfahren (1) wird hier nun ein Verfahren ohne Auflösung linearer Gleichungen angegeben. Dabei bestimmt man aus dem Schulz-Verfahren Näherungen für die inversen Ableitungs- bzw. Steigungsoperatoren.

3. Verfahren ohne Auflösung linearer Gleichungen

Für $k = 1, 2, \ldots$ werde gemäß der Vorschrift

$$\left.\begin{aligned} x_{k+1} &= x_k - A_k F x_k, \\ y_{k+1} &= y_k - A_k F y_k, \\ A_{k+1} &= A_k(2I - \{\delta F^+(x_{k+1}, u_{k+1}) + \delta F^-(y_{k+1}, v_{k+1})\} A_k) \end{aligned}\right\} \tag{3}$$

iteriert (I identischer Operator). Die Elemente u_k und v_k seien durch eine der drei Vorschriften

$$u_k = x_{k-1}, \qquad v_k = y_{k-1}, \tag{3.1}$$

$$u_k = x_k, \qquad v_k = y_k \tag{3.2}$$

[1]) Neben $G + F$ seien zusätzlich auch die Operatoren $G + \delta F^+(u, v) + \delta F^-(w, z)$ für alle $u, v, w, z \in D$ vollstetig.

oder

$$u_k = x_k - A_{k-1} F x_k, \qquad v_k = y_k - A_{k-1} F y_k \tag{3.3}$$

festgelegt. Dann erhält man den folgenden

Satz 1. *Es sei B ein Banach-Raum, halbgeordnet durch einen abgeschlossenen, normalen Kegel $K \subset B$. Der nichtlineare Operator F von $D \subset B$ in B erfülle die Voraussetzungen* (V1) *bis* (V5). *Der Startoperator A_1 genüge den Ungleichungen*

$$-A_1 \geqq G^{-1} \geqq 0,$$

$$\{\delta F^+(x_1, x_0) + \delta F^-(y_1, y_0)\}\, A_1 \leqq I \quad \textit{und} \quad A_1\{\delta F^+(x_1, x_0) + \delta F^-(y_1, y_0)\} \leqq I$$

(z. B kann $A_1 = -G^{-1}$ gewählt werden).

Das Verfahren (3) *mit* (3.1), (3.2) *oder* (3.3) *ist dann unbeschränkt durchführbar, der Operator F besitzt eine Nullstelle $x^* \in D$, und es gilt die monotone Einschließung* (2).

Beweis. Der stetige Operator $V := G^{-1}(G + F)$ ist auf $[x_1, y_1]$ monoton wachsend, und es gilt $x_1 \leqq Vx_1$, $Vy_1 \leqq y_1$. Daher bildet V das Intervall $[x_1, y_1]$ in sich ab. Die Bildmenge $V([x_1, y_1])$ ist kompakt, da V vollstetig ist. Aus dem Schauderschen Fixpunktsatz folgt damit die Existenz eines Fixpunktes x^* von V mit $x_1 \leqq x^* \leqq y_1$. Da x^* gleichzeitig Nullstelle von F ist, $Fx^* = 0$, existiert im Ausgangsintervall $[x_1, y_1]$ eine Lösung der Gleichung $Fx = 0$.

Im weiteren seien u_k und v_k zunächst nach (3.1) oder (3.2) bestimmt. Durch vollständige Induktion werden nun die Beziehungen

$$\left.\begin{aligned} &x_0 \leqq \cdots \leqq x_{k-1} \leqq x_k \leqq x^* \leqq y_k \leqq y_{k-1} \leqq \cdots \leqq y_0, \\ &Fx_k \geqq 0, \; Fy_k \leqq 0, \; -A_k \geqq G^{-1} \geqq 0, \\ &\{\delta F^+(x_k, u_k) + \delta F^-(y_k, v_k)\}A_k \leqq I, \; A_k\{\delta F^+(x_k, u_k) + \delta F^-(y_k, v_k)\} \leqq I \end{aligned}\right\} \tag{4}$$

nachgewiesen. Für $k = 1$ sind die Ungleichungen (4) richtig.

Schluß von k auf $k + 1$:

Aus $-A_k \geqq 0$ und $Fx_k \geqq 0$, $Fy_k \leqq 0$ folgen unmittelbar

$$x_k \leqq x_{k+1} \quad \text{und} \quad y_{k+1} \leqq y_k.$$

Mit den beiden Abschätzungen

$$\begin{aligned} x_{k+1} - x^* &= (I - A_k \delta F(x_k, x^*))\,(x_k - x^*) \\ &\leqq (I - A_k\{\delta F^+(x_k, u_k) + \delta F^-(y_k, v_k)\})\,(x_k - x^*) \leqq 0 \end{aligned} \tag{5}$$

und

$$\begin{aligned} y_{k+1} - x^* &= (I - A_k \delta F(y_k, x^*))\,(y_k - x^*) \\ &\geqq (I - A_k\{\delta F^+(x_k, u_k) + \delta F^-(y_k, v_k)\})\,(y_k - x^*) \geqq 0 \end{aligned} \tag{6}$$

sind die Ungleichungen $x_{k+1} \leqq x^* \leqq y_{k+1}$ gezeigt. Für die Funktionswerte an den Stellen x_{k+1} und y_{k+1} erhält man über

$$\begin{aligned} Fx_{k+1} - Fx_k &= -\,\delta F(x_k, x_{k+1})\, A_k F x_k \\ &\geqq -\,\{\delta F^+(x_k, u_k) + \delta F^-(y_k, v_k)\}\, A_k F x_k \geqq -Fx_k \end{aligned} \tag{7}$$

die Beziehung $Fx_{k+1} \geqq 0$ und mit

$$\begin{aligned} Fy_{k+1} - Fy_k &= -\delta F(y_k, y_{k+1})\, A_k F y_k \\ &\leqq -\{\delta F^+(x_k, u_k) + \delta F^-(y_k, v_k)\}\, A_k F y_k \leqq -Fy_k \end{aligned} \tag{8}$$

die Ungleichung $Fy_{k+1} \leqq 0$.

Aus

$$\delta F^+(x_{k+1}, u_{k+1}) + \delta F^-(y_{k+1}, v_{k+1}) \geqq \delta F^+(x_k, u_k) + \delta F^-(y_k, v_k) \tag{9}$$

folgen die beiden Ungleichungen

$$\{\delta F^+(x_{k+1}, u_{k+1}) + \delta F^-(y_{k+1}, v_{k+1})\}\, A_k \leqq \{\delta F^+(x_k, u_k) + \delta F^-(y_k, v_k)\}\, A_k \leqq I,$$
$$A_k\{\delta F^+(x_{k+1}, u_{k+1}) + \delta F^-(y_{k+1}, v_{k+1})\} \leqq A_k\{\delta F^+(x_k, u_k) + \delta F^-(y_k, v_k)\} \leqq I$$

und damit

$$-A_k(I - \{\delta F^+(x_{k+1}, u_{k+1}) + \delta F^-(y_{k+1}, v_{k+1})\}\, A_k) \geqq 0.$$

Aus der letzten Beziehung erhält man unmittelbar

$$-A_{k+1} \geqq -A_k \geqq G^{-1} \geqq 0.$$

Mit den beiden Abschätzungen

$$\begin{aligned} &\{\delta F^+(x_{k+1}, u_{k+1}) + \delta F^-(y_{k+1}, v_{k+1})\}\, A_{k+1} \\ &= I - (I - \{\delta F^+(x_{k+1}, u_{k+1}) + \delta F^-(y_{k+1}, v_{k+1})\}\, A_k)^2 \leqq I \end{aligned}$$

und

$$\begin{aligned} &A_{k+1}\{\delta F^+(x_{k+1}, u_{k+1}) + \delta F^-(y_{k+1}, v_{k+1})\} \\ &= I - (I - A_k\{\delta F^+(x_{k+1}, u_{k+1}) + \delta F^-(y_{k+1}, v_{k+1})\})^2 \leqq I \end{aligned}$$

sind schließlich die Ungleichungen (4) vollständig gezeigt und damit die Aussagen von Satz 1 für die Verfahren (3) mit (3.1) oder (3.2) bewiesen.

Sind u_k und v_k durch die Vorschrift (3.3) festgelegt, so werden beim induktiven Nachweis von (4) zusätzlich noch die Ungleichungen

$$x_k \leqq u_k \leqq x^* \leqq v_k \leqq y_k \qquad \text{(für (5) und (6))},$$
$$u_k \leqq x_{k+1}, \; y_{k+1} \leqq v_k \qquad \text{(für (7) und (8))}$$

und

$$u_k \leqq u_{k+1}, \; v_{k+1} \leqq v_k \qquad \text{(für (9))}$$

benötigt. Es wird $u_1 := x_1$, $v_1 := y_1$ gesetzt. Für $k \geqq 2$ folgen aus $-A_{k-1} \geqq 0$ und $Fx_k \geqq 0$, $Fy_k \leqq 0$ unmittelbar $x_k \leqq u_k$ und $v_k \leqq y_k$. Aus

$$\begin{aligned} u_k - x^* &= x_k - x^* - A_{k-1}\delta F(x_k, x^*)\,(x_k - x^*) \\ &\leqq (I - A_{k-1}\{\delta F^+(x_{k-1}, u_{k-1}) + \delta F^-(y_{k-1}, v_{k-1})\})\,(x_k - x^*) \leqq 0 \end{aligned}$$

erhält man $u_k \leqq x^*$. Aus $-A_k \geqq -A_{k-1}$ folgen

$$x_{k+1} - u_k = (A_{k-1} - A_k)\, Fx_k \geqq 0,$$

also $u_k \leqq x_{k+1}$, und

$$u_{k+1} - u_k \geqq x_{k+1} - x_k - A_{k-1}\delta F(x_{k+1}, x_k)\,(x_{k+1} - x_k)$$
$$\geqq (I - A_{k-1}\{\delta F^+(x_{k-1}, u_{k-1}) + \delta F^-(y_{k-1}, v_{k-1})\})(x_{k+1} - x_k) \geqq 0,$$

also $u_k \leqq u_{k+1}$.

Die sich auf v_k und v_{k+1} beziehenden Ungleichungen werden durch analoge Abschätzungen nachgewiesen. Der Induktionsbeweis für (4) kann damit wie oben geführt werden. Das war zu zeigen.

Da die Näherungen A_k für die inversen Steigungs- bzw. Ableitungsoperatoren mit dem quadratisch konvergenten Schulz-Verfahren bestimmt werden, bleiben die Konvergenzgeschwindigkeiten der Verfahren (1) beim Übergang zu den inversionsfreien Verfahren (3) erhalten.

Satz 2. *Die Voraussetzungen aus Satz 1 seien erfüllt, und es gelte* $\lim x_k = \lim y_k = z$.[1])

Dann ist $z = x^*$ *die einzige Nullstelle von* F *im Intervall* $[x_1, y_1]$. *Die Operatoren* A_k *mögen außerdem gegen einen linearen, beschränkten Operator* A^* *konvergieren,* $\lim A_k = A^*$, *und es existiere zu* A^* *der inverse Operator* $(A^*)^{-1}$.

Dann gilt $A^* = F'(x^*)^{-1}$ (x^* *ist also eine einfache Nullstelle von* F). *Das Verfahren* (3) *mit* (3.1) *besitzt die Konvergenzgeschwindigkeit* $\varkappa = \frac{1}{2}\left(1 + \sqrt{5}\right)$, *während die Verfahren* (3) *mit* (3.2) *oder* (3.3) *quadratisch konvergent sind, d. h.* $\varkappa = 2$.

Beweis. Nach Satz 1 existiert eine Nullstelle x^* von F mit $x_k \leqq x^* \leqq y_k$, $k = 1, 2, \ldots$ Aus $0 \leqq x^* - x_k \leqq y_k - x_k$ und $\lim (y_k - x_k) = 0$ folgt $\lim (x^* - x_k) = x^* - z = 0$, also $z = x^*$. Da jede Nullstelle von F aus $[x_1, y_1]$ auch in den Intervallen $[x_k, y_k]$, $k = 2, 3, \ldots$ liegt (vgl. Beweis von Satz 1), ist $z = x^*$ die einzige Nullstelle von F in $[x_1, y_1]$.

Durch Grenzübergang erhält man aus der dritten Zeile von (3)

$$A^* = 2A^* - A^*F'(x^*)\,A^*.$$

Da $(A^*)^{-1}$ nach Voraussetzung existiert, folgen die Gleichungen

$$A^*F'(x^*) = F'(x^*)A^* = I;$$

es ist also $A^* = F'(x^*)^{-1}$.

Zur Abkürzung werden $p := \|F'(x^*)\|$ und $q := \|A^*\| = \|F'(x^*)^{-1}\|$ gesetzt. Wegen $\lim A_k = A^*$ gibt es eine Konstante $m > 0$ mit $\|A_k\| \leqq m$ für $k = 1, 2, \ldots$ Aus

$$0 \leqq x^* - x_{k+1} = A_k(Fx_k - Fx^* - F'(x^*)\,(x_k - x^*))$$
$$+ (A_k - A^*)\,F'\,(x^*)(x_k - x^*)$$

folgt über die Taylor-Formel

$$\|Fx_k - Fx^* - F'(x^*)(x_k - x^*)\| \leqq 2\beta\|x_k - x^*\|^2$$

[1]) Die Konvergenz in B und $L(B)$ sei über die Norm erklärt.

die Abschätzung

$$\|x_{k+1} - x^*\| \leqq 2\beta m\|x_k - x^*\|^2 + p\|A_k - A^*\| \, \|x_k - x^*\|.$$

Analog dazu erhält man für die Folge (y_k)

$$\|y_{k+1} - x^*\| \leqq 2\beta m\|y_k - x^*\|^2 + p\|A_k - A^*\| \, \|y_k - x^*\|.$$

Aus (3) folgt durch einige Umformungen

$$\begin{aligned} A^* - A_{k+1} = {} & (A^* - A_k)\, F'(x^*)\, (A^* - A_k) \\ & + A_k(\delta F^+(x_{k+1}, u_{k+1}) - \delta F^+(x^*, x^*) + \delta F^-(y_{k+1}, v_{k+1}) \\ & - \delta F^-(x^*, x^*))\, A_k \end{aligned}$$

und damit

$$\begin{aligned} \|A_{k+1} - A^*\| \leqq {} & p\|A_k - A^*\|^2 + m^2\|\delta F^+(x_{k+1}, u_{k+1}) - \delta F^+(x^*, x^*)\| \\ & + m^2\|\delta F^-(y_{k+1}, v_{k+1}) - \delta F^-(x^*, x^*)\|. \end{aligned}$$

Für $u_k = x_{k-1}$, $v_k = y_{k-1}$ gilt

$$\begin{aligned} & \|\delta F^+(x_{k+1}, u_{k+1}) - \delta F^+(x^*, x^*)\| \\ & \leqq \|\delta F^+(x_{k+1}, x_k) - \delta F^+(x_k, x_k)\| + \|\delta F^+(x_k, x_k) - \delta F^+(x^*, x^*)\| \\ & \leqq 6\beta\|x_k - x^*\| + 2\beta\|x_{k+1} - x^*\| \leqq 2(\alpha + 3)\, \beta\|x_k - x^*\|, \\ & \|\delta F^-(y_{k+1}, v_{k+1}) - \delta F^-(x^*, x^*)\| \leqq 2(\alpha + 3)\, \beta\|y_k - x^*\|, \end{aligned}$$

für $u_k = x_k$, $v_k = y_k$ ergibt sich

$$\begin{aligned} & \|\delta F^+(x_{k+1}, u_{k+1}) - \delta F^+(x^*, x^*)\| \leqq 4\beta\|x_{k+1} - x^*\|, \\ & \|\delta F^-(y_{k+1}, v_{k+1}) - \delta F^-(x^*, x^*)\| \leqq 4\beta\|y_{k+1} - x^*\|, \end{aligned}$$

und für $u_k = x_k - A_{k-1}Fx_k$, $v_k = y_k - A_{k-1}Fy_k$ erhält man schließlich

$$\begin{aligned} & \|\delta F^+(x_{k+1}, u_{k+1}) - \delta F^+(x^*, x^*)\| \\ & \leqq \|\delta F^+(x_{k+1}, u_{k+1}) - \delta F^+(x_{k+1}, x_{k+1})\| + \|\delta F^+(x_{k+1}, x_{k+1}) - \delta F^+(x^*, x^*)\| \\ & \leqq 2\beta\|x_{k+1} - u_{k+1}\| + 4\beta\|x_{k+1} - x^*\| \leqq 2\beta\|u_{k+1} - x^*\| + 6\beta\|x_{k+1} - x^*\| \\ & \leqq 2(\alpha + 3)\, \beta\|x_{k+1} - x^*\|, \\ & \|\delta F^-(y_{k+1}, v_{k+1}) - \delta F^-(x^*, x^*)\| \leqq 2(\alpha + 3)\, \beta\|y_{k+1} - x^*\|. \end{aligned}$$

Mit den Abkürzungen

$$r_k := \begin{cases} \max\,(\|x_k - x^*\|, \|y_k - x^*\|, \|A_{k+1} - A^*\|) & \text{für (3.1)}, \\ \max\,(\|x_k - x^*\|, \|y_k - x^*\|, \|A_k - A^*\|) & \text{für (3.2) und (3.3)}, \end{cases}$$

$\lambda_1 := 2\alpha\beta m + p$, $\lambda_2 := \alpha p + 4(\alpha + 3)\, \beta m^2\lambda_1$ und $\mu := \max\,(\lambda_1, \lambda_2)$

folgen für (3.1) die Abschätzungen

$$\|x_{k+1} - x^*\| \leqq \mu r_k r_{k-1}, \quad \|y_{k+1} - x^*\| \leqq \mu r_k r_{k-1}, \quad \|A_{k+2} - A^*\| \leqq \mu r_k r_{k-1},$$

also $r_{k+1} \leqq \mu r_k r_{k-1}$, und für (3.2) und (3.3) erhält man

$$\|x_{k+1} - x^*\| \leqq \mu r_k^2, \quad \|y_{k+1} - x^*\| \leqq \mu r_k^2, \quad \|A_{k+1} - A^*\| \leqq \mu r_k^2,$$

also $r_{k+1} \leqq \mu r_k^2$.

Diese Ungleichungen besagen, daß die Folge (r_k) im Fall (3.1) mit der Geschwindigkeit $\varkappa = \frac{1}{2}\left(1 + \sqrt{5}\right)$ und für (3.2) und (3.3) mit $\varkappa = 2$ konvergiert. Da $\|x_k - x^*\| \leqq r_k$ und $\|y_k - x^*\| \leqq r_k$ gilt, konvergieren die Folgen (x_k) und (y_k) aus dem Verfahren (3) ebenfalls mindestens mit $\varkappa = \frac{1}{2}\left(1 + \sqrt{5}\right)$ bzw. $\varkappa = 2$ gegen eine Nullstelle x^* von F.

4. Bemerkungen zu den Voraussetzungen und Erweiterungen

1. In den Sätzen 1 und 2 können die Monotonievoraussetzungen durch gleichwertige Bedingungen ersetzt werden. Diese unterscheiden sich von den hier angegebenen Voraussetzungen nur in der Richtung der vorkommenden Ungleichungen (vgl. dazu [7]).

2. Ist B ein linearer, halbgeordneter und normierter Raum mit der Eigenschaft, daß eine Ungleichungskette der Form $x_0 \leqq \cdots \leqq x_k \leqq x_{k+1} \leqq \cdots \leqq z$ die Existenz von $\lim x_k$ nach sich zieht (B heißt dann *regulär*), so kann in den Sätzen 1 und 2 die Voraussetzung (V4) an den Operator F entfallen (vgl. [9] und [11]). An die Stelle des Schauderschen Fixpunktsatzes tritt dann der z. B. in [9] angegebene Hilfssatz.

In Satz 2 wird die Konvergenz der nach (3) berechneten Folgen (x_k) und (y_k) gegen dasselbe Grenzelement z vorausgesetzt. Ist B regulär und mit einem Operator $S \in L(B)$, der eine positive, beschränkte Inverse $S^{-1} \geqq 0$ besitzt, die Ungleichung

$$S + \delta F^+(y_1, y_0) + \delta F^-(x_1, x_0) \leqq 0$$

erfüllt, so konvergieren die Folgen (x_k) und (y_k) gegen die in $[x_1, y_1]$ einzige Nullstelle x^* von F.

3. Das Verfahren (1) kann zu einem Verfahren mit höherer Konvergenzgeschwindigkeit erweitert werden, einem sogenannten Stufenverfahren, indem die Steigung $\delta F^+(x_k, u_k) + \delta F^-(y_k, v_k)$ über eine bestimmte Anzahl von Iterationsschritten konstant gelassen wird. Ein solches Verfahren liefert ebenfalls eine monotone Einschließung für x^*. Diese Stufenverfahren können schließlich auch ohne Auflösung linearer Gleichungen geschrieben werden, wenn man das Schulz-Verfahren aus (3) zur Bestimmung von A_k durch ein passendes mit höherer Konvergenzgeschwindigkeit ersetzt. Die Vorschrift lautet dann:

Für $k = 1, 2, \ldots$ werde gemäß

$$\left.\begin{aligned} & x_{k,0} = x_k, \qquad y_{k,0} = y_k \\ & \left.\begin{aligned} x_{k,\nu+1} &= x_{k,\nu} - A_k F x_{k,\nu}, \\ y_{k,\nu+1} &= y_{k,\nu} - A_k F y_{k,\nu} \end{aligned}\right\} (\nu = 0, 1, \ldots, s), \\ & x_{k+1} = x_{k,s+1}, \quad y_{k+1} = y_{k,s+1}, \\ & A_{k+1} = A_k + A_k \sum_{\mu=1}^{s+1} (I - \{\delta F^+(x_{k+1}, u_{k+1}) + \delta F^-(y_{k+1}, v_{k+1})\} A_k)^\mu \end{aligned}\right\} \tag{10}$$

iteriert. Die Startelemente und u_k, v_k werden wie für das Verfahren (3) gewählt. Der Satz 1 gilt dann wörtlich auch für das Verfahren (10). Im Fall $u_k = x_k$, $v_k = y_k$ bzw. $u_k = x_k - A_{k-1} F x_k$, $v_k = y_k - A_{k-1} F y_k$ erhält man die Konvergenzgeschwindigkeit $\varkappa = s + 2$ und für $u_k = x_{k-1,s}$, $v_k = y_{k-1,s}$ ist $\varkappa = \frac{1}{2}\left(s + 1 + \sqrt{s^2 + 2s + 5}\right)$.

5. Numerische Beispiele

1. Vorgelegt sei das bereits von W. Hofmann [4] betrachtete reelle Gleichungssystem

$$f_1(x^1, x^2) = \tan(1{,}1x^1 - x^2) + 2x^1x^2 + 2{,}9x^1 = 0,$$

$$f_2(x^1, x^2) = \exp(1{,}1x^2 - x^1) + 3x^1x^2 + 3x^2 - 0{,}4 = 0$$

im Raum $B = R^2$ mit $x = (x^1, x^2)^\mathsf{T} \in B$. Es läßt sich mit $Fx = (f_1(x), f_2(x))^\mathsf{T}$, $x \in B$, in der Form $Fx = 0$ schreiben. Die Steigung sei wie in [5] erklärt. Dann gibt es eine konvexe Menge D, welche die Startelemente

$$x_1 = (-1{,}1; -1{,}5)^\mathsf{T} \quad \text{und} \quad y_1 = (-0{,}7; 1{,}0)^\mathsf{T}$$

enthält, und in der mit

$$F^+ = F, \quad F^- = 0, \quad G = \begin{bmatrix} -0{,}9 & 3{,}6 \\ 1{,}4 & -0{,}06 \end{bmatrix}$$

die Voraussetzungen (V1), (V2) und (V3) erfüllt sind (vgl. [4]. Die in [4] benutzten Voraussetzungen unterscheiden sich teilweise von den hier angegebenen Bedingungen (V1) bis (V5).) Da $B = R^2$ (versehen mit der komponentenweisen Halbordnung) regulär ist, wird (V4) nicht benötigt. Für die Startelemente gelten $x_0 = x_1 \leqq y_1 = y_0$, $Fx_1 \geqq 0$ und $Fy_1 \leqq 0$, während die Bedingung $[x_0, y_0] \subset D$ aus (V5) nicht erfüllt ist. Die Rechnung zeigt aber, daß alle Iterierten x_k und y_k in D liegen und es einen Index k_0 gibt mit $[x_{k_0}, y_{k_0}] \subset D$. Nach Satz 1 — x_{k_0} und y_{k_0} erfüllen in der Tat (V5) — besitzt dann das nichtlineare Gleichungssystem eine Lösung $x^* \in D$, die von den Folgen $(x_k) = ((x_k^1, x_k^2))$ und $(y_k) = ((y_k^1, y_k^2))$ aus (3) monoton eingeschlossen wird.

Die Tabelle 1 enthält die nach dem inversionsfreien Verfahren (3) mit (3.1) berechneten Folgen (x_k) und (y_k). Zum Vergleich wurde auch mit dem Verfahren (1), (1.1) gerechnet (Tabelle 2). Das Verfahren (1), (1.1) ist hier mit dem von J. W. Schmidt und H. Leonhardt [9] angegebenen Verfahren (2) identisch. Es erfordert in jedem Iterationsschritt die Auflösung von zwei linearen Gleichungssystemen mit derselben Koeffizientenmatrix.

Tabelle 1. Verfahren (3) mit (3.1)

k	x_k^1	y_k^1	x_k^2	y_k^2
1	−1,0000000	−0,7000000	−1,500000	−1,000000
2	−0,9752636	−0,8252272	−1,343400	−1,153118
3	−0,9507641	−0,9095746	−1,312353	−1,260112
4	−0,9461545	−0,9422559	−1,306506	−1,301561
5	−0,9458791	−0,9458300	−1,306157	−1,306094
6	−0,9458767	−0,9458766	−1,306154	−1,306153

Tabelle 2. Verfahren (1) mit (1.1)

k	x_k^1	y_k^1	x_k^2	y_k^2
0	−1,2000000		−1,600000	
1	−1,1000000	−0,7000000	−1,500000	−1,000000
2	−0,9752636	−0,8252272	−1,343400	−1,153118
3	−0,9500455	−0,9120498	−1,311442	−1,263248
4	−0,9460078	−0,9434372	−1,306320	−1,303059
5	−0,9458773	−0,9458584	−1,306155	−1,306130
6	−0,9458767	−0,9458766	−1,306154	−1,306153

2. In [4] wird auch die folgende Integralgleichung

$$Fx(t) = \frac{1}{2} - \frac{1}{4}t - x(t) + \int_0^t (t-s)\, x^2(s)\, ds = 0, \quad 0 \leqq t \leqq 1,$$

gelöst. Der Raum $B = C[0, 1]$ sei mit der Maximumnorm sowie mit der natürlichen Halbordnung ($x \leqq y$ genau dann, wenn $x(t) \leqq y(t)$ für $t \in [0, 1]$) versehen. Es wird $D := \{x \in C[0, 1]: x \geqq 0\}$ gesetzt. Der Operator $\delta F(u, v)$, definiert durch

$$\delta F(u, v)\, z(t) = -z(t) + \int_0^t (t-s)\, (u(s) + v(s)) z(s)\, ds,$$

$u, v \in D$, $z \in B$, ist eine Steigung von F auf D. Mit

$$F^+ = F,\ F^- = 0,\ x_1(t) = \frac{1}{2} - \frac{1}{4}t,\ y_1(t) = \frac{1}{2} - \frac{1}{8}t \text{ und } G = I$$

sind die Voraussetzungen (V1) bis (V5) erfüllt. Nach Satz 1 besitzt dann die vorgelegte Integralgleichung eine Lösung x^*, und es gilt

$$x_1(t) = \frac{1}{2} - \frac{1}{4}t \leqq x^*(t) \leqq \frac{1}{2} - \frac{1}{8}t = y_1(t), \quad t \in [0, 1].$$

Die Schranken x_1 und y_1 können z. B. mit dem Verfahren (3), (3.2) verbessert werden. Es wird $A_1 = -I$ gewählt. Man erhält

$$x_2(t) = \frac{1}{2} - \frac{1}{4}t + \frac{1}{8}t^2 - \frac{1}{24}t^3 + \frac{1}{192}t^4,$$

$$y_2(t) = \frac{1}{2} - \frac{1}{4}t + \frac{1}{8}t^3 - \frac{1}{48}t^3 + \frac{1}{768}t^4$$

und

$$\tilde{x}_3(t) = \frac{1}{2} - \frac{1}{4}t + \frac{1}{8}t^2 - \frac{1}{24}t^3 + \frac{1}{64}t^4 - \frac{1}{192}t^5 + \frac{1}{576}t^6 - \frac{45}{80640}t^7$$

$$\tilde{y}_3(t) = \frac{1}{2} - \frac{1}{4}t + \frac{1}{8}t^2 - \frac{1}{24}t^3 + \frac{1}{64}t^4 - \frac{1}{192}t^5 + \frac{1}{576}t^6 - \frac{43}{80640}t^7 + \frac{209}{1290240}t^8.$$

Dabei sind $\tilde{x}_3$ und $\tilde{y}_3$ aus x_3 und y_3 durch Ab- bzw. Aufrundung entstanden. Für die nach Satz 1 existierende Lösung der Integralgleichung gilt dann die Einschließung

$$\tilde{x}_3(t) \leqq x^*(t) \leqq \tilde{y}_3(t).$$

Es ist $\|\tilde{y}_3 - \tilde{x}_3\| \leqq 0{,}000187$. W. Hofmann erhielt bei etwa gleichem Rechenaufwand eine Einschließung $\underline{x}_2(t) \leqq x^*(t) \leqq \overline{x}_2(t)$ mit $\|\overline{x}_2 - \underline{x}_2\| < 0{,}000323$ (vgl. [4], S. 64).

Literatur

[1] Baluev, A. N., Zur Methode von Chaplygin (russ.), Dokl. Akad. Nauk SSSR **83** (1952), 781–784.

[2] Burmeister, W., Inversionsfreie Verfahren zur Lösung nichtlinearer Operatorgleichungen, ZAMM **52** (1972), 101–110.

[3] Helfrich, H. P., Ein modifiziertes Newtonsches Verfahren, in: Funktionalanalytische Methoden d. numer. Math., Tagung Oberwolfach 1967, ISNM **12** (1969), 61–70.

[4] Hofmann, W., Regula-falsi-Verfahren in Banach-Räumen, Diss. Univ. Hamburg 1970 und Computing **7** (1971), 106–112.

[5] Schmidt, J. W., Eine Übertragung der Regula falsi auf Gleichungen in Banach-Räumen, ZAMM **43** (1963), 1–8, 97–110.

[6] Schmidt, J. W., Eingrenzung von Lösungen nichtlinearer Gleichungen durch Verfahren mit höherer Konvergenzgeschwindigkeit, Computing **8** (1971), 208–215.

[7] Schmidt, J. W., Einschließung von Nullstellen bei Operatoren mit monoton zerlegbarer Steigung durch überlinear konvergente Iterationsverfahren, Ann. Acad. Sci. Fenn. A I **502** (1972), 1–15.

[8] Schmidt, J. W., und D. Leder, Ableitungsfreie Verfahren ohne Auflösung linearer Gleichungen, Computing **5** (1970), 71–81.

[9] SCHMIDT, J. W., und H. LEONHARDT, Eingrenzung von Lösungen mit Hilfe der Regula falsi, Computing **6** (1970), 318—329.
[10] ULM, S., Über Iterationsverfahren mit sukzessiver Approximation des inversen Operators (russ.), Izv. Akad. Nauk Est. SSR **16** (1967), 403—411.
[11] VANDERGRAFT, J. S., Newton's method for convex operators in partially ordered spaces, SIAM J. Numer. Anal. **4** (1967), 406—432.
[12] ORTEGA, J. M., and W. C. RHEINBOLDT, Iterative solution of nonlinear equations in several variables, Academic Press, New York-London 1970.

Manuskripteingang: 1. 6. 1972

VERFASSER:
WOLFGANG MÖNCH, Sektion Mathematik der Technischen Universität Dresden

Beiträge zur Numerischen Mathematik
2 (1974), 137–145

Fehlerabschätzung für Anfangswertprobleme

SIEGFRIED OBERLÄNDER

1. Einführung

Ist R metrischer Raum mit einer Metrik ϱ aus einem linearen halbgeordneten Raume H über einem Körper K, $\{B_j\}_1^m$ eine Folge von Teilbereichen $B_1, \ldots, B_m$ und $\{V_j\}_1^m$ eine Folge von Operatoren $V_1, \ldots, V_m$ mit den Eigenschaften V_j ist definiert in B_j und für jedes $j \in B_j$, $j < m$, ist $V_j y_j \in B_{j+1}$, so ist zu $y_1 \in B_1$ durch $V_j y_j = y_{j+1}$ eine Elementfolge $\{y_j\}_1^{m+1}$ definiert. Für eine andere Operatorfolge $\{V_j^*\}_1^m$ mit gleichen Eigenschaften ist zu $y_1^* \in B_1$ durch $V_j^* y_j^* = y_{j+1}^*$ eine Elementfolge $\{y_j^*\}_1^{m+1}$ definiert. Eine Abschätzung von $\varrho(y_j, y_j^*)$ ist in bekannter Weise möglich, wenn folgendes bekannt ist:

1. Eine Größe ϱ_a mit der Eigenschaft

$$\varrho(y_1, y_1^*) \leqq \varrho_a \tag{1}$$

(Abschätzung des Anfangsfehlers).

2. Eine Folge $\{\varrho_j'\}_1^m$ mit der Eigenschaft

$$\varrho(V_j y_j, V_j^* y_j^*) \leqq \varrho(V_j y_j, V_j y_j^*) + \varrho_j' \tag{2a}$$

bzw. eine Folge $\{\varrho_j^*\}_1^m$ mit

$$\varrho(V_j y_j, V_j^* y_j^*) \leqq \varrho(V_j^* y_j, V_j^* y_j^*) + \varrho_j^* \tag{2b}$$

(Abschätzung des Operatorfehlers, wenigstens insofern, als (2a) und (2b) mit $\varrho_j' = \varrho_j^* = \theta_H$ gelten, wenn $V_j = V_j^*$; θ_H Nullelement von H).

3. Eine Abbildung M des Raumes H in sich mit den Eigenschaften

$$\varrho \leqq M[\varrho]$$

und

$$M[\varrho] \leqq M[\varrho'], \quad \text{wenn} \quad \varrho \leqq \varrho',$$

und eine Folge $\{L_j'\}_1^m$ mit der Eigenschaft

$$M[\varrho(V_j y_j, V_j y_j^*)] \leqq L_j' \cdot M[\varrho(y_j, y_j^*)], \quad L_j' \in K, \tag{3a}$$

bzw. eine Folge $\{L_j^*\}_1^m$ mit

$$M[\varrho(V_j^* y_j, V_j^* y_j^*)] \leqq L_j^* \cdot M[\varrho(y_j, y_j^*)], \quad L_j^* \in K \tag{3b}$$

(Abschätzung der Fehlerfortpflanzung).

Die ϱ_j', ϱ_j^* können der üblichen Terminologie entsprechend als Restglieder bezeichnet werden. Kann $M[\varrho]$ als eine Metrik von R angesehen werden, so sind die L_j', L_j^* übliche Lipschitzkonstanten der Operatoren V_j, V_j^* bezüglich der Metrik $M[\varrho]$.

Es gilt schließlich $\varrho(y_j, y_j^*) \leqq \bar{\varrho}_j$ mit

$$\bar{\varrho}_j = \begin{cases} \varrho_a & \text{für } j = 1, \\ L_{j-1} \cdot M[\bar{\varrho}_{j-1}] + \varrho_{j-1} & \text{für } 1 < j \leqq m+1, \end{cases} \tag{4}$$

wobei die Größen L_{j-1}, ϱ_{j-1} nach Belieben entweder beide mit einem Strich oder beide mit einem Stern zu versehen sind.

Es ist üblich, Fehlerabschätzungen zu Iterationsverfahren ($V_j = V_j^* = V_{j+1} = V_{j+1}^*$, $y_j = y_{j+1}$) und zu iterativen Näherungsverfahren ($V_j = V_{j+1}$, $V_j^* = V_{j+1}^*$, $y_j = y_{j+1}$) nach dem hier gegebenen Schema aufzubauen, vgl. etwa [1]. Daß sich für Anfangswertprobleme auch Fehlerabschätzungen zu nicht iterativen Verfahren nach demselben Schema aufbauen lassen, wird in der vorliegenden Arbeit gezeigt, vgl. dazu auch [2]. Für analytische Anfangswertprobleme werden zu einer bestimmten Metrik ϱ Folgen $\{\varrho_j'\}_1^m$ nach dem Vorbild von DAVIS und HÄMMERLIN [3, 4], Abbildungen $M[\varrho]$ und — unter gewissen weiteren Voraussetzungen — Folgen $\{L_j'\}_1^m$ angegeben. Als Beispiel wird am Schluß für Anfangswertprobleme mit Systemen von n gewöhnlichen Differentialgleichungen erster Ordnung, die gewisse Analytizitätsvoraussetzungen erfüllen, zu beliebigen Runge-Kutta-Verfahren N-ter Ordnung der Fehler nach m Schritten abgeschätzt.

2. Definition eines Anfangswertproblems und eines analytischen Anfangswertproblems

Ist G eine nichtleere Menge irgendwelcher Elemente g (unter einem g kann man sich z. B. eine „Gleichung" oder ein „Gleichungssystem" oder gewisse Bestandteile davon vorstellen); A Menge aller geordneten Paare $a = (z, y)$; $z \in \mathbb{C}$, $y \in \mathbb{C}^n$ (unter einem a kann man sich z. B. einen „Anfangspunkt" vorstellen); F Menge aller Funktionensysteme

$$f(z) = \{f_{\underline{1}}(z), \ldots, f_{\underline{n}}(z)\},$$

alle $f_{\underline{i}}(z)$ eindeutig definiert in einem Gebiet $\mathfrak{G}$ der komplexen Zahlenebene (mit unterstrichenen Indizes werden hier und im folgenden die Komponenten eines Systems, mit nicht unterstrichenen Indizes verschiedene Systeme unterschieden); T ein Operator, der jedem geordneten Paar $p = (g, a) \in P'$ genau ein $f \in F$ mit $f(z) = y$ zuordnet ($p \in P'$ soll bedeuten: $g \in G' \subseteq G$, $a \in A' \subseteq A$), dann soll im folgenden die Aufgabe, $Tp \in F$ zu $p \in P'$ zu bestimmen, als Anfangswertproblem T, p bezeichnet werden. Es soll von einem analytischen Anfangswertproblem die Rede sein, wenn eine positive reelle Zahl $\alpha(p)$ derart existiert, daß alle Komponenten von Tp im Inneren eines Kreises vom Radius $\alpha(p)$ mit dem in a enthaltenen z als Mittelpunkt analytische Funktionen sind. $\alpha(p)$ heiße Konvergenzparameter des Problems.

3. Aufbau einer Fehlerabschätzung für Anfangswertprobleme nach dem in der Einführung gegebenen Schema

Wenn hier und im folgenden von einer Fehlerabschätzung für Anfangswertprobleme gesprochen wird, ohne daß die Näherung, auf die sich die Fehlerabschätzung bezieht, besondere Erwähnung findet, so soll das bedeuten, daß stets das gegebene und das realisierte Problem beide Anfangswertprobleme im Sinne des Abschnittes 2 sind.

Sind T, p_1 mit $p_1 = (g; z_1, y_1)$ und T^*, p_1^* mit $p_1^* = (g^*; z_1, y_1^*)$ zwei solche Anfangswertprobleme, ist $\{h_j\}_1^m$ mit $h_j \in \mathbb{C}$ eine Folge von sogenannten Schrittweiten und existieren neben der Folge

$$\{z_j\}_1^{m+1} \text{ mit } z_{j+1} = z_j + h_j \text{ für } j \leqq m$$

die Folgen

$$\{y_j\}_1^{m+1} \quad \text{mit} \quad y_{j+1} = [Tp_j]_{z_{j+1}}, \qquad p_j = (g; z_j, y_j) \quad \text{für} \quad j \leqq m;$$
$$\{y_j^*\}_1^{m+1} \quad \text{mit} \quad y_{j+1}^* = [T^*p_j^*]_{z_{j+1}}, \; p_j^* = (g^*; z_j, y_j^*) \quad \text{für} \quad j \leqq m,$$

so lassen sich zwei Operatorfolgen $\{V_j\}_1^m$, $\{V_j^*\}_1^m$ definieren durch

$$V_j y_j = y_{j+1}, \quad V_j^* y_j^* = y_{j+1}^*.$$

Existiert auch

$$\{Tp_j'\}_{z_{j+1}} \quad \text{mit} \quad p_j' = (g; z_j, y_j^*) \quad \text{bzw.} \quad \{T^*p_j^{*\prime}\}_{z_{j+1}} \quad \text{mit} \quad p_j^{*\prime} = (g^*; z_j, y_j)$$

für $j \leqq m$, so kann man

$$V_j y_j^* = [Tp_j']_{z_{j+1}} \quad \text{bzw.} \quad V_j^* y_j = [T^*p_j^{*\prime}]_{z_{j+1}}$$

definieren und damit eine Fehlerabschätzung nach dem in der Einführung gegebenen Schema aufbauen. Es ist jetzt $R = \mathbb{C}^n$ und es sei $H = \mathbb{R}^n$ und $K = \mathbb{R}$. Der Abstand $\varrho(y, y')$ für $y, y' \in \mathbb{C}^n$ werde durch

$$\varrho(y, y') = |y - y'| = \{|y_{\underline{1}} - y_{\underline{1}}'|, \ldots, |y_{\underline{n}} - y_{\underline{n}}'|\},$$

die Halbordnung durch

$$\varrho \leqq \varrho' \leftrightarrow \varrho_{\underline{1}} \leqq \varrho_{\underline{1}}', \ldots, \varrho_{\underline{n}} \leqq \varrho_{\underline{n}}'$$

definiert. Entsprechend werden, wo immer Vektoren im Spiele sind, alle zulässigen Operationen im folgenden grundsätzlich komponentenweise verstanden, also z. B. auch

$$y \cdot y' = \{y_{\underline{1}} \cdot y_{\underline{1}}', \ldots, y_{\underline{n}} \cdot y_{\underline{n}}'\}$$

für $y, y' \in \mathbb{C}^n$.

4. Restgliedabschätzungen

Da die im Abschnitt 3 gewählte Metrik ϱ die Dreiecksungleichung erfüllt, genügt es, eine Folge $\{\varrho_j'\}_1^m$ derart anzugeben, daß

$$\varrho([Tp_j']_{z_{j+1}}, [T^*p_j^*]_{z_{j+1}}) = \varrho(V_j y_j^*, V_j^* y_j^*) \leqq \varrho_j'$$

ist, denn es gilt dann

$$\begin{aligned}\varrho(V_j y_j, V_j^* y_j^*) &\leqq \varrho(V_j y_j, V_j y_j^*) + \varrho(V_j y_j^*, V_j^* y_j^*)\\ &\leqq \varrho(V_j y_j, V_j y_j^*) + \varrho_j',\end{aligned}$$

also (2a).

Bei DAVIS und HÄMMERLIN ist $g = g^*$ analytische Funktion einer Veränderlichen in einem Kreis $\mathscr{K}$ mit dem Rande Γ und $\varrho([Tp_j']_{z_{j+1}}, [T^*p_j^*]_{z_{j+1}})$ ein lineares Funktional $\mathscr{L}_j$ von g. Unter diesen Voraussetzungen gilt für $z \in \mathscr{K}$

$$g(z) = \frac{1}{2\pi i} \int\limits_{\Gamma} \frac{1}{\zeta - z}\, g(\zeta)\, d\zeta$$

also

$$\mathscr{L}_j(g(z)) = \frac{1}{2\pi i} \int\limits_{\Gamma} \mathscr{L}_j\left(\frac{1}{\zeta - z}\right) g(\zeta)\, d\zeta,$$

woraus sich in bekannter Weise eine ableitungsfreie Restgliedabschätzung ergibt, die nur Anwendung des linearen Funktionals auf den Kern der Cauchyschen Integralformel und Abschätzung der Funktion g auf Γ erfordert.

Im folgenden braucht nicht $g = g^*$ und es brauchen g und g^* auch keine Funktionen einer Veränderlichen zu sein. Als Analytizitätsvoraussetzung wird gefordert, daß die im Abschnitt 3 erklärten Anfangswertprobleme T, p_j; T, p_j' und T^*, p_j^* für alle $j \leqq m$ analytische Anfangswertprobleme mit Konvergenzparametern $\alpha(p_j)$, $\alpha(p_j')$ und $\alpha^*(p_j^*)$ sind und daß stets

$$|z_{j+1} - z_j| < \operatorname{Min}\,[\alpha(p_j), \alpha(p_j'), \alpha^*(p_j^*)] = \alpha_j$$

ist. Die Voraussetzung mit dem linearen Funktional wird schließlich auf folgende Weise umgangen.

Man definiere eine lineare Mannigfaltigkeit $F_j \subseteq F$, deren sämtliche Elemente für alle z mit $|z - z_j| < \alpha_j$ erklärt sind und die mindestens die Elemente $Tp_j', T^*p_j^*$ und für $|\zeta - z_j| = \alpha_j$ dasjenige Element enthält, dessen sämtliche Komponenten gleich $\frac{1}{\zeta - z}$ sind $\left(\text{im folgenden mit } \overrightarrow{\left(\frac{1}{\zeta - z}\right)} \text{ bezeichnet}\right)$. Auf F_j definiere man einen linearen Operator S_j mit den Eigenschaften

1. $f \in F_j \rightarrow S_j f \in F_j$,

2. es existiert eine nichtleere Teilmenge $F_j' \subseteq F_j$ mit

$$f \in F_j' \to S_j f = \theta_{F_j} \quad \text{und} \quad Tp_j' - T^*p_j^* \in F_j', \quad \theta_{F_j} \text{ Nullelement von } F_j.$$

Dann gilt

$$\varrho([Tp_j']_{z_{j+1}}, [T^*p_j^*]_{z_{j+1}}) \leqq \varrho([Tp_j']_{z_{j+1}}, [S_jT^*p_j^*]_{z_{j+1}}) + \varrho([T^*p_j^*]_{z_{j+1}}, [S_jT^*p_j^*]_{z_{j+1}}).$$

Wegen

$$S_j(Tp_j' - T^*p_j^*) = S_jTp_j' - S_jT^*p_j^* = \theta_{F_j}$$

folgt daraus

$$\varrho([Tp_j']_{z_{j+1}}, [T^*p_j^*]_{z_{j+1}}) \leqq \varrho([Tp_j']_{z_{j+1}}, [S_jTp_j']_{z_{j+1}}) + \varrho([T^*p_j^*]_{z_{j+1}}, [S_jT^*p_j^*]_{z_{j+1}}).$$

Bezeichnet Γ_j den Rand des Kreises um z_j mit dem Radius α_j, so gilt

$$[Tp_j']_{z_{j+1}} - [S_jTp_j']_{z_{j+1}} = \frac{1}{2\pi i} \int\limits_{\Gamma_j} \left\{ \left(\overrightarrow{\frac{1}{\zeta - z_{j+1}}} \right) - \left[S_j \left(\overrightarrow{\frac{1}{\zeta - z}} \right) \right]_{z_{j+1}} \right\} [Tp_j']_\zeta \, d\zeta$$

und Entsprechendes für $T^*p_j^*$.

Daraus folgt schließlich, daß (2a) gilt mit

$$\varrho_j' = \alpha_j \sigma_j (M_j' + M_j^*), \tag{5}$$

wenn für $|\zeta - z_j| = \alpha_j$

$$\varrho \left\{ \left(\overrightarrow{\frac{1}{\zeta - z_{j+1}}} \right), \left[S_j \left(\overrightarrow{\frac{1}{\zeta - z}} \right) \right]_{z_{j+1}} \right\} \leqq \sigma_j \tag{5a}$$

und

$$[Tp_j']_\zeta \leqq M_j', \quad [T^*p_j^*]_\zeta \leqq M_j^* \tag{5b}$$

ist.

Es ergibt sich also analog zu DAVIS und HÄMMERLIN eine Restgliedabschätzung, die nur Anwendung des linearen Operators S_j auf den Kern der Cauchyschen Integralformel und Abschätzung der Funktionen Tp_j' und $T^*p_j^*$ für $|\zeta - z_j| = \alpha_j$ erfordert. Bei DAVIS und HÄMMERLIN ist das lineare Funktional $\mathscr{L}_j$ jeweils vorgegeben, hier ist der lineare Operator S_j um so weniger frei wählbar, je besser die Abschätzung werden soll. Bei DAVIS und HÄMMERLIN ist die abzuschätzende Funktion g direkt gegeben, hier sind die abzuschätzenden Funktionen Lösungen gegebener Anfangswertprobleme. Auch wenn deren Lösungen nicht bekannt sind, fehlt es in der Regel nicht an Möglichkeiten zur Gewinnung von Schranken.

5. Lipschitzkonstanten

Benutzt man die Bezeichnung

$$\Delta_{j+1}(z) = [Tp_j]_z - [Tp_j']_z \quad \text{für} \quad 1 \leqq j \leqq m,$$

so genügt es, eine Abbildung M und eine Folge $\{L_j'\}_1{}^m$ derart anzugeben, daß

$$M[|\Delta_{j+1}(z_{j+1})|] \leqq L_j' \cdot M[|\Delta_{j+1}(z_j)|] \quad \text{für} \quad 1 \leqq j \leqq m$$

ist, denn diese Ungleichung ist mit (3a) identisch.

Im folgenden wird $M[\varrho] = \|\vec{\varrho}\|$ gewählt, wobei $\|\vec{\varrho}\|$ denjenigen Vektor kennzeichnet, dessen sämtliche Komponenten gleich der Maximumnorm, der euklidischen Norm oder der Summennorm des Vektors ϱ sind, und es wird vorausgesetzt, daß für jedes $j \leqq m$ eine positive reelle Konstante K_j bekannt ist, so daß

$$\left\| \frac{d\Delta_{j+1}(z)}{dz} \right\| \leqq K_j \, \|\Delta_{j+1}(z)\| \tag{6}$$

für jedes z aus dem Inneren des Kreises um z_j vom Radius α_j gilt.

Bei einer derartigen Voraussetzung ist allgemein bekannt, wie man zu den L_j' gelangen kann, vgl. etwa [5]:

$$L_j' = e^{K_j|h_j|}. \tag{7}$$

Hierbei werden gelegentlich auch die K_j als Lipschitzkonstanten bezeichnet.

Derartige Darstellungen haben zwar den Nachteil, daß grundsätzlich $L_j' > 1$ ist, sie sind aber zugleich sehr einfach und damit in der Praxis oft ökonomischer als kompliziertere Abschätzungen, auch wenn der Rechenaufwand dadurch steigt, daß mangels schärferer Abschätzungen mit zu kleinen Schrittweiten gerechnet werden muß.

Es sei bemerkt, daß, wenn hier schon die Norm $\|\varrho\|$ verwendet wird, es in gewissen Fällen zweckmäßig sein kann, im Interesse der Einheitlichkeit auch die Definition der Restglieder auf die Metrik $\|\vec{\varrho}\|$ oder einfach $\|\varrho\|$ zu beziehen, womit sich die Einführung der Abbildung M bei der Definition der Lipschitzkonstanten erübrigen würde. Auf diese Vereinfachung wurde hier bewußt verzichtet, da sie für die Restglieder eine Vergröberung der Abschätzung bedeutet. Bezieht man aber die Definition der Restglieder auf die Metrik ϱ, dann ist bei der Definition der Lipschitzkonstanten die Einführung einer Abbildung M zumindest in gewissen Fällen notwendig, denn es brauchen bezüglich der Metrik ϱ gar keine Lipschitzkonstanten zu existieren)das gilt u. a. für das im Abschnitt 6 behandelte Beispiel).

6. Beispiel (Runge-Kutta)

Es sei jetzt G' Menge aller Funktionensysteme

$$g(z, y) = \{g_{\underline{1}}(z, y), \ldots, g_{\underline{n}}(z, y)\},$$

alle $g_{\underline{i}}(z, y)$ holomorph in einer offenen Menge $A' \subseteq A$. Für jedes $g \in G'$ stellt

$$y' = g(z, y) \tag{8}$$

ein System von n gewöhnlichen Differentialgleichungen erster Ordnung dar, welches nach dem Existenzsatz für analytische Funktionen für jedes $a_j = (z_j, y_j) \in A'$ genau eine Lösung $f_j(z)$ mit $f_j(z_j) = y_j$ besitzt. Der Operator T werde durch $Tp_j = f_j(z)$, $p_j = (g, a_j)$, definiert. Das Anfangswertproblem T, p_j ist dann sogar analytisch mit einem Konvergenzparameter $\alpha(p_j)$.

Entsprechend gelangt man mit $a_j^* = (z_j, y_j^*) \in A'$ zu einem analytischen Anfangswertproblem T, p_j' mit einem Konvergenzparameter $\alpha(p_j')$.

Schließlich existiert für $a^* = (z_j, y_j^*) \in A'$

$$f_j^*(z) = \begin{cases} y_j^* & \text{für } M = 0, \\ y_j^* + (z - z_j) \sum_{\nu=1}^{M} A_\nu g(\zeta_{j\nu}, \eta_{j\nu}^*) & \text{für } M > 0 \end{cases} \tag{9}$$

mit

$$\zeta_{j\nu} = z_j + \alpha_\nu (z - z_j), \tag{9a}$$

$$\eta_{j\nu}^* = \begin{cases} y_j^* & \text{für } \nu = 1, \\ y_j^* + (z - z_j) \sum_{\mu=1}^{\nu-1} \beta_{\nu\mu} g(\zeta_{j\mu}, \eta_{j\mu}^*) & \text{für } \nu > 1; \end{cases} \tag{9b}$$

M nichtnegative Zahl; $\alpha_\nu \in \mathbb{C}$; $\beta_{\nu\mu}, A_\nu \in \mathbb{C}^n$.

Für das Folgende wird angesetzt:

$$|\alpha_\nu| \leqq 1, \quad \sum_{\mu=1}^{\nu-1} |\beta_{\nu\mu}| \leqq \beta \in \mathbb{R}^n, \quad \sum_{\nu=1}^{M} |A_\nu| \leqq A \in \mathbb{R}^n.$$

Damit (also hier aus Gründen der Vereinfachung nur für einen Fall $g = g^*$) werde der Operator T^* definiert: $T^* p_j^* = f_j^*(z)$, $p_j^* = (g, a_j^*)$. Auch das Anfangswertproblem T^*, p_j^* ist analytisch mit einem Konvergenzparameter $\alpha^*(p_j^*)$.

Es sei F_j die Menge aller für $|z - z_j| < \alpha_j$ analytischen $f \in F$. Auf F_j werde S_j definiert durch

$$[S_j f]_z = \sum_{\nu=0}^{N} \frac{1}{\nu!} f^{(\nu)}(z_j) (z - z_j)^\nu.$$

Schließlich sei $F_j' \subseteq F_j$ die Menge aller $f \in F_j$ mit

$$f^{(\nu)}(z_j) = \theta_{F_j} \quad \text{für} \quad \nu = 0, \ldots, N,$$

und es seien die Parameter $M, \alpha_\nu, \beta_{\nu\mu}, A_\nu$ so beschaffen, daß

$$Tp_j' - T^* p_j^* \in F_j'$$

ist. Damit sind für $h_j < \alpha_j$ alle Voraussetzungen des Abschnittes 4 erfüllt. (9) ist ein Runge-Kutta-Verfahren N-ter Ordnung. Es läßt sich für jedes $j \leqq m$ ein K_j angeben, so daß (6) gilt. Beispielsweise genügt es, K_j so zu wählen, daß

$$n \cdot \operatorname*{Max}_i \left\| \frac{\partial g}{\partial y_i} \right\| \leqq K_j \tag{10}$$

ist in dem Gebiet, welches dem Index j entspricht. (Im folgenden werden die K_j ersetzt durch ein K mit $K_j \leqq K$ für alle $j \leqq m$.) Damit sind auch die Voraussetzungen des Abschnittes 5 erfüllt.

Man gelangt schließlich zu folgendem Ergebnis.

Ist

1. (8) ein System von n gewöhnlichen Differentialgleichungen erster Ordnung;

2. $y(z_1) = y_1$ eine dazugehörige Anfangsbedingung, wobei von y_1 nur so viel bekannt zu sein braucht, daß für einen bekannten Näherungswert y_1^* und ein bekanntes ϱ_a die Abschätzung $|y_1 - y_1^*| \leqq \varrho_a$ gilt;

3. g in dem abgeschlossenen Quader Q_1:

$$|z - z_1| \leqq 2\bar{a}, \qquad |y - y_1^*| \leqq 2\bar{b} + \varrho_a$$

holomorph;

4. die Summe der Absolutbeträge der Taylorentwicklung von g um $(\zeta, \eta) \in Q_2$:

$$|\zeta - z_1| \leqq \bar{a}, \qquad |\eta - y_1^*| \leqq \bar{b} + \varrho_a$$

für jedes $(\zeta, \eta) \in Q_2$ und jedes (z, y) mit

$$|z - \zeta| \leqq \bar{a}, \qquad |y - \eta| \leqq \bar{b}$$

kleiner als S;

5. K eine positive reelle Zahl mit $K_j \leqq K$ für alle $j \leqq m$, K_j befriedigt (10) für alle $(z, y) \in Q_1$;

6.
$$\alpha = \frac{\operatorname{Min}\left(\bar{a}, \dfrac{\bar{b}_{\underline{1}}}{s_{\underline{1}}}, \ldots, \dfrac{\bar{b}_{\underline{n}}}{s_{\underline{n}}}\right)}{\operatorname{Max}\,(1, \|\beta\|, \|A\|)};$$

7. $|h_j| < \alpha$ für $j \leqq m$ und $\sum\limits_{j=1}^{m-1} |h_j| \leqq \alpha$,

dann ist durch $z_{j+1} = z_j + h_j$ eine Folge $\{z_j\}_1^{m+1}$ gegeben, es existiert eine Lösung $f(z)$ des gegebenen Anfangswertproblems, die für alle z_j definiert ist, und es existieren an den Stellen z_j Werte y_j^*, die durch (9) definiert sind $(y_{j+1}^* = f_j^*(z_{j+1}))$. Aus (5) und (7) ergibt sich über (4) $|y_j - y_j^*| \leqq \bar{\varrho}_j$ mit

$$\bar{\varrho}_j = \|\vec{\varrho}_a\|\, e^{K \sum\limits_{\nu=1}^{j-1} |h_\nu|} + \|\vec{C}\| \sum_{\mu=1}^{j-2} \frac{\left|\dfrac{h_\mu}{\alpha}\right|^{N+1}}{1 - \left|\dfrac{h_\mu}{\alpha}\right|}\, e^{K \sum\limits_{\nu=\mu+1}^{j-1} |h_\nu|} + C \frac{\left|\dfrac{h_{j-1}}{\alpha}\right|^{N+1}}{1 - \left|\dfrac{h_{j-1}}{\alpha}\right|} \tag{11}$$

für $j > 2$. Dabei ist

$$C = 2|\,|y_1^*| + 2\bar{b} + \varrho_a|. \tag{11a}$$

Für $j = 2$ entfällt in (11) der mittlere Ausdruck, für $j = 1$ ist $\bar{\varrho}_j = \varrho_a$.

Für Schrittweiten konstanten Betrages $|h_j| = h$ vereinfacht sich (11) zu

$$\bar{\varrho}_j = \|\vec{\varrho}_a\|\, e^{(j-1)Kh} + \|\vec{C}\| \frac{\left(\dfrac{h}{\alpha}\right)^{N+1}}{1 - \dfrac{h}{\alpha}} \frac{e^{(j-1)Kh} - e^{Kh}}{e^{Kh} - 1} + C \frac{\left(\dfrac{h}{\alpha}\right)^{N+1}}{1 - \dfrac{h}{\alpha}}. \tag{12}$$

(11) bzw. (12) dürfte die umfassendste der bisher bekannten Fehlerabschätzungen (siehe [6] und auch [7]) zum Runge-Kutta-Verfahren für gewöhnliche Differentialgleichungen sein. Über die Fragen, wie man auf Grund von (11) bzw. (12) eine Runge-Kutta-Rechnung optimal gestalten kann (Verfahrensauswahl, α-Bestimmung, Schrittweitewahl u. dgl.), wird in einer späteren Arbeit berichtet.

Literatur

[1] Collatz, L., Funktionalanalysis und numerische Mathematik, Springer-Verlag, Berlin—Heidelberg—New York 1968 (Nachdruck).

[2] Красносельский, М. А., Оператор сдвига по траекториям дифференциальных уравнений, Изд. Акад. Наук СССР, Москва 1966.

[3] Davis, Ph., Errors of numerical approximation for analytic functions, In: Survey of Numerical Analysis, Ed. J. Todd, New York—San Francisco—Toronto—London 1962.

[4] Hämmerlin, G., Über ableitungsfreie Schranken für Quadraturfehler, Numer. Math. **5** (1963), 226—233.

[5] Coddington, Earl A., and N. Levinson, Theory of ordinary differential equations, McGraw-Hill Book Company, Inc., New York—Toronto—London 1955.

[6] Schulz, S., Fehlerabschätzung und Genauigkeitssteigerung bei Runge-Kutta-Verfahren, Dissertation, Dresden 1970.

[7] Bachmann, K.-H., Runge-Kutta-Verfahren für partielle Differentialgleichungen 1. Ordnung mit zwei Veränderlichen, Dissertation, Dresden 1958.

Manuskripteingang: 13. 6. 1972

VERFASSER:
Dr. Siegfried Oberländer, Zentralinstitut für Mathematik und Mechanik der Akademie der Wissenschaften der DDR

Beiträge znr Numerischen Mathematik
2 (1974), 147–162

Lineare Volterrasche Integralgleichungen zweiter Art mit Kernen vom allgemeinen Typ

Günter Porath

1. Einleitung

In der vorliegenden Arbeit wird die lineare Volterrasche Integralgleichung zweiter Art

$$f(x) + \int_a^x \left[\sum_{n=1}^{\infty} a_n k_n(x, u)\right] f(u)\, du = g(x) \tag{1}$$

unter Verwendung funktionalanalytischer Methoden im Banach-Raum C der stetigen reellen Funktionen auf dem Intervall $\langle a, b\rangle$ behandelt. Der Kern dieser Gleichung besitzt die Form

$$h(x, u) = \sum_{n=1}^{\infty} a_n k_n(x, u), \tag{2}$$

und dieser „Kern vom allgemeinen Typ" existiert unter den folgenden Voraussetzungen:

1. Der Kern $k(x, u)$ ist auf dem Dreieck

$$D = \{(x, u) | a \leqq x \leqq b, a \leqq u \leqq x\}$$

definiert und stetig. Der entsprechende Volterrasche Integraloperator im Raum C besitzt die Gestalt

$$Kf = \int_a^x k(x, u)\, f(u)\, du. \tag{3}$$

Es gelte weiter

$$|k(x, u)| \leqq p \quad \text{für} \quad (x, u) \in D. \tag{4}$$

2. Die iterierten Kerne $k_n(x, u)$ für $n \in N = \{1, 2, 3, \dots\}$ sind die Kerne der Potenzen K^n. Die Kerne $k_n(x, u)$ sind auf D stetig, und es gelten die Ungleichungen

$$|k_n(x, u)| \leqq p^n \frac{(x-u)^{n-1}}{(n-1)!} \quad \text{für} \quad (x, u) \in D, \tag{5}$$

$$\|K^n\| \leqq p^n \frac{(b-a)^n}{n!} \tag{6}$$

für $n \in N$ (vgl. dazu [6]).

3. Die Potenzreihe $\sum_{n=1}^{\infty} a_n z^n$ mit reellen Koeffizienten a_n für $n \in N$ und der reellen Veränderlichen z besitzt den positiven Konvergenzradius r. Unter Verwendung des Volterraschen Integraloperators K und seiner Potenzen K^n erhält die Gleichung (1) die Form

$$f + \left(\sum_{n=1}^{\infty} a_n K^n\right) f = g. \tag{7}$$

In der Arbeit werden für Funktionen von Volterraschen Integraloperatoren der Form

$$p(K) = \sum_{n=1}^{\infty} a_n K^n \tag{8}$$

die folgenden Aufgabenstellungen behandelt: Existenz, Multiplikation, Berechnung des inversen Operators für $I + p(K)$, Abschätzungen für Partialsummen. Für den inversen Operator entsteht eine Reihenentwicklung

$$[I + p(K)]^{-1} = I + q(K) = I + \sum_{n=1}^{\infty} b_n K^n, \tag{9}$$

und die Lösung von (1) ist dann

$$f = g + \left(\sum_{n=1}^{\infty} b_n K^n\right) g. \tag{10}$$

An speziellen Gleichungen wird die entwickelte Lösungsmethode dargestellt. Die Gleichung

$$f(x) - \lambda \int_a^x \left(\sum_{n=1}^{\infty} c_n \frac{(x-u)^{n-1}}{(n-1)!}\right) f(u)\, du = g(x) \tag{11}$$

mit dem Kern

$$\bar{h}(x, u) = \sum_{n=1}^{\infty} c_n \frac{(x-u)^{n-1}}{(n-1)!}$$

ist ein wichtiger Spezialfall der Gleichung (1), und es läßt sich eine allgemeine Lösungsmethode angeben. In einer Tabelle sind für einige Kerne die lösenden Kerne zusammengestellt.

Aus der Literatur über Integralgleichungen bzw. Funktionalanalysis seien genannt: H. Bückner [1], S. G. Michlin [5], W. Schmeidler [7], F. G. Tricomi [8], L. A. Ljusternik und W. I. Sobolew [3]. Die Verwendung von Banach-Räumen in der Theorie linearer Volterrascher Integralgleichungen findet sich bei G. Porath [6].

In einer weiteren Arbeit werden zu dem angegebenen funktional analytischen Lösungsverfahren numerische Verfahren entwickelt.

2. Analytische Volterrasche Integraloperatoren

Die Polynomoperatoren des Volterraschen Integraloperators K besitzen die Form

$$U(K) = c_0 I + \sum_{\nu=1}^{n} c_\nu K^\nu$$

(vgl. G. Porath [6], S. 95). Im folgenden werden für Potenzreihen zugehörige Volterrasche Integraloperatoren untersucht. Ist die stetige Funktion $k(x, u)$ auf dem Dreieck D der Kern des Volterraschen Integraloperators K, dann wird die Bezeichnung

$$\text{Kern } (K) = k(x, u)$$

verwendet.

Satz 1. *Die Potenzreihe*

$$p(z) = \sum_{n=1}^{\infty} a_n z^n \tag{1}$$

besitze den positiven Konvergenzradius r. Dann existiert der lineare Operator

$$p(K) = \sum_{n=1}^{\infty} a_n K^n \tag{2}$$

(Konvergenz in der Operatortopologie). $p(K)$ ist ein Volterrascher Integraloperator, und es besteht die Beziehung

$$\text{Kern } (p(K)) = \sum_{n=1}^{\infty} a_n k_n(x, u) \quad \textit{für} \quad (x, u) \in D. \tag{3}$$

Dabei konvergiert die Funktionenreihe gleichmäßig auf D.

Beweis. Es sei ϱ eine feste positive Zahl mit der Eigenschaft $0 < \varrho < r$. Dann konvergiert die unendliche Reihe

$$\sum_{n=1}^{\infty} |a_n| \, \varrho^n,$$

und daher existiert ein $M > 0$ mit

$$|a_n| \, \varrho^n \leqq M \quad \text{für} \quad n \in N.$$

Dann besteht wegen (1.6) die Abschätzung

$$\|a_n K^n\| \leqq \frac{M}{\varrho^n} \frac{p^n (b - a)^n}{n!} \quad \text{für} \quad n \in N, \tag{4}$$

und die unendliche Reihe

$$\sum_{n=1}^{\infty} \|a_n K^n\| \tag{5}$$

besitzt die konvergente Majorante

$$\sum_{n=1}^{\infty} M \frac{p^n(b-a)^n}{\varrho^n n!} = M\left[\exp\frac{p(b-a)}{\varrho} - 1\right]. \tag{6}$$

Es existiert dann der lineare Operator

$$p(K) = \sum_{n=1}^{\infty} a_n K^n$$

(Konvergenz in der Operatortopologie), und man hat außerdem die Ungleichung

$$\|p(K) - \sum_{\nu=1}^{n} a_\nu K^\nu\| \leqq M \sum_{\nu=n+1}^{\infty} \frac{p^\nu(b-a)^\nu}{\varrho^\nu \nu!}. \tag{7}$$

Für die Glieder der unendlichen Reihe

$$\sum_{n=1}^{\infty} a_n k_n(x, u) \tag{8}$$

besteht wegen (1.5) die Abschätzung

$$|a_n k_n(x, u)| \leqq \frac{M}{\varrho^n} \frac{p^n(x-u)^{n-1}}{(n-1)!} \leqq \frac{M}{\varrho^n} \frac{p^n(b-a)^{n-1}}{(n-1)!}, \tag{9}$$

und die unendliche Reihe (8) besitzt die konvergente Majorante

$$\sum_{n=1}^{\infty} \frac{M}{\varrho^n} \frac{p^n(b-a)^{n-1}}{(n-1)!} = \frac{Mp}{\varrho} \exp\frac{p(b-a)}{\varrho}.$$

Die Reihe (8) konvergiert also gleichmäßig auf D, und wir setzen

$$h(x, u) = \sum_{n=1}^{\infty} a_n k_n(x, u) \quad \text{für} \quad (x, u) \in D.$$

Der Volterrasche Integraloperator zum Kern $h(x, u)$ sei H. Die Ungleichung

$$\left| h(x, u) - \sum_{\nu=1}^{n} a_\nu k_\nu(x, u) \right| \leqq \sum_{\nu=n+1}^{\infty} \frac{Mp^\nu(x-u)^{\nu-1}}{\varrho^\nu(\nu-1)!} \tag{10}$$

liefert die Abschätzung

$$\left| \int_a^x h(x, u) f(u)\, du - \int_a^x \sum_{\nu=1}^{n} a_\nu k_\nu(x, u) f(u)\, du \right|$$

$$\leqq \int_a^x \sum_{\nu=n+1}^{\infty} \frac{Mp^\nu(x-u)^{\nu-1}}{\varrho^\nu(\nu-1)!} \|f\|\, du \leqq \sum_{\nu=n+1}^{\infty} \frac{Mp^\nu(b-a)^\nu}{\varrho^\nu \nu!} \|f\|.$$

Hieraus folgt die Ungleichung

$$\left\| Hf - \sum_{\nu=1}^{n} a_\nu K^\nu f \right\| \leqq \sum_{\nu=n+1}^{\infty} \frac{Mp^\nu(b-a)^\nu}{\varrho^\nu \nu!} \|f\|, \tag{11}$$

und es folgt unmittelbar die Abschätzung

$$\left\| H - \sum_{\nu=1}^{n} a_\nu K^\nu \right\| \leqq \sum_{\nu=n+1}^{\infty} \frac{M p^\nu (b-a)^\nu}{\varrho^\nu \nu!}.$$

Es bestehen dann die Beziehungen

$$H = \sum_{n=1}^{\infty} a_n K^n = p(K),$$

$$\text{Kern}\,(p(K)) = \text{Kern}\,(H) = h(x, u).$$

Zusatz. *Für die Koeffizienten der Potenzreihe* (1) *gelte die Ungleichung*

$$|a_n| \leqq M q^n \quad \text{für} \quad n \in N.$$

Für den Näherungsoperator

$$p_n(K) = \sum_{\nu=1}^{n} a_\nu K^\nu \quad \text{für} \quad n \in N$$

besteht dann die Abschätzung

$$\|p(K) - p_n(K)\| \leqq M \left[\exp pq(b-a) - \sum_{\nu=0}^{n} \frac{(pq)^\nu (b-a)^\nu}{\nu!} \right].$$

Beweis. Es ist

$$\|p(K) - p_n(K)\| = \left\| \sum_{\nu=n+1}^{\infty} a_\nu K^\nu \right\| \leqq \sum_{\nu=n+1}^{\infty} |a_\nu| \, \|K^\nu\|$$

$$\leqq \sum_{\nu=n+1}^{\infty} M q^\nu \frac{p^\nu (b-a)^\nu}{\nu!},$$

und daher gilt die Behauptung.

Satz 2. *Die Potenzreihen*

$$p(z) = \sum_{n=1}^{\infty} a_n z^n,$$

$$q(z) = \sum_{n=1}^{\infty} b_n z^n$$

seien für $|z| < r$ konvergent. Das Cauchysche Produkt der Potenzreihen

$$t(z) = \sum_{n=2}^{\infty} \left(\sum_{\nu=1}^{n-1} a_\nu b_{n-\nu} \right) z^n$$

konvergiert dann für $|z| < r$. Nach Satz 1 *existieren dann die Operatoren*

$$p(K) = \sum_{n=1}^{\infty} a_n K^n, \tag{12}$$

$$q(K) = \sum_{n=1}^{\infty} b_n K^n, \tag{13}$$

$$t(K) = \sum_{n=2}^{\infty} \left(\sum_{\nu=1}^{n-1} a_\nu b_{n-\nu} \right) K^n. \tag{14}$$

Dann bestehen die Gleichungen

$$p(K) \cdot q(K) = t(K), \tag{15}$$

$$[a_0 I + p(K)] \cdot [b_0 I + q(K)] = a_0 b_0 I + \sum_{n=1}^{\infty} \left(\sum_{\nu=0}^{n} a_\nu b_{n-\nu} \right) K^n. \tag{16}$$

Beweis. Die unendlichen Reihen

$$\sum_{n=1}^{\infty} u_n, \quad \sum_{n=1}^{\infty} v_n$$

mit positiven Gliedern seien konvergente Reihen. Das Cauchysche Produkt besitzt dann die Glieder

$$w_n = \sum_{\nu=1}^{n-1} u_\nu v_{n-\nu}, \quad n \geqq 2$$

und es ist

$$\sum_{n=2}^{\infty} w_n = \sum_{n=1}^{\infty} u_n \cdot \sum_{n=1}^{\infty} v_n .$$

Für die Partialsummen

$$c_n = \sum_{\nu=2}^{n} w_\nu, \qquad n \geqq 2,$$

besteht dann die Gleichung

$$\lim_{n\to\infty} c_n = \lim_{n\to\infty} c_{2n} = \sum_{n=2}^{\infty} w_n .$$

Wir betrachten die folgenden Näherungssummen für die Operatoren $p(K)$, $q(K)$ und $t(K)$

$$p_n(K) = \sum_{\nu=1}^{n} a_\nu K^\nu,$$

$$q_n(K) = \sum_{\nu=1}^{n} b_\nu K^\nu,$$

$$t_n(K) = \sum_{\nu=2}^{n} \left(\sum_{\mu=1}^{\nu-1} a_\mu b_{\nu-\mu} \right) K^\nu, \qquad n \geqq 2.$$

Dann besteht die Beziehung

$$p_n(K) \cdot q_n(K) = t_n(K) + \sum_{\substack{n+1 \leqq \nu+\mu \leqq 2n \\ 1 \leqq \nu \leqq n \\ 1 \leqq \mu \leqq n}} a_\nu b_\mu K^{\nu+\mu}, \qquad n \geqq 2,$$

und hieraus folgt die Abschätzung

$$\|p_n(K) \cdot q_n(K) - t_n(K)\| \leqq \sum_{\substack{n+1 \leqq \nu+\mu \leqq 2n \\ 1 \leqq \nu \leqq n \\ 1 \leqq \mu \leqq n}} \|a_\nu K^\nu\| \cdot \|b_\mu K^\mu\| .$$

Wir setzen

$$u_\nu = \|a_\nu K^\nu\| \quad \text{und} \quad v_\mu = \|b_\mu K^\mu\|$$

für $\nu, \mu \in N$. Die Reihen mit positiven Gliedern

$$\sum_{\nu=1}^{\infty} u_\nu, \qquad \sum_{\nu=1}^{\infty} v_\nu$$

konvergieren wegen (5) und (6). Es ist dann

$$\|p_n(K) \cdot q_n(K) - t_n(K)\| \leqq \sum_{\substack{n+1 \leqq \nu+\mu \leqq 2n \\ 1 \leqq \nu \leqq n \\ 1 \leqq \mu \leqq n}} u_\nu v_\mu \leqq c_{2n} - c_n,$$

und daraus folgt

$$\lim_{n\to\infty} \|p_n(K) \cdot q_n(K) - t_n(K)\| = 0.$$

Es ist

$$t_n(K) = t_n(K) - p_n(K) \cdot q_n(K) + p_n(K) \cdot q_n(K),$$

und für $n \to \infty$ entsteht dann die behauptete Gleichung (15). Weiter ist

$$\begin{aligned}[a_0 I + p(K)] \cdot [b_0 I + q(K)] &= a_0 b_0 I + a_0 q(K) + b_0 p(K) + p(K) \cdot q(K) \\ &= a_0 b_0 I + \sum_{n=1}^{\infty} (a_0 b_n + b_0 a_n)\, K^n + p(K) \cdot q(K) \\ &= a_0 b_0 I + \sum_{n=1}^{\infty} \left(\sum_{\nu=0}^{n} a_\nu b_{n-\nu} \right) K^n.\end{aligned}$$

Satz 3. *Die Potenzreihe*

$$p(z) = \sum_{n=1}^{\infty} a_n z^n \tag{17}$$

sei für $|z| < r$ konvergent. Die Glieder der Folge (b_n), $n \in N$, seien durch die folgenden Rekursionsformeln bestimmt:

$$b_1 = -a_1, \qquad b_n = -\left(a_n + \sum_{\nu=1}^{n-1} a_\nu b_{n-\nu}\right) \text{ für } n = 2, 3, \ldots \tag{18}$$

Dann konvergiert die Potenzreihe

$$q(z) = \sum_{n=1}^{\infty} b_n z^n = -p(z)\,(1 + p(z))^{-1} \tag{19}$$

für $|z| < \varrho \leqq r$ mit einer gewissen positiven Zahl ϱ.

Es sei

$$p(K) = \sum_{n=1}^{\infty} a_n K^n, \tag{20}$$

$$q(K) = \sum_{n=1}^{\infty} b_n K^n. \tag{21}$$

Dann bestehen die Beziehungen

$$[I + p(K)]^{-1} = I + q(K), \tag{22}$$

$$[I + q(K)]^{-1} = I + p(K). \tag{23}$$

Beweis. Nach dem Divisionssatz für Potenzreihen läßt sich die Funktion $q(z) = [1 + p(z)]^{-1} - 1 = -p(z)\,(1 + p(z))^{-1}$ durch eine Potenzreihe

$$q(z) = \sum_{n=1}^{\infty} b_n z^n$$

darstellen für $|z| < \varrho \leqq r$ mit einer gewissen positiven Zahl ϱ. Die Gleichung

$$[1 + q(z)] \cdot [1 + p(z)] = \sum_{n=0}^{\infty} \left(\sum_{\nu=0}^{n} a_\nu b_{n-\nu} \right) z^n = 1$$

liefert unter Berücksichtigung von $a_0 = b_0 = 1$ die Rekursionsformeln (18). Die Operatoren $p(K)$ und $q(K)$ existieren nach Satz 1, und nach Satz 2 besteht die Gleichung

$$[I + p(K)] \cdot [I + q(K)] = [I + q(K)] \cdot [I + p(K)] = I.$$

Hieraus folgen unmittelbar die Beziehungen (22) und (23).

Satz 4. *Für die Koeffizienten der Potenzreihe* (17) *seien die Ungleichungen*

$$|a_n| \leqq \alpha \quad \text{für} \quad n \in N$$

mit einer Zahl $\alpha \geqq 1$ *erfüllt. Die Abschätzungsfunktion*

$$g(x) = \sum_{n=0}^{\infty} \frac{x^n}{\sqrt{n!}} \tag{24}$$

konvergiert für alle reellen Zahlen x. *Es sei*

$$q_n(K) = \sum_{\nu=1}^{n} b_\nu K^\nu$$

der Näherungsoperator der Ordnung n *zum Operator* $q(K)$. *Dann bestehen die Abschätzungen*

$$\|q(K) - q_n(K)\| \leqq c \left[g(c) - \sum_{\nu=0}^{n-1} \frac{c^\nu}{\sqrt{\nu!}} \right] \quad \text{für } n \in N, \tag{25}$$

$$\|q(K) - q_n(K)\| \leqq \frac{c^{n+1}}{\sqrt{n!}} \left(1 - \frac{c}{\sqrt{n+1}} \right)^{-1} \quad \text{für } n > (c^2 - 1). \tag{26}$$

Dabei ist $c = \alpha p(b - a)$.

Außerdem ist

$$\|[I + q(K)] - [I + q_n(K)]\| = \|q(K) - q_n(K)\|.$$

Beweis. Die Rekursionsformeln (18) liefern für die Koeffizienten b_n, $n \in N$, die Formel

$$b_n = (-1)^n \cdot \begin{vmatrix} a_1 & 1 & 0 & \dots & 0 \\ a_2 & a_1 & 1 & \dots & 0 \\ \vdots & \vdots & \vdots & & \vdots \\ a_n & a_{n-1} & a_{n-2} & \dots & a_1 \end{vmatrix}$$

(vgl. H. v. MANGOLDT und K. KNOPP [4], S. 263). Nach der HADAMARDschen Ungleichung (F. R. GANTMACHER [2], S. 234) ergibt sich dann die Ungleichung

$$|b_n| \leqq \sqrt{n\alpha^2} \cdot \sqrt{n\alpha^2} \cdot \sqrt{(n-1)\,\alpha^2} \cdots \sqrt{2\alpha^2}$$

für $n \in N$, und daraus folgt

$$|b_n| \leqq \alpha^n \sqrt{n!}\,\sqrt{n} \quad \text{für} \quad n \in N.$$

Es ist

$$q(K) - q_n(K) = \sum_{\nu=n+1}^{\infty} b_\nu K^\nu,$$

und unter Verwendung von (1.6) entsteht die Abschätzung

$$\|q(K) - q_n(K)\| \leqq \sum_{\nu=n+1}^{\infty} |b_\nu|\, \|K^\nu\|$$
$$\leqq \sum_{\nu=n+1}^{\infty} \alpha^\nu \sqrt{\nu!}\,\sqrt{\nu}\, \frac{p^\nu (b-a)^\nu}{\nu!} = \sum_{\nu=n+1}^{\infty} \frac{c^\nu}{\sqrt{(\nu-1)!}}.$$

Also ist

$$\|q(K) - q_n(K)\| \leqq c \sum_{\nu=n}^{\infty} \frac{c^\nu}{\sqrt{\nu!}} \qquad \text{für } n \in N,$$

und unter Verwendung der Abschätzungsfunktion (24) folgt hieraus die Ungleichung (25). Weiterhin besteht für $\frac{c}{\sqrt{n+1}} < 1$, d. h. für $n > c^2 - 1$, die Ungleichung

$$c \sum_{\nu=n}^{\infty} \frac{c^\nu}{\sqrt{\nu!}} = \frac{c^{n+1}}{\sqrt{n!}} \sum_{\mu=0}^{\infty} \frac{c^\mu \sqrt{n!}}{\sqrt{(n+\mu)!}}$$
$$\leqq \frac{c^{n+1}}{\sqrt{n!}} \sum_{\mu=0}^{\infty} \frac{c^\mu}{\left(\sqrt{n+1}\right)^\mu} = \frac{c^{n+1}}{\sqrt{n!}} \left(1 - \frac{c}{\sqrt{n+1}}\right)^{-1},$$

und damit ist die Ungleichung (26) bewiesen.

Satz 5. *Der Operator* (20) *sei ein Polynomoperator*

$$p(K) = \sum_{n=1}^{r} a_n K^n$$

der Ordnung r, und es gelte

$$|a_\nu| \leqq \alpha \quad \textit{für} \quad \nu = 1, 2, \ldots, r$$

mit einer Zahl $\alpha \geqq 1$. *In den Rekursionsformeln* (18) *zur Berechnung der Koeffizienten* b_n, $n \in N$, *des Operators* $q(K)$ *ist dann* $a_\nu = 0$ *für* $\nu \geqq r + 1$. *Für den Näherungsoperator*

$$q_n(K) = \sum_{\nu=1}^{n} b_\nu K^\nu$$

der Ordnung $n \geqq r$ *besteht dann die Abschätzung*

$$\|q(K) - q_n(K)\| \leqq \sqrt{\frac{r \cdot r!}{(r+1)^r}} \left[\exp d - \sum_{\nu=0}^{n} \frac{d^\nu}{\nu!}\right] \tag{27}$$

für $n \geqq r$. *Dabei ist*

$$d = \alpha p(b - a) \cdot \sqrt{(r + 1)}\,.$$

Beweis. Die Rekursionsformeln (18) mit der Zusatzbedingung $a_\nu = 0$ für $\nu \geqq r + 1$ liefern für die Koeffizienten b_n mit $n \geqq r + 1$ die Formel

$$b_n = (-1)^n \cdot \begin{vmatrix} a_1 & 1 & 0 & \ldots & 0 & 0 \\ a_2 & a_1 & 1 & \ldots & 0 & 0 \\ \vdots & \vdots & \vdots & & \vdots & \vdots \\ a_r & a_{r-1} & a_{r-2} & \ldots & 0 & 0 \\ 0 & a_r & a_{r-1} & \ldots & 0 & 0 \\ \vdots & \vdots & \vdots & & \vdots & \vdots \\ 0 & 0 & 0 & \ldots & a_1 & 1 \\ 0 & 0 & 0 & \ldots & a_2 & a_1 \end{vmatrix}.$$

Unter Verwendung der Hadamardschen Ungleichung folgt hieraus

$$|b_n| \leqq \sqrt{\alpha^2 r} \cdot \sqrt{\alpha^2(r+1)} \cdots \sqrt{\alpha^2(r+1)} \cdot \sqrt{\alpha^2 r} \cdots \sqrt{\alpha^2 \cdot 2}\,,$$

und daher ist

$$|b_n| \leqq \alpha^n \sqrt{r \cdot r!} \cdot \left(\sqrt{r+1}\right)^{n-r} \quad \text{für} \quad n \geqq r + 1\,.$$

Dann ist für $n \geqq r$

$$\|q(K) - q_n(K)\| \leqq \sum_{\nu=n+1}^{\infty} \alpha^\nu \sqrt{r \cdot r!} \left(\sqrt{r+1}\right)^{\nu-r} \frac{p^\nu (b-a)^\nu}{\nu!}\,,$$

und hieraus folgt

$$\|q(K) - q_n(K)\| \leqq \sqrt{\frac{r \cdot r!}{(r+1)^r}} \sum_{\nu=n+1}^{\infty} \frac{\left[\alpha\sqrt{r+1}\, p(b-a)\right]^\nu}{\nu!}\,.$$

Damit ist die Abschätzung (27) gezeigt.

3. Spezielle Volterrasche Integralgleichungen

Unter Verwendung der Theorie aus Abschnitt 2 lassen sich für spezielle Volterrasche Integralgleichungen die inversen Operatoren $(I - \lambda K)^{-1}$ und die zugehörigen lösenden Operatoren $L(\lambda)$ angeben. Der lösende Operator $L(\lambda)$ ist durch die Gleichung

$$(I - \lambda K)^{-1} = I + \lambda L(\lambda)$$

bestimmt. Viele Gleichungen enthalten den konstanten Kern $k(x, u) = 1$ für $(x, u) \in D$. Für den entsprechenden Volterraschen Integraloperator V und die iterierten Operatoren V^n besteht dann die Beziehung

$$V^n f = \int_a^x \frac{(x - u)^{n-1}}{(n-1)!} f(u)\, du \text{ für } n \in N,$$

und es ist

$$\text{Kern}\,(V^n) = \frac{(x - u)^{n-1}}{(n-1)!} \qquad \text{für } n \in N.$$

Die Gleichung

$$f(x) - \lambda \int_a^x k_\mu(x, u)\, f(u)\, du = g(x), \quad \mu \in N,$$

enthält den Operator $p(K) = -\lambda K^\mu$. Es ist dann

$$p(z) = -\lambda z^\mu,$$

$$q(z) = \lambda \sum_{n=1}^{\infty} \lambda^{n-1} z^{n \cdot \mu}.$$

Der Operator $q(K)$ besitzt daher die Entwicklung

$$q(K) = \lambda \sum_{n=1}^{\infty} \lambda^{n-1} K^{n \cdot \mu},$$

und es bestehen die Beziehungen

$$(I - \lambda K^\mu)^{-1} = I + \lambda \sum_{n=1}^{\infty} \lambda^{n-1} K^{n \cdot \mu},$$

$$L(\lambda, \mu) = \sum_{n=1}^{\infty} \lambda^{n-1} K^{n \cdot \mu},$$

$$\text{Kern}\,(L(\lambda, \mu)) = l(x, u; \lambda, \mu) = \sum_{n=1}^{\infty} \lambda^{n-1} k_{n \cdot \mu}(x, u).$$

Im Spezialfall $k(x, u) = 1$ für $(x, u) \in D$ hat man die folgenden lösenden Kerne

$$l(x, u; \lambda, 1) = \exp \lambda(x - u),$$

$$l(x, u; \lambda, 2) = \begin{cases} \frac{1}{\sqrt{\lambda}} \sinh \sqrt{\lambda}\,(x - u) & \text{für } \lambda > 0, \\ \frac{1}{\sqrt{-\lambda}} \sin \sqrt{-\lambda}\,(x - u) & \text{für } \lambda < 0, \end{cases}$$

$$l(x, u; \lambda, 4) = \frac{1}{2(\sqrt[4]{\lambda})^3} \left[\sinh \sqrt[4]{\lambda}\,(x - u) - \sin \sqrt[4]{\lambda}\,(x - u)\right] \text{für } \lambda > 0.$$

Die Gleichung

$$f(x) + \int_a^x [\lambda k(x, u) + \mu k_2(x, u)]\, f(u)\, du = g(x)$$

mit den reellen Parametern λ und μ enthält den Operator

$$p(K) = \lambda K + \mu K^2.$$

Für die Parameter λ, μ gelte die Ungleichung $\lambda^2 - 4\mu > 0$, und es sei

$$\alpha = \frac{1}{2}\left(\lambda + \sqrt{\lambda^2 - 4\mu}\right), \qquad \beta = \frac{1}{2}\left(\lambda - \sqrt{\lambda^2 - 4\mu}\right),$$

$$a = \alpha(\alpha - \beta)^{-1}, \qquad b = \beta(\beta - \alpha)^{-1}.$$

Für die Funktionen $1 + p(z)$ und $1 + q(z)$ hat man dann die Gleichungen

$$1 + p(z) = 1 + \lambda z + \mu z^2,$$

$$1 + q(z) = (1 + \lambda z + \mu z^2)^{-1} = a(1 + \alpha z)^{-1} + b(1 + \beta z)^{-1}$$

$$= 1 + \sum_{n=1}^{\infty} (-1)^n (a\alpha^n + b\beta^n)\, z^n.$$

Nach Abschnitt 2 gelten dann die Beziehungen

$$(I + \lambda K + \mu K^2)^{-1} = I + \sum_{n=1}^{\infty} (-1)^n (a\alpha^n + b\beta^n)\, K^n$$

$$= a(I + \alpha K)^{-1} + b(I + \beta K)^{-1},$$

$$q(K) = \sum_{n=1}^{\infty} (-1)^n (a\alpha^n + b\beta^n)\, K^n,$$

$$\text{Kern}\,(q(K)) = \sum_{n=1}^{\infty} (-1)^n (a\alpha^n + b\beta^n)\, k_n(x, u).$$

Im Spezialfall $k(x, u) = 1$ für $(x, u) \in D$ ist

$$\text{Kern}\,(q(K)) = a(-\alpha) \exp - \alpha(x - u) + b(-\beta) \exp - \beta(x - u).$$

Für die Gleichung

$$f(x) + \int_a^x [-2\lambda k(x, u) + \lambda^2 k_2(x, u)]\, f(u)\, du = g(x)$$

mit dem reellen Parameter λ besitzen die Funktionen $1 + p(z)$ und $1 + q(z)$ die Gestalt

$$\begin{aligned} 1 + p(z) &= (1 - \lambda z)^2, \\ 1 + q(z) &= (1 - \lambda z)^{-2} = 1 + 2\lambda z(1 - \lambda z)^{-1} + \lambda^2 z^2 (1 - \lambda z)^{-2} \\ &= 1 + 2 \sum_{n=0}^{\infty} \lambda^{n+1} z^{n+1} + \sum_{n=0}^{\infty} (n + 1)\, \lambda^{n+2} z^{n+2}. \end{aligned}$$

Hieraus folgen unmittelbar die Beziehungen

$$(I - 2\lambda K + \lambda^2 K^2)^{-1} = I + q(K),$$

$$q(K) = 2 \sum_{n=0}^{\infty} \lambda^{n+1} K^{n+1} + \sum_{n=0}^{\infty} (n + 1)\, \lambda^{n+2} K^{n+2},$$

$$\text{Kern}\, (q(K)) = 2 \sum_{n=0}^{\infty} \lambda^{n+1} k_{n+1}(x, u) + \sum_{n=0}^{\infty} (n + 1)\, \lambda^{n+2} k_{n+2}(x, u).$$

Im Spezialfall $k(x, u) = 1$ für $(x, u) \in D$ ist

$$\text{Kern}\, (q(K)) = [2\lambda + \lambda^2 (x - u)] \exp \lambda(x - u).$$

Bei einer Reihe Volterrascher Integralgleichungen besitzt der Kern eine Reihenentwicklung der Form

$$\tilde{h}(x, u) = \sum_{n=1}^{\infty} c_n \frac{(x - u)^{n-1}}{(n - 1)!} \quad \text{für } (x, u) \in D,$$

und die Potenzreihe

$$\sum_{n=1}^{\infty} c_n z^n$$

konvergiert dabei für $|z| < r$, $r > 0$. Die Beziehung

$$\tilde{H} f = \sum_{n=1}^{\infty} c_n \int_a^x \frac{(x - u)^{n-1}}{(n - 1)!} f(u)\, du = \sum_{n=1}^{\infty} c_n V^n f$$

liefert für den Operator $\tilde{H}$ die Entwicklung

$$\tilde{H} = \sum_{n=1}^{\infty} c_n V^n.$$

Die Gleichung

$$f(x) - \lambda \int_a^x \sum_{n=1}^{\infty} c_n \frac{(x - u)^{n-1}}{(n - 1)!} f(u)\, du = g(x)$$

kann dann nach Satz 3 behandelt werden. Die Lösung besitzt die Gestalt

$$f(x) = g(x) + \lambda \int_a^x \sum_{n=1}^{\infty} b_n(\lambda) \frac{(x-u)^{n-1}}{(n-1)!} g(u)\, du,$$

und die Koeffizienten $b_n(\lambda)$ für $n \in N$ lassen sich aus Rekursionsformeln berechnen. Die Funktionen $f_n(x)$ für $n \in N$ mit der Definitionsgleichung

$$f_n(x) = g(x) + \lambda \int_a^x \sum_{\nu=1}^{n} b_\nu(\lambda) \frac{(x-u)^{\nu-1}}{(\nu-1)!} g(u)\, du$$

sind Näherungsfunktionen für $f(x)$, und nach Satz 4 bzw. Satz 5 lassen sich Fehlerabschätzungen angeben.

Die Funktion $p(z)$ besitzt die Entwicklung

$$p(z) = -\lambda \sum_{n=1}^{\infty} c_n z^n,$$

und es ist dann

$$q(z) = -p(z)\,(1 + p(z))^{-1} = \lambda \sum_{n=1}^{\infty} c_n z^n \left(1 - \lambda \sum_{n=1}^{\infty} c_n z^n\right)^{-1}$$

$$= \lambda \sum_{n=1}^{\infty} b_n(\lambda) z^n.$$

Hieraus folgen die Beziehungen

$$L(\lambda) = \sum_{n=1}^{\infty} b_n(\lambda)\, V^n,$$

$$\text{Kern}\,(L(\lambda)) = \sum_{n=1}^{\infty} b_n(\lambda) \frac{(x-u)^{n-1}}{(n-1)!}.$$

Der lösende Kern läßt sich bei speziellen Integraloperatoren aus elementaren Funktionen aufbauen. Die folgende Tabelle enthält für spezielle Kerne die entsprechenden lösenden Kerne.

Kern	Parameter	lösender Kern
$k(x, u)$	$\lambda \neq 0$	$h(x, u, \lambda)$
$a^{\mu(x-u)}$	$\lambda \neq 0$	$\exp [(\lambda + \mu \ln a)(x - u)]$
$(x - u) \exp \mu(x - u)$	$\lambda > 0\ (\lambda \neq \mu^2)$	$(\sqrt{\lambda})^{-1} \exp \mu(x - u) \sinh \sqrt{\lambda}\,(x - u)$
	$\lambda < 0\ (\lambda \neq \mu^2)$	$(\sqrt{-\lambda})^{-1} \exp \mu(x - u) \sin \sqrt{-\lambda}\,(x - u)$
	$\lambda = \mu^2 > 0$	$(2\mu)^{-1} [\exp 2\mu (x - u) - 1]$
$\sinh (x - u)$	$\lambda \neq 0,\ 1 + \lambda > 0$	$(\sqrt{1 + \lambda})^{-1} \sinh \sqrt{1 + \lambda}\,(x - u)$
	$\lambda \neq 0,\ 1 + \lambda < 0$	$(\sqrt{-(1 + \lambda)})^{-1} \sin \sqrt{-(1 + \lambda)}\,(x - u)$
	$\lambda = -1$	$(x - u)$
$\cosh (x - u)$	$\lambda \neq 0$	$\exp \frac{\lambda}{2} (x - u) \times \left[\lambda(\sqrt{\lambda^2 + 4})^{-1} \sinh \frac{1}{2} \sqrt{\lambda^2 + 4}\,(x - u) + \cosh \frac{1}{2} \sqrt{\lambda^2 + 4}\,(x - u)\right]$
$\sin (x - u)$	$\lambda \neq 0,\ 1 - \lambda > 0$	$(\sqrt{1 - \lambda})^{-1} \sin \left[\sqrt{1 - \lambda}\,(x - u)\right]$
	$\lambda \neq 0,\ 1 - \lambda < 0$	$(\sqrt{\lambda - 1})^{-1} \sinh \left[\sqrt{\lambda - 1}\,(x - u)\right]$
	$\lambda = 1$	$(x - u)$
$\cos (x - u)$	$\lambda \neq 0,\ \lambda^2 - 4 > 0$	$\exp \frac{\lambda}{2} (x - u) \times \left[\lambda(\sqrt{\lambda^2 - 4})^{-1} \sinh \frac{1}{2} \sqrt{\lambda^2 - 4}\,(x - u) + \cosh \frac{1}{2} \sqrt{\lambda^2 - 4}\,(x - u)\right]$
	$\lambda \neq 0,\ \lambda^2 - 4 < 0$	$\exp \frac{\lambda}{2} (x - u) \times \left[\lambda(\sqrt{4 - \lambda^2})^{-1} \sin \frac{1}{2} \sqrt{4 - \lambda^2}\,(x - u) + \cos \frac{1}{2} \sqrt{4 - \lambda^2}\,(x - u)\right]$
	$\lambda = 2$	$[1 + (x - u)] \exp (x - u)$
	$\lambda = -2$	$[-1 + (x - u)] \exp (x - u)$

Literatur

[1] BÜCKNER, H., Die praktische Behandlung von Integralgleichungen, Berlin—Göttingen—Heidelberg 1952.
[2] GANTMACHER, F. R., Matrizenrechnung, Bd. 1, 3. Aufl., Berlin 1970 (Übersetzung aus dem Russischen).
[3] LJUSTERNIK, L. A., und W. I. SOBOLEW, Elemente der Funktionalanalysis, 4. Aufl., Berlin 1968 (Übersetzung aus dem Russischen).
[4] MANGOLDT, H. v., und K. KNOPP, Einführung in die höhere Mathematik, Bd. 2, 13. Aufl., Leipzig 1967.
[5] MICHLIN, S. G., Vorlesungen über lineare Integralgleichungen, Berlin 1962 (Übersetzung aus dem Russischen).
[6] PORATH, G., Störungsrechnung für lineare Volterrasche Integralgleichungen, Math. Nachr. **37** (1968), 83—98.
[7] SCHMEIDLER, W., Integralgleichungen mit Anwendungen in Physik und Technik, Leipzig 1955.
[8] TRICOMI, F. G., Integral equations, London—New York 1957.

Manuskripteingang: 27. 6. 1972

VERFASSER:

Prof. Dr. GÜNTER PORATH, Sektion Mathematik/Physik der Pädagogischen Hochschule Güstrow

Beiträge zur Numerischen Mathematik
2 (1974), 163–176

Zur Konvergenz im Mittel von Näherungsverfahren zur Bestimmung periodischer Lösungen von periodischen Vektordifferentialgleichungen

KLAUS R. SCHNEIDER

1. Es seien $x(t)$ und $f(x(t), t)$ reellwertige n-dimensionale Vektorfunktionen mit den Komponenten $x_i(t)$ und $f_i(x(t), t)$. Es sei bekannt, daß die Differentialgleichung

$$\frac{dx}{dt} = f(x, t), \tag{1}$$

wobei $f(x, t)$ bezüglich t 2π-periodisch ist, in dem beschränkten und abgeschlossenen Gebiet D des Phasenraumes (x-Raum) eine 2π-periodische Lösung $p(t)$ besitzt. Gesucht sind Verfahren zur näherungsweisen Ermittlung der Funktion $p(t)$.

Im Jahre 1965 teilte M. URABE in seiner bekannten Arbeit [8] ein Projektionsverfahren (Galerkin-Verfahren) zur näherungsweisen Ermittlung von $p(t)$ mit. Bei der numerischen Realisierung dieses Verfahrens führt die Bestimmung der Koeffizientenvektoren einer Näherungslösung

$$x^{(m)} = \frac{1}{2}\, a_0 + \sum_{k=1}^{m} (a_k \cos kt + b_k \sin kt) \tag{2}$$

auf die Lösung eines nichtlinearen Gleichungssystems, dessen Ordnung mit der Ordnung der Näherung zunimmt, wobei eine exakte Ableitung dieser Gleichungssysteme im allgemeinen nicht vom Computer übernommen werden kann.

Das Ziel der folgenden Arbeit besteht in der Umwandlung des Projektionsverfahrens in ein Projektions-Iterationsverfahren, bei dem sich die Koeffizienten der neuen Näherung unmittelbar (also nicht über ein nichtlineares Gleichungssystem) aus den Koeffizienten der vorangehenden Näherung ermitteln lassen, und in der Darstellung der Beweise für die Konvergenz im Mittel (auch der Resultate von URABE) auf funktionalanalytischer Grundlage.

Das analoge Problem bezüglich der Konvergenz in der Tschebyscheff-Metrik wurde vom Verfasser in [6] behandelt.

2. Über die Funktion $f(x, t)$ in (1) setzen wir zunächst voraus, daß sie für $(x, t) \in D(-\infty, \infty)$ bezüglich x und t stetig ist, der Relation $f(x, t) \equiv f(x, t + 2\pi)$ genügt und darüber hinaus so beschaffen ist, daß die Existenz- und Eindeutigkeitsbedingungen für die Lösungen von (1) im Gebiet D erfüllt sind.

Wir schreiben jetzt die Gleichung (1) in der Gestalt

$$\frac{dx}{dt} = A(t)\,x + g(x, t), \tag{3}$$

wobei $g(x, t)$ die Differenz

$$g(x, t) = f(x, t) - A(t)\,x \tag{4}$$

bedeutet und $A(t)$ eine $n \times n$-Matrix ist, die folgenden Bedingungen genügt:

(A 1) $A(t)$ ist eine $n \times n$-Matrix, deren Elemente für $t \in (-\infty, \infty)$ reellwertige stetige 2π-periodische Funktionen sind.

(A 2) Bezeichnen wir mit $X(t)$ das Fundamentalsystem der linearen Differentialgleichung

$$\frac{dx}{dt} = A(t)\,x, \tag{5}$$

so gilt $\det\,(I - X(2\pi)) \neq 0$, wobei I die $n \times n$-Einheitsmatrix ist. Diese Bedingung ist äquivalent zur Forderung, daß das System (5) als einzige harmonische Lösung die triviale Lösung besitzt.

Unter den genannten Voraussetzungen entsprechen bekanntlich [4, S. 34] den 2π-periodischen Lösungen von (3) eineindeutig die Lösungen der Hammersteinschen Integralgleichung

$$\nu(t) = \int_0^{2\pi} G(t, s)\, g[\nu(s), s]\, ds \qquad (0 \leqq t \leqq 2\pi), \tag{6}$$

in der $G(t, s) = (g_{ik}(t, s))$ die Greensche Matrix

$$G(t, s) = \begin{cases} X(t)\,(I - X(2\pi))^{-1}\,X^{-1}(s) & \text{für } 0 \leqq s \leqq t \leqq 2\pi, \\ X(t)\,(I - X(2\pi))^{-1}\,X(2\pi)\,X^{-1}(s) & \text{für } 0 \leqq t < s \leqq 2\pi \end{cases} \tag{7}$$

darstellt.

Mit $L_2(0, 2\pi)$ bezeichnen wir die Menge aller 2π-periodischen reellwertigen n-dimensionalen Vektorfunktionen $\nu(t)$, deren Komponenten über $[0, 2\pi]$ quadratisch integrierbar sind. Weiter kennzeichne $|\,.\,|$ die euklidische Vektornorm, also

$$|\nu|^2 = \nu \cdot \nu = \sum_{i=1}^{n} \nu_i^2. \tag{8}$$

In $L_2(0, 2\pi)$ definieren wir durch

$$[\nu_1, \nu_2] = \frac{1}{2\pi} \int_0^{2\pi} \nu_1 \cdot \nu_2\, dt, \quad \nu_1, \nu_2 \in L_2(0, 2\pi), \tag{9}$$

ein weiteres Skalarprodukt und durch

$$\|\nu\|_{L_2} = + \sqrt{[\nu, \nu]} \tag{10}$$

die zugehörige Norm. Unter Verwendung dieser Metrik stellt $L_2(0, 2\pi)$ einen separablen Hilbertraum dar. Als ein vollständiges orthogonales Funktionensystem können wir das folgende betrachten:

$$\left.\begin{aligned}
&\varphi_0{}^{(1)} = \begin{pmatrix} 1 \\ 0 \\ \vdots \\ 0 \end{pmatrix}, \ldots, \varphi_0{}^{(n)} = \begin{pmatrix} 0 \\ 0 \\ \vdots \\ 1 \end{pmatrix}, \\
&\varphi_1{}^{(1)} = \begin{pmatrix} \cos t \\ 0 \\ \vdots \\ 0 \end{pmatrix}, \ldots, \varphi_1{}^{(n)} = \begin{pmatrix} 0 \\ 0 \\ \vdots \\ \cos t \end{pmatrix}, \\
&\varphi_1{}^{(n+1)} = \begin{pmatrix} \sin t \\ 0 \\ \vdots \\ 0 \end{pmatrix}, \ldots, \varphi_1{}^{(2n)} = \begin{pmatrix} 0 \\ 0 \\ \vdots \\ \sin t \end{pmatrix}, \ldots, \\
&\varphi_k{}^{(1)} = \begin{pmatrix} \cos kt \\ 0 \\ \vdots \\ 0 \end{pmatrix}, \ldots, \varphi_k{}^{(2n)} = \begin{pmatrix} 0 \\ 0 \\ \vdots \\ \sin kt \end{pmatrix}, \ldots
\end{aligned}\right\} \tag{11}$$

Für beliebiges $\nu \in L_2(0, 2\pi)$ erhalten wir nämlich unter Beachtung von (9) bis (11)

$$\begin{aligned}
&\lim_{m\to\infty} \left\| \nu - \frac{1}{2} \sum_{i=1}^{n} a_0{}^{(i)} \varphi_0{}^{(i)} - \sum_{k=1}^{m} \sum_{j=1}^{2n} a_k{}^{(j)} \varphi_k{}^{(j)} \right\|_{L_2}^2 \\
&= \lim_{m\to\infty} \frac{1}{2\pi} \int_0^{2\pi} \left(\nu - \frac{1}{2} \sum_{i=1}^{n} a_0{}^{(i)} \varphi_0{}^{(i)} - \sum_{k=1}^{m} \sum_{j=1}^{2n} a_k{}^{(j)} \varphi_k{}^{(j)} \right) \\
&\qquad \times \left(\nu - \frac{1}{2} \sum_{i=1}^{n} a_0{}^{(i)} \varphi_0{}^{(i)} \quad \sum_{k=1}^{m} \sum_{j=1}^{2n} a_k{}^{(j)} \varphi_k{}^{(j)} \right) dt \\
&= \sum_{l=1}^{n} \lim_{m\to\infty} \frac{1}{2\pi} \int_0^{2\pi} \left[\nu_l - \left(\frac{a_0{}^{(l)}}{2} + \sum_{k=1}^{m} (a_k{}^{(l)} \cos kt + a_k{}^{(n+l)} \sin kt) \right) \right]^2 dt .
\end{aligned} \tag{12}$$

Da $\nu_l(t)$, $1 \leqq l \leqq n$, über $[0, 2\pi]$ quadratisch integrierbar ist, gilt nach einem bekannten Satz [7, S. 110]

$$\lim_{m\to\infty} \frac{1}{2\pi} \int_0^{2\pi} \left[\nu_l - \left(\frac{a_0{}^{(l)}}{2} + \sum_{k=1}^{m} (a_k{}^{(l)} \cos kt + a_k{}^{(n+l)} \sin kt) \right) \right]^2 dt = 0 .$$

Das bedeutet aber, daß das in (11) definierte Funktionensystem im Raum $L_2(0, 2\pi)$ vollständig ist.

Wir definieren jetzt durch

$$T\nu = \int_0^{2\pi} G(t, s)\, g[\nu(s), s]\, ds \qquad (0 \leqq t \leqq 2\pi) \tag{13}$$

einen Operator T, der unter unseren Voraussetzungen über $f(t, x)$ und $A(t)$ den Raum $L_2(0, 2\pi)$ in sich abbildet.

Beim Beweis des folgenden Satzes bezeichnen wir mit $\|M\|$ die E.-Schmidtsche Norm einer $n \times n$-Matrix $M = (m_{ik})$, also

$$\|M\| = \left\{ \sum_{i,k=1}^{n} m_{ik}^2 \right\}^{\frac{1}{2}}. \tag{14}$$

Satz 1. *Unter den Voraussetzungen*

1.1. *Die Matrix $A(t)$ genügt den Bedingungen* (A1) *und* (A2).

1.2. *Die n-dimensionale Vektorfunktion $f(x, t)$ ist für $(x, t) \in D \times (-\infty, \infty)$ definiert, stetig und bezüglich t 2π-periodisch.*

1.3. *Es existiert eine Funktion $q(t) \in L_2(0, 2\pi)$ mit folgenden Eigenschaften:*

a) *$q(t)$ nimmt für $t \in [0, 2\pi]$ nur Werte aus D an.*

b) *Die Funktionswerte der Funktion*

$$\eta(t) = Tq(t) = \int_0^{2\pi} G(t, s)\, g[q(s), s]\, ds \tag{15}$$

liegen für $t \in [0, 2\pi]$ ebenfalls in D.

1.4. *Es existiert eine positive Zahl r, so daß folgende Relationen erfüllt sind:*

a) *Die Punktmenge $D_{\eta,r}$, die aus allen Punkten x des Phasenraumes besteht, die von der Kurve $x = \eta(t)$ einen Abstand $d \leqq r$ haben, ist in D enthalten.*

b) *Für alle $t \in [0, 2\pi]$ genügt $g(x, t)$ in der Sphäre $\Delta_{\eta,r}(t) = \{x: |x - \eta(t)| \leqq r\}$ einer Lipschitzbedingung*

$$|g(x_1, t) - g(x_2, t)| \leqq L_r |x_1 - x_2| \tag{16}$$

mit einer von t unabhängigen Lipschitzkonstanten L_r, welche die Relation

$$L_r \left\{ 2\pi \operatorname*{Max}_{0 \leqq t \leqq 2\pi} \int_0^{2\pi} \|G(t, s)\|^2\, ds \right\}^{\frac{1}{2}} = k_r < 1 \tag{17}$$

erfüllt.

c) $$\sup_{0 \leqq t \leqq 2\pi} |\eta(t) - q(t)| \leqq \frac{1 - k_r}{k_r}\, r. \tag{18}$$

besitzt die Vektordifferentialgleichung (3) *im Gebiet $D_{\eta,r}$ genau eine 2π-periodische Lösung $p(t)$.*

Beweis. Bezeichnen wir mit $S_{\eta,r}$ die Menge aller stetigen 2π-periodischen Funktionen $u(t)$, für die

$$\|u(t) - \eta(t)\|_C = \operatorname*{Max}_{0 \leqq t \leqq 2\pi} |u(t) - \eta(t)| \leqq r \tag{19}$$

gilt, so ist in [6] bewiesen worden, daß der Operator T unter den Voraussetzungen von Satz 1 die Menge $S_{\eta,r}$ in sich abbildet und dort bezüglich der in (19) definierten Tschebyscheff-Metrik ein strikt kontraktiver Operator mit der Kontraktionskonstanten k_r ist. Folglich besitzt T in der Menge $S_{\eta,r}$ genau einen Fixpunkt $p(t)$ und somit die Gleichung (3) im Gebiet $D_{\eta,r}$ genau eine 2π-periodische Lösung, q. e. d.

Im folgenden benötigen wir die Funktionenmenge

$$K_{\eta,r} = \{\nu : \nu \in L_2(0, 2\pi),\ \nu(t) \in D_{\eta,r} \text{ für } t \in [0, 2\pi]\}.$$

Setzen wir

$$h = \left\{\int_0^{2\pi}\int_0^{2\pi} \|G(t, s)\|^2\, ds\, dt\right\}^{\frac{1}{2}}, \tag{20}$$

so genügt die Größe $\varkappa_r = h \cdot L_r$, die bei den Untersuchungen der Konvergenz im Mittel eine besondere Rolle spielt, nach (17) und (20) der Ungleichung

$$\varkappa_r \leqq k_r < 1. \tag{21}$$

Satz 2. *Unter den Voraussetzungen von Satz 1 konvergiert die Iterationsfolge*

$$\nu_n = T\nu_{n-1}, \qquad n = 1, 2, \ldots, \qquad \nu_0 \in K_{\eta,r}, \tag{22}$$

für $n \to \infty$ im Mittel gegen die in $D_{\eta,r}$ eindeutige 2π-periodische Lösung $p(t)$ von (3). *Für den Fehler der n-ten Näherung ν_n gilt*

$$\|p - \nu_n\|_{L_2} \leqq \frac{\varkappa_r^{\,n}}{1 - \varkappa_r}\|\nu_1 - \nu_0\|_{L_2} \leqq \frac{\varkappa_r^{\,n}}{1 - \varkappa_r}\, r. \tag{23}$$

Beweis. Aus dem Beweis von Satz 1 folgt zunächst $TK_{\eta,r} \subset S_{\eta,r} \subset K_{\eta,r}$. Sind u und ν zwei beliebige Elemente aus $K_{\eta,r}$, so gilt unter Verwendung der Schwarzschen Ungleichung sowie der Relationen (9) bis (20)

$$\begin{aligned}\|Tu - T\nu\|_{L_2} &= \left\{\frac{1}{2\pi}\int_0^{2\pi}\left|\int_0^{2\pi} G(t, s)\{g[u(s), s] - g[\nu(s), s]\}\, ds\right|^2 dt\right\}^{\frac{1}{2}} \\ &\leqq \left\{\int_0^{2\pi}\int_0^{2\pi} \|G(t, s)\|^2\, ds\, dt\, \frac{1}{2\pi}\int_0^{2\pi} |g[u(s), s] - g[\nu(s), s]|^2\, ds\right\}^{\frac{1}{2}} \\ &\leqq h \cdot L_r\|u - \nu\|_{L_2} = \varkappa_r\|u - \nu\|_{L_2} < \|u - \nu\|_{L_2},\end{aligned} \tag{24}$$

d. h., der Operator T stellt in der Menge $K_{\eta,r}$ bezüglich der L_2-Norm eine strikt kontraktive Abbildung mit der Kontraktionskonstanten $\varkappa_r$ dar. Daraus folgt unmittelbar die Gültigkeit der Relation (23), q. e. d.

Bei der Verwendung von Computern können mittels (22) Näherungswerte für $p(t)$ im allgemeinen nur an diskreten t-Stellen berechnet werden. Ersetzen wir das Iterationsverfahren (22) durch ein Projektionsverfahren, so wird die numerische Realisierung dieses Verfahrens nicht mehr zur Einschränkung führen, $p(t)$ nur punktweise zu approximieren.

3. Bezeichnen wir mit

$$\frac{1}{2}\sum_{i=1}^{n} a_0^{(i)}\varphi_0^{(i)} + \sum_{k=0}^{\infty}\sum_{j=1}^{2n} a_k^{(j)}\varphi_k^{(j)}$$

die zu einem Element $v \in L_2(0, 2\pi)$ bezüglich des Funktionensystems (11) gehörige Fourierreihe, so können wir durch

$$P_m v = \frac{1}{2}\sum_{i=1}^{n} a_0^{(i)}\varphi_0^{(i)} + \sum_{k=0}^{m}\sum_{j=1}^{2n} a_k^{(j)}\varphi_k^{(j)}$$

einen Operator P_m definieren, der $L_2(0, 2\pi)$ auf die abgeschlossene lineare Hülle $H_m(0, 2\pi)$ der Funktionen $\varphi_0, \ldots, \varphi_m^{(2n)}$ abbildet. Man kann leicht zeigen, daß P_m ein Projektionsoperator ist, d. h. ein linearer selbstadjungierter Operator mit den Eigenschaften $P_m^2 = P_m$ und

$$\|P_m\| = 1, \qquad m \geqq 1. \tag{25}$$

Die Abschätzungen des folgenden von L. CESARI [1] stammenden Lemmas werden wir im weiteren häufig verwenden.

Lemma 1. *Es sei $f(t)$ eine stetig differenzierbare 2π-periodische Vektorfunktion. Dann gilt*

$$\|f(t) - P_m f(t)\|_C \leqq \sigma(m) \left\| \frac{d}{dt} f(t) \right\|_{L_2}, \tag{26}$$

$$\|f(t) - P_m f(t)\|_{L_2} \leqq \frac{1}{m+1} \left\| \frac{d}{dt} f(t) \right\|_{L_2}, \tag{27}$$

wobei $\sigma(m)$ durch

$$\sigma(m) = \sqrt{2}\left[\frac{1}{(m+1)^2} + \frac{1}{(m+2)^2} + \cdots\right]^{\frac{1}{2}}$$

definiert ist.

Analog kann man beweisen:

Lemma 2. *Es sei $f(t)$ eine stetige 2π-periodische Vektorfunktion, die eine quadratisch integrierbare Ableitung besitzt, welche der Bedingung $\left\|\frac{df}{dt}\right\|_{L_2} \leqq c$ genügt. Dann gilt*

$$\|f(t) - P_m f(t)\|_{L_2} \leqq \frac{1}{m+1} \left\| \frac{d}{dt} f(t) \right\|_{L_2} \leqq \frac{c}{m+1}. \tag{28}$$

Für die weiteren Untersuchungen führen wir folgende Bezeichnungen und Abkürzungen ein:

Die Menge aller Funktionen v von $L_2(0, 2\pi)$, die eine quadratisch integrierbare Ableitung besitzen, welche der Bedingung $\left\|\frac{dv}{dt}\right\|_{L_2} \leqq c$ genügt, bezeichnen wir mit $L_2^c(0, 2\pi)$.

Weiter setzen wir

$$\max_{x\in D}|x| \leqq K_1, \qquad \max_{x\in D}\|g(x,t)\|_C \leqq K_2, \qquad \max_{0\leqq t\leqq 2\pi}\|A(t)\| \leqq K_3, \tag{29}$$

$$K^* = K_2 + K_1K_3.$$

Satz 2. *Unter den Voraussetzungen von Satz 1 und den zusätzlichen Bedingungen*

a) *Die Funktion $g(x, t)$ ist für $(x, t) \in D \times (-\infty, \infty)$ nach x und t stetig differenzierbar.*

b) *Es existiert ein $a > 1$, so daß die Relation*

$$\sup_{0\leqq t\leqq 2\pi} |\eta(t) - q(t)| \leqq \frac{1-k_r}{ak_r} r \tag{30}$$

erfüllt ist.

existiert eine natürliche Zahl m_0, so daß der Operator $T_m = P_mT$ für $m \geqq m_0$ die Menge $\sum_{\eta,r}^{K^*} = L_2^{K^*}(0, 2\pi) \cap K_{\eta,r}$ in sich abbildet und dort einen strikt kontraktiven Operator darstellt. m_0 ist die kleinste natürliche Zahl, welche die Relation

$$\sigma(m)K^* \leqq \frac{(a-1)(1-k_r)}{a} r \tag{31}$$

erfüllt.

Beweis. Es sei u ein beliebiges Element aus $\sum_{\eta,r}^{K^*}$. Die Funktion $w = Tu$ ist unter den Voraussetzungen von Satz 2 stetig und besitzt eine quadratisch integrierbare Ableitung, wobei nach (13), (7) und (29) die Relationen

$$\frac{dw}{dt} = A(t)\, w + g(u(t), t)$$

und

$$\left\|\frac{dw}{dt}\right\|_{L_2} \leqq \max_{0\leqq t\leqq 2\pi} \|A(t)\|\, \|w\|_C + \|g(u(t), t)\|_C \leqq K_3K_1 + K_2 = K^* \tag{32}$$

gelten. Nach (32) und (25) haben wir folglich

$$\left\|\frac{d}{dt} T_m u\right\|_{L_2} = \left\|P_m \frac{dw}{dt}\right\|_{L_2} \leqq \left\|\frac{dw}{dt}\right\|_{L_2} \leqq K^*, \tag{33}$$

d. h. $T_m \sum_{\eta,r}^{K^*} \subset L_2^{K^*}(0, 2\pi)$.

Um zu zeigen, daß die Funktionswerte von $T_m u(t)$ für alle t im Gebiet $D_{\eta,r}$ liegen, beachten wir zunächst, daß aus dem Beweis von Satz 1 folgt, daß der Operator T unter den Voraussetzungen von Satz 2 die Funktionenmenge $K_{\eta,r}$ in sich abbildet, so daß wir nach (32) $TK_{\eta,r} \subset \sum_{\eta,r}^{K^*}$ schließen können.

Für $u \in \sum_{\eta,r}^{K^*}$ gilt nach Lemma 1

$$\|T_m u - Tu\|_C = \|P_m Tu - Tu\|_C \leqq \sigma(m)\, K^*. \tag{34}$$

Unter den Voraussetzungen von Satz 1 stellt der Operator T bezüglich der C-Norm in der Menge $K_{\eta,r}$ einen strikt kontraktiven Operator mit der Kontraktionskonstanten k_r dar. Folglich haben wir nach (30) für $u \in K_{\eta,r}$

$$\begin{aligned}\|Tu - Tq\|_C &\leqq k_r \sup_{0\leqq t\leqq 2\pi} |u(t) - q(t)| \\ &\leqq k_r \left(\sup_{0\leqq t\leqq 2\pi} |u(t) - \eta(t)| + \sup_{0\leqq t\leqq 2\pi} |\eta(t) - q(t)|\right) \\ &\leqq k_r \left(r + \frac{1-k_r}{ak_r} r\right) = r - \frac{(a-1)(1-k_r)}{a} r. \end{aligned} \tag{35}$$

Somit gilt nach (34) und (35)

$$\begin{aligned}\|T_m u - \eta\|_C &\leqq \|T_m u - Tu\|_C + \|Tu - Tq\|_C \\ &\leqq \sigma(m)K^* + r - \frac{(a-1)(1-k_r)}{a} r. \end{aligned}$$

Unter der Bedingung (31) haben wir folglich für $u \in \sum_{\eta,r}^{K^*}$ die Abschätzung

$$\|T_m u - \eta\|_C \leqq r,$$

d. h., die Funktionswerte der Funktion $T_m u(t)$ liegen für $0 \leqq t \leqq 2\pi$ im Gebiet $D_{\eta,r}$. Damit haben wir gezeigt, daß der Operator T_m die Funktionenmenge $\sum_{\eta,r}^{K^*}$ für $m \geqq m_0$ in sich abbildet.

Für $u, v \in K_{\eta,r}$ gilt nach (24) und (25)

$$\|T_m u - T_m v\|_{L_2} \leqq \|P_m\| \, \|Tu - Tv\|_{L_2} \leqq \varkappa_r \|u - v\|_{L_2} < \|u - v\|_{L_2}, \tag{36}$$

d. h. die strikte Kontraktivität von T_m bezüglich der L_2-Norm mit der Kontraktionskonstanten $\varkappa_r$.

Als unmittelbare Folgerung von Satz 2 erhalten wir, daß der Operator T_m für $m \geqq m_0$ in der vollständigen Erweiterung der Menge $\sum_{\eta,r}^{K^*}$ genau einen Fixpunkt $u_*^{(m)}$ besitzt. Für die Folge der Fixpunkte $\{u_*^{(m)}\}$ gilt der Satz:

S a t z 3. *Unter den Voraussetzungen von Satz 2 konvergiert die Folge der Fixpunkte* $\{u_*^{(m)}\}$ *stark bezüglich der* L_2*-Norm gegen den in* $K_{\eta,r}$ *eindeutigen Fixpunkt* p *von* T.

B e w e i s. Wir bezeichnen mit m_1 die kleinste natürliche Zahl, für die die Relation

$$\sigma(m)(K_3 k_r + L_r) + k_r < 1 \tag{37}$$

erfüllt ist. Für $m \geqq m_1$ und $u, v \in K_{\eta,r}$ gilt dann

$$\begin{aligned}\|T_m u - T_m v\|_C &\leqq \|P_m(Tu - Tv) - (Tu - Tv)\|_C + \|Tu - Tv\|_C \\ &\leqq \sigma(m) \left\| \frac{d}{dt} (Tu - Tv) \right\|_C + \|Tu - Tv\|_C \\ &\leqq \sigma(m) \|A(t)(Tu - Tv) + g(u, t) - g(v, t)\|_C + k_r \|u - v\|_C \\ &\leqq [\sigma(m)(K_3 k_r + L_r) + k_r] \, \|u - v\|_C < \|u - v\|_C. \end{aligned} \tag{38}$$

Unter den Voraussetzungen von Satz 2 und der Bedingung $m \geqq m_2 = \operatorname{Max}(m_0, m_1)$ bildet der Operator T_m die Menge $\sum_{\eta,r}^{K^*}$ in sich ab und stellt dort sowohl bezüglich der L_2-Norm als auch bezüglich der C-Norm einen strikt kontraktiven Operator dar. Die Folge

$$u_n^{(m)} = T_m u_{n-1}^{(m)}, \qquad n = 1, 2, \ldots, \qquad u_0^{(m)} \in \sum_{\eta,r}^{K^*}, \tag{39}$$

konvergiert somit bei festem $m \geqq m_2$ bezüglich beider Normen gegen eine Funktion $u_*^{(m)}$, die einen Fixpunkt des Operators T_m darstellt.

Da $u_n^{(m)}$ für alle $n \geqq 1$ zur Menge $K_{\eta,r}$ gehört, gilt

$$\begin{aligned} \|\eta - u_*^{(m)}\|_C &\leqq \|\eta - u_n^{(m)}\|_C + \|u_n^{(m)} - u_*^{(m)}\|_C \\ &\leqq r + \|u_n^{(m)} - u_*^{(m)}\|_C . \end{aligned} \tag{40}$$

Auf Grund der starken Konvergenz der Folge (39) gegen $u_*^{(m)}$ kann der zweite Summand in (40) beliebig klein gemacht werden, so daß daraus die Gültigkeit der Relation

$$\|\eta - u_*^{(m)}\|_C \leqq r$$

folgt, d. h., die Fixpunkte des Operators T_m liegen wenigstens in der Menge $K_{\eta,r}$.

Unter den Voraussetzungen von Satz 2 besitzt der Operator T in der Funktionenmenge $K_{\eta,r}$ genau einen Fixpunkt $p(t)$. Somit können wir in den Relationen (34) und (35) $u = p$ setzen und erhalten für $m \geqq m_0$ die Abschätzung

$$\begin{aligned} \|P_m p - \eta\|_C = \|T_m p - \eta\|_C &\leqq \|T_m p - p\|_C + \|Tp - Tq\|_C \\ &\leqq \sigma(m)K^* + r - \frac{(a-1)(1-k_r)}{a} r \leqq r . \end{aligned}$$

Für $m \geqq m_0$ gehört folglich $P_m p$ zur Funktionenmenge $K_{\eta,r}$. Nach (36) stellt der Operator T_m unter den Voraussetzungen von Satz 2 in $K_{\eta,r}$ bezüglich der L_2-Norm eine strikt kontraktive Abbildung mit der Kontraktionskonstanten $\varkappa_r$ dar. Nach [3, S. 102] ist dann der Operator $I - T_m$ in $K_{\eta,r}$ stark monoton mit der Monotoniekonstanten $1 - \varkappa_r$, d. h., für $u, v \in K_{\eta,r}$ gilt

$$[(I - T_m)(u - v), u - v] \geqq (1 - \varkappa_r)\, \|u - v\|_{L_2}^2 . \tag{41}$$

Wie wir gezeigt haben, gehören der Fixpunkt $u_*^{(m)}$ und die Funktion $P_m p$ für $m \geqq m_2$ zur Funktionenmenge $K_{\eta,r}$.

Setzen wir in (41) $u = P_m p$ und $v = u_*^{(m)}$, so erhalten wir unter Verwendung der Relationen $T_m u_*^{(m)} = u_*^{(m)}$ und $P_m{}^2 = P_m$ sowie der Selbstadjungiertheit von P_m die Ungleichung

$$\begin{aligned} (1 - \varkappa_r)\, \|P_m p - u_*^{(m)}\|_{L_2}^2 &\leqq [(I - T_m)(P_m p - u_*^{(m)}), P_m p - u_*^{(m)}] \\ &= [P_m p - T_m P_m p + T_m u_*^{(m)} - u_*^{(m)}, P_m p - u_*^{(m)}] \\ &= [Tp - TP_m p, P_m p - u_*^{(m)}] . \end{aligned} \tag{42}$$

Durch Anwendung der Schwarzschen Ungleichung und der Relation (24) erhalten wir weiter

$$\begin{aligned} (1 - \varkappa_r)\, \|P_m p - u_*^{(m)}\|_{L_2}^2 &\leqq \|Tp - TP_m p\|_{L_2} \|P_m p - u_*^{(m)}\|_{L_2} \\ &\leqq \varkappa_r \|p - P_m p\|_{L_2} \|P_m p - u_*^{(m)}\|_{L_2} . \end{aligned}$$

Daraus folgt

$$\|P_m p - u_*^{(m)}\|_{L_2} \leqq \frac{\varkappa_r}{1 - \varkappa_r} \|P_m p - p\|_{L_2} . \tag{43}$$

Beachten wir, daß p der Relation

$$\frac{dp}{dt} = f(t, p)$$

genügt, so erhalten wir nach (27)

$$\|P_m p - p\|_{L_2} \leqq \frac{1}{m+1} \operatorname*{Max}_{x \in D} \|f(t, x)\|_{L_2}. \tag{44}$$

Unter Verwendung von (43) und (44) haben wir schließlich

$$\begin{aligned} \|u_*^{(m)} - p\|_{L_2} &\leqq \|u_*^{(m)} - P_m p\|_{L_2} + \|P_m p - p\|_{L_2} \\ &\leqq \left(\frac{\varkappa_r}{1 - \varkappa_r} + 1\right) \|P_m p - p\|_{L_2} \\ &\leqq \left(\frac{1}{1 - \varkappa_r}\right) \frac{1}{m+1} \operatorname*{Max}_{x \in D} \|f(t, x)\|_{L_2}, \end{aligned} \tag{45}$$

also

$$\|u_*^{(m)} - p\|_{L_2} \to 0 \quad \text{für} \quad m \to +\infty,$$

q. e. d.

Über die Differenz zwischen p und $u_*^{(m)}$ folgt aus (45):

Korollar 3.1. *Unter den Voraussetzungen von Satz 2 gilt für* $m \geqq m_2$

$$\|p - u_*^{(m)}\|_{L_2} \leqq \frac{1}{(m+1)(1 - \varkappa_r)} \operatorname*{Max}_{x \in D} \|f(t, x)\|_{L_2}. \tag{46}$$

Zur numerischen Ermittlung der Fixpunkte $u_*^{(m)}$ ist folgendes zu bemerken. Unter Verwendung des Ansatzes

$$u_*^{(m)} = \frac{1}{2} a_0^{(m)} + \sum_{k=1}^{m} (a_k^{(m)} \cos kt + b_k^{(m)} \sin kt) \tag{47}$$

erhalten wir aus der Fixpunktgleichung $u_*^{(m)} = T_m u_*^{(m)}$ zur Bestimmung der Koeffizientenvektoren $a_0^{(m)}, a_k^{(m)}, b_k^{(m)}$ das folgende System von $(2m+1)n$ nichtlinearen Gleichungen:

$$\left.\begin{aligned} a_0^{(m)} &= \frac{1}{\pi} \int_0^{2\pi} \int_0^{2\pi} G(t, s)\, g[u_*^{(m)}(s), s]\, ds\, dt, \\ a_k^{(m)} &= \frac{1}{\pi} \int_0^{2\pi} \cos kt \int_0^{2\pi} G(t, s)\, g[u_*^{(m)}(s), s]\, ds\, dt, \\ b_k^{(m)} &= \frac{1}{\pi} \int_0^{2\pi} \sin kt \int_0^{2\pi} G(t, s)\, g[u_*^{(m)}(s), s]\, ds\, dt, \\ k &= 1, \ldots, m. \end{aligned}\right\} \tag{48}$$

Es ist offensichtlich, daß die numerische Ermittlung der Lösungen dieses Systems mit beträchtlichen Schwierigkeiten verbunden ist, wobei das ständige Zunehmen von m (Erhöhung der Ordnung der Näherungslösung) zusätzliche Probleme bereitet. Um diese Schwierigkeiten zu umgehen, koppeln wir Projektions- und Iterationsverfahren zu einem Projektions-Iterationsverfahren.

4. Satz 4. *Unter den Voraussetzungen von Satz 2 konvergiert die Projektions-Iterationsfolge*

$$u_m = T_m u_{m-1}, \qquad m = m_2, m_2 + 1, \ldots, \qquad u_{m_2-1} \in K_{\eta,r} \tag{49}$$

im Mittel gegen die in $D_{\eta,r}$ eindeutige 2π-periodische Lösung $p(t)$ von (4).

Beweis. Trivialerweise gilt

$$\|p - u_m\|_{L_2} \leqq \|p - u_*^{(m)}\|_{L_2} + \|u_*^{(m)} - u_m\|_{L_2}. \tag{50}$$

Nach Korollar 3.1 existiert zu gegebenem $\varepsilon > 0$ eine natürliche Zahl $m_3 \geqq m_2$, so daß für $m \geqq m_3$ die Bedingung

$$\|p - u_*^{(m)}\|_{L_2} < \frac{\varepsilon}{3} \tag{51}$$

erfüllt ist.

Unter der Voraussetzung, daß u_{m_2-1} zu $K_{\eta,r}$ gehört, gilt nach (24), (25) und (49)

$$\begin{aligned} \|u_*^{(m)} - u_m\|_{L_2} &= \|T_m u_*^{(m)} - T_m u_{m-1}\|_{L_2} \leqq \varkappa_r \|u_*^{(m)} - u_{m-1}\|_{L_2} \\ &\leqq \varkappa_r (\|u_*^{(m)} - u_*^{(m-1)}\|_{L_2} + \|u_*^{(m-1)} - u_{m-1}\|_{L_2}) \\ &\leqq \sum_{j=m_2}^{m-1} \varkappa_r^{m-j} \|u_*^{(j+1)} - u_*^{(j)}\|_{L_2} + \varkappa_r^{m-m_2+1} \|u_*^{(m_2)} - u_{m_2-1}\|_{L_2} \\ &\leqq \sum_{j=m_2}^{m-1} \varkappa_r^{m-j} \|u_*^{(j+1)} - u_*^{(j)}\|_{L_2} + \varkappa_r^{m-m_2+1} 2r. \end{aligned} \tag{52}$$

Wegen $\varkappa_r < 1$ existiert eine Zahl $m_4 \geqq m_3$, so daß für $m \geqq m_4$ die Ungleichung

$$\varkappa_r^{m-m_2+1} 2r < \frac{\varepsilon}{6} \tag{53}$$

erfüllt ist. Aus der Konvergenz im Mittel der Folge $u_*^{(m)}$ gegen p folgt die Existenz einer natürlichen Zahl $m_5 \geqq m_4$, so daß für $m \geqq m_5$

$$\|u_*^{(m+1)} - u_*^{(m)}\| \leqq \frac{\varepsilon}{3 \sum_{\nu=1}^{\infty} \varkappa_r^{\nu}} \tag{54}$$

gilt. Aus (52) bis (54) folgt somit für $m \geqq m_5$

$$\begin{aligned} \|u_*^{(m)} - u_m\|_{L_2} \leqq & \sum_{j=m_2}^{m_5-1} \varkappa_r^{m-j} \|u_*^{(j+1)} - u_*^{(j)}\|_{L_2} \\ & + \sum_{j=m_5}^{m-1} \varkappa_r^{m-j} \|u_*^{(j+1)} - u_*^{(j)}\|_{L_2} + \frac{\varepsilon}{6} \end{aligned}$$

$$\leqq 2r \sum_{j=m_2}^{m_5-1} \varkappa_r^{m-j} + \frac{\varepsilon \sum\limits_{j=m_5}^{m-1} \varkappa_r^{m-j}}{3 \sum\limits_{\nu=0}^{\infty} \varkappa_r^{\nu}} + \frac{\varepsilon}{6}$$

$$\leqq 2r\varkappa_r^{m-m_5-1} (m_5 - m_2) + \frac{\varepsilon}{3}.$$

Wegen $\varkappa_r < 1$ existiert eine natürliche Zahl $m_6 \geqq m_5 + 1$, so daß für $m > m_6$

$$2r\varkappa_r^{m-m_5-1}(m_5 - m_2) < \frac{\varepsilon}{3}$$

gilt. Für $m > m_5$ haben wir folglich

$$\|u_*^{(m)} - u_m\|_{L_2} \leqq \frac{2}{3}\,\varepsilon. \tag{55}$$

Aus (49), (50) und (55) erhalten wir schließlich, daß zu beliebig vorgegebenem $\varepsilon > 0$ eine natürliche Zahl m_6 existiert, so daß für $m > m_6$ die Relation

$$\|p - u_m\|_{L_2} \leqq \frac{\varepsilon}{3} + \frac{2}{3}\,\varepsilon = \varepsilon$$

gilt, q. e. d.

Über den Fehler $\|p - u_m\|_{L_2}$ kann man folgende Abschätzung beweisen:

Satz 5. *Unter den Voraussetzungen von Satz 2 gilt für* $m \geqq m_2$

$$\|p - u_m\| \leqq 2r\varkappa_r^{m-m_2+1}$$
$$+ \frac{K}{1-\varkappa_r}\left(\frac{1}{m+1} + \sum_{j=m_2}^{m-1} \varkappa_r^{m-j} \operatorname{Min}\left\{\frac{2j+3}{(j+1)(j+2)}, \frac{1+\varkappa_r}{1-\varkappa_r}\,\frac{1}{j+1}\right\}\right),$$

wobei $K = \operatorname{Max}_{x \in D} \|f(t, x)\|_{L_2}$ *ist.*

Beweis. Zunächst gilt wieder

$$\|p - u_m\|_{L_2} \leqq \|p - u_*^{(m)}\|_{L_2} + \|u_*^{(m)} - u_m\|_{L_2}. \tag{56}$$

Nach Korollar 3.1 haben wir für $m \geqq m_2$

$$\|p - u_*^{(m)}\|_{L_2} \leqq \frac{K}{(1 - \varkappa_r)(m + 1)}. \tag{57}$$

Über den zweiten Summanden von (56) gilt nach (52) für $m \geqq m_2$

$$\|u_*^{(m)} - u_m\|_{L_2} \leqq \sum_{j=m_2}^{m-1} \varkappa_r^{m-j} \|u_*^{(j+1)} - u_*^{(j)}\|_{L_2} + 2r\varkappa_r^{m-m_2+1}. \tag{58}$$

Zur Abschätzung von $\|u_*^{(j+1)} - u_*^{(j)}\|_{L_2}$ haben wir zwei Möglichkeiten. Unter Verwendung von (46) gilt für $m \geqq m_2$

$$\begin{aligned}\|u_*^{(j+1)} - u_*^{(j)}\|_{L_2} &\leqq \|p - u_*^{(j+1)}\|_{L_2} + \|p - u_*^{(j)}\|_{L_2} \\ &\leqq \frac{K}{1-\varkappa_r}\left(\frac{1}{j+1} + \frac{1}{j+2}\right) = \frac{K}{1-\varkappa_r}\frac{2j+3}{(j+1)(j+2)}. \end{aligned} \tag{59}$$

Andererseits haben wir wegen der starken Monotonie von $I - T_m$ mit der Monotoniekonstanten $1 - \varkappa_r$ die Abschätzung

$$\begin{aligned}&(1-\varkappa_r)\,\|u_*^{(j+1)} - u_*^{(j)}\|_{L_2}^2 \\ &\leqq [(I - T_{j+1})\,(u_*^{(j+1)} - u_*^{(j)}),\; u_*^{(j+1)} - u_*^{(j)}] \\ &= [u_*^{(j+1)} - T_{j+1}u_*^{(j+1)} - u_*^{(j)} + T_{j+1}u_*^{(j)},\, u_*^{(j+1)} - u_*^{(j)}] \\ &= [P_{j+1}Tu_*^{(j)} - u_*^{(j)},\, u_*^{(j+1)} - u_*^{(j)}] \\ &= [P_{j+1}(Tu_*^{(j)} - u_*^{(j)}),\, u_*^{(j+1)} - u_*^{(j)}] \\ &\leqq [P_{j+1}T(u_*^{(j)} - p),\, u_*^{(j+1)} - u_*^{(j)}] + [P_{j+1}(p - u_*^{(j)}),\, u_*^{(j+1)} - u_*^{(j)}]. \end{aligned} \tag{60}$$

Nach der Schwarzschen Ungleichung erhalten wir aus (60)

$$\begin{aligned}&(1-\varkappa_r)\,\|u_*^{(j+1)} - u_*^{(j)}\|_{L_2}^2 \\ &\leqq \|Tu_*^{(j)} - Tp\|_{L_2}\,\|u_*^{(j+1)} - u_*^{(j)}\|_{L_2} + \|p - u_*^{(j)}\|_{L_2}\,\|u_*^{(j+1)} - u_*^{(j)}\|_{L_2} \\ &\leqq \|u_*^{(j+1)} - u_*^{(j)}\|_{L_2}\,(\varkappa_r + 1)\,\|p - u_*^{(j)}\|_{L_2}. \end{aligned}$$

Für $m \geqq m_2$ folgt daraus unter Verwendung von (46)

$$\|u_*^{(j+1)} - u_*^{(j)}\|_{L_2} \leqq \frac{1+\varkappa_r}{1-\varkappa_r}\,\|p - u_*^{(j)}\|_{L_2} \leqq \frac{1+\varkappa_r}{(1-\varkappa_r)^2}\frac{1}{j+1}\,K. \tag{61}$$

Aus (59) und (61) erhalten wir somit

$$\|u_*^{(j+1)} - u_*^{(j)}\|_{L_2} \leqq \frac{K}{1-\varkappa_r}\frac{1}{j+1}\,\mathrm{Min}\left\{\frac{1+\varkappa_r}{1-\varkappa_r},\ \frac{2j+3}{j+2}\right\}.$$

Wie man leicht nachprüfen kann, stellt die Abschätzung (59) im Fall $\varkappa_r \geqq \dfrac{1}{3m_2+5}$, also sicher für $\varkappa_r \geqq \dfrac{1}{8}$, eine bessere Abschätzung als (61) dar.

Aus (56) bis (61) folgt schließlich

$$\begin{aligned}\|p - u_m\|_{L_2} \leqq{} & \frac{K}{(1-\varkappa_r)\,(m+1)} + 2r\varkappa_r^{\,m-m_2+1} \\ & + \frac{K}{1-\varkappa_r}\sum_{j=m_2}^{m-1}\varkappa_r^{\,m-j}\,\mathrm{Min}\left\{\frac{2j+3}{(j+1)\,(j+2)},\ \frac{1+\varkappa_r}{1-\varkappa_r}\frac{1}{j+1}\right\},\end{aligned}$$

q. e. d.

Stellen wir die nach dem Algorithmus (48) gewonnene Näherung u_m wieder als Fourierreihe (47) dar, so erhalten wir aus der Eigenschaft, daß der Operator P_m einer

Funktion $u \in L_2(0, 2\pi)$ die ersten $2m + 1$ Glieder ihrer zugehörigen Fourierreihe zuordnet, für die neuen Koeffizientenvektoren die Relationen

$$a_0^{(m)} = \frac{1}{\pi} \int_0^{2\pi} \int_0^{2\pi} G(t, s)\, g[u_{m-1}(s), s]\, ds\, dt,$$

$$a_k^{(m)} = \frac{1}{\pi} \int_0^{2\pi} \cos kt \int_0^{2\pi} G(t, s)\, g[u_{m-1}(s), s]\, ds\, dt,$$

$$b_k^{(m)} = \frac{1}{\pi} \int_0^{2\pi} \sin kt \int_0^{2\pi} G(t, s)\, g[u_{m-1}(s), s]\, ds\, dt.$$

Gegenüber (48) haben wir jetzt die wesentlichen Vorteile, daß die neuen Koeffizientenvektoren unmittelbar aus den alten berechnet werden können, also nicht mehr als Lösung eines Systems nichtlinearer Gleichungen zu ermitteln sind, und daß dadurch die Erhöhung der Ordnung der Näherungslösung beim Projektions-Iterationsverfahren ohne Schwierigkeiten vom Computer selbst durchgeführt werden kann.

Ein Beispiel für die Anwendung des Projektions-Iterationsverfahrens (49) ist in [6] dargestellt.

Literatur

[1] Cesari, L., Functional analysis and periodic solutions of nonlinear differential equations, Contributions to Differential Equations **1** (1963), 149—187.

[2] Gajewski, H., Über die Konvergenz von Diagonalfolgen bei nichtlinearen Funktionalgleichungen, Monatsber. DAW **10** (1968), 657—666.

[3] Gajewski, H., und R. Kluge, Projektions-Iterationsverfahren und nichtlineare Probleme mit monotonen Operatoren, Monatsber. DAW **12** (1970), 98—115.

[4] Красносельский, М. А., Оператор сдвига по траекториям дифференциальных уравнений, Москва 1966.

[5] Petryshyn, W. V., Projection methods in nonlinear numerical functional analysis, J. Math. Mech. **17** (1967), 353—372.

[6] Schneider, K. R., Näherungsverfahren zur Ermittlung periodischer Lösung bei Systemen gewöhnlicher periodischer Differentialgleichungen, Computing **10** (1972), 63—82.

[7] Tolstow, G. P., Fourierreihen, Berlin 1955 (Übersetzung aus dem Russischen).

[8] Urabe, M., Galerkin's procedure for nonlinear periodic systems, Arch. Rat. Mech. Anal. **20** (1965), 120—152.

Manuskripteingang: 16. 7. 1972

VERFASSER:

Dr. Klaus R. Schneider, Zentralinstitut für Mathematik und Mechanik der Akademie der Wissenschaften der DDR

Beiträge zur Numerischen Mathematik
2 (1974), 177–191

Ein Näherungsverfahren zur Lösung eindimensionaler singulärer Integralgleichungen nicht normalen Typs[1])

JÜRGEN SCHULZ

Die vorliegende Arbeit beschäftigt sich mit der Anwendung der Fehlerquadratmethode (kurz: FQM) auf die eindimensionale singuläre Integralgleichung nicht normalen Typs, d. h. Integralgleichungen der Gestalt

$$(A\varphi)(t) = a(t)\,\varphi(t) + b(t)\,(S\varphi)(t) + (T\varphi)(t) = f(t), \tag{1}$$

in der die Funktionen

$$c(t) = a(t) + b(t), \quad d(t) = a(t) - b(t) \quad (t \in \gamma) \tag{2}$$

auf dem Einheitskreis γ endlich viele Nullstellen ganzzahliger Ordnung besitzen. Dabei sei T ein vollstetiger Operator (in den entsprechenden Funktionsräumen), und das singuläre Integral

$$(S\varphi)(t) = \frac{1}{\pi i} \int_{\gamma} \frac{\varphi(\tau)}{\tau - t}\, d\tau \tag{3}$$

soll im Sinne des Cauchyschen Hauptwertes verstanden werden.

Unter diesen Bedingungen ist der durch Gleichung (1) gegebene Operator A im Raum $L_2(\gamma)$ kein Φ-Operator[2]) mehr. ($L_2(\gamma)$ sei der Raum aller quadratisch summierbaren Funktionen auf γ.) Dabei seien die Funktionen $a(t)$ und $b(t)$ aus $H^\lambda(\gamma)$, d. h. aus dem Raum aller auf γ Hölder-stetigen Funktionen mit dem Exponenten λ $(0 < \lambda \leqq 1)$ (vgl. [1] und die dort angegebene Literatur).

Die analoge Behauptung gilt auch für die Räume $L_p(\Gamma)$ $(1 < p < \infty)$, wobei Γ eine ebene, geschlossene und rektifizierbare Jordan-Kurve sein kann, die den Koordinatenursprung umfaßt (vgl. [2] und die dort angegebene Literatur).

Für den hier betrachteten Fall wurden in [4] unter gewissen Voraussetzungen folgende Aussagen bewiesen:

1. Der Operator (1) ist, wenn er in einem gewissen Paar von Räumen $(H^\lambda(\Gamma), C^{m,\lambda}(\Gamma))$ oder $(L_p(\Gamma), W_p^{(m)}(\Gamma))$ betrachtet wird, ein Φ-Operator.

---

[1]) Der Autor dankt Herrn Prof. Dr. S. PRÖSSDORF für das dieser Arbeit entgegengebrachte Interesse.

[2]) In [3] ist die Definition des Φ-Operators gegeben.

2. Der Index sowie existierende Linksinverse bzw. Rechtsinverse zu A werden explizit angegeben.[1])

Bei dieser Betrachtungsweise stellt sich heraus, daß sich die FQM auf Gleichung (1) mit Erfolg anwenden läßt.

1. Die FQM für abgeschlossene Operatoren in Paaren von Räumen

Wir machen folgende Voraussetzungen, die sich für den Fall singulärer Integraloperatoren leicht nachprüfen lassen:

1. X sei ein Banachraum mit der Norm $\|\cdot\|_x$.

2. H sei ein Hilbertraum mit dem Skalarprodukt $(.\,,.)$.

3. A sei ein distributiver[2]) abgeschlossener[3]) Operator, der auf der linearen Menge $D(A) \subset X$ definiert ist und dessen Wertbereich $R(A)$ in H liegt.

4. Der Operator A erfülle folgende Bedingung: Es existiere eine Konstante $k > 0$, so daß gilt:

$$\|u\|_x \leqq k\|Au\|_H \quad \text{für alle} \quad u \in D(A). \tag{4}$$

5. In X existiere ein abzählbares System $\{\varphi_k^{(1)}\}_{k=1}^{\infty}$ von linear unabhängigen Elementen mit $\varphi_k^{(1)} \in D(A)$ $(k = 1, 2, \ldots)$. Jedem dieser Elemente ordnen wir durch die Beziehung

$$A\varphi_k^{(1)} = \varphi_k^{(2)} \quad (k = 1, 2, \ldots) \tag{5}$$

ein Element $\varphi_k^{(2)} \in R(A)$ zu. Das System $\{\varphi_k^{(2)}\}_{k=1}^{\infty}$ erfülle folgende Bedingung:

6. Für alle $f \in H$ und für beliebiges $\varepsilon > 0$ existieren Zahlen $n_0(\varepsilon)$, $a_1, \ldots, a_{n_0}$, so daß

$$\left\| f - \sum_{k=1}^{n_0} a_k\varphi_k^{(2)} \right\|_H < \varepsilon \tag{6}$$

gilt.

Unter den Voraussetzungen 1 bis 6 betrachten wir die Gleichung

$$Au = f, \quad f \in H. \tag{7}$$

Wir wollen diese Gleichung näherungsweise lösen. Dazu machen wir folgenden Ansatz:

$$u_n = \sum_{k=1}^{n} \alpha_k\varphi_k^{(1)}, \tag{8}$$

wobei wir die α_k $(k = 1, \ldots, n)$ so bestimmen, daß das Funktional

$$\|f - Au_n\|_H^2 \tag{8'}$$

minimal wird.

---

[1]) Der Index eines Φ-Operators ist gleich der Differenz aus der Dimension des Nullraumes und der Kodimension des Bildbereichs dieses Operators.

[2]) Ein additiver und homogener Operator heißt distributiv.

[3]) Ein Operator A heißt abgeschlossen, wenn aus $f_n \in D(A)$ $(n = 1, 2, \ldots)$, $\lim f_n = f$ und $\lim Af_n = g$ folgt: $f \in D(A)$ und $Af = g$.

Es gilt folgender Satz (vgl. [5]).

Satz 1. *Die Gleichung* (7) *ist für jedes* $f \in H$ *eindeutig lösbar, und die FQM* (8), (8') *liefert eine Folge* $\{u_n\}$ *von Näherungslösungen, die gegen die exakte Lösung* u *von* (7) *konvergiert. Weiterhin gilt folgende Fehlerabschätzung:*

$$\|u - u_n\|_x \leqq k\|Au_n - f\|_H \tag{9}$$

(*k ist die Konstante aus Beziehung* (4)).

2. Die Anwendung der FQM auf die singuläre Integralgleichung nicht normalen Typs

Eingangs dieses Abschnitts führen wir folgende Operatoren ein, die in $L_2(\gamma)$ erklärt sind:

$$P = \frac{1}{2}(I + S), \quad Q = \frac{1}{2}(I - S), \tag{9'}$$

wobei S durch (3) definiert ist und I den identischen Operator in $L_2(\gamma)$ bezeichnet.

Bemerkung. Die Operatoren P und Q sind Orthoprojektoren, d. h., es ist $P^2 = P$, $Q^2 = Q$, $PL_2(\gamma) \perp QL_2(\gamma)$, und es gilt $PQ = QP = 0$, $P + Q = I$.

Zunächst wollen wir nicht den allgemeinen Fall der Gleichung (1) untersuchen, sondern nur den Fall $T \equiv 0$ betrachten. Den verbleibenden Operator, der auch charakteristischer Teil von A genannt wird, geben wir mit Hilfe von (2) und (9') die Gestalt

$$A_0\varphi = cP\varphi + dQ\varphi$$

und setzen voraus, daß sich die Funktionen $c(t)$ und $d(t)$ wie folgt darstellen lassen:

$$c(t) = R_1(t)\, c_0(t), \quad d(t) = R_2(t)\, d_0(t) \tag{10}$$

mit $c_0(t) \neq 0$ und $d_0(t) \neq 0$ für alle $t \in \gamma$. Hierbei ist

$$R_1(t) = \prod_{i=1}^{r} (t - \alpha_i)^{m_i} \quad (\alpha_i \in \gamma,\ i = 1, \ldots, r)$$

und

$$R_2(t) = \prod_{j=1}^{q} (t - \beta_j)^{n_j} \quad (\beta_j \in \gamma,\ j = 1, \ldots, q).$$

Die Ordnungen m_i und n_j der Nullstellen seien ganze positive Zahlen. Wir setzen $m = \max(m_1, \ldots, m_i, n_1, \ldots, n_j)$; dann gelte

$$c_0(t) \in C^{m,\lambda}(\gamma), \quad d_0(t) \in C^{m,\lambda}(\gamma)$$

($C^{m,\lambda}(\gamma)$ sei der Raum aller stetigen Funktionen auf γ, die stetige Ableitungen bis zur m-ten Ordnung besitzen, wobei die m-te Ableitung Hölder-stetig ist mit dem Exponenten λ.)

Wir folgen nun dem Gedanken, der in [4] entwickelt wurde, um noch „gute" Eigenschaften des Operators A_0 zu erhalten.

Man schränkt das Definitionsgebiet von A_0 wie folgt ein:

$$D(\bar{A}_0) = \{\varphi \in L_2(\gamma) | A\varphi \in W_2^{(m)}(\gamma)\}, \tag{11}$$

wobei $\bar{A}_0$ die Einschränkung von A_0 auf $D(\bar{A}_0)$ bedeutet. ($W_2^{(m)}(\gamma)$ (m natürliche Zahl) ist der Raum aller Funktionen aus $L_2(\gamma)$, die quadratisch summierbare verallgemeinerte Ableitungen bis einschließlich der Ordnung m im Sinne von SOBOLEW besitzen.)

Aus der Arbeit [4] führen wir nachstehendes wichtige Resultat an:

Lemma 1. *Unter den Voraussetzungen* (10) *ist der Operator* $\bar{A}_0$ *in dem Paar von Räumen* $(L_2(\gamma); W_2^{(m)}(\gamma))$ *ein* Φ*-Operator mit dem Index* Ind $\bar{A}_0 = \varkappa_0 - \bar{m}$.

Weiter gilt:

1. *Wenn* $\varkappa_0 = \bar{m}$ *ist, dann ist* $\bar{A}_0$ *invertierbar.*
2. *Wenn* $\varkappa_0 > \bar{m}$ *ist, dann ist* A_0 *nur rechtsinvertierbar.*
3. *Wenn* $\varkappa_0 < \bar{m}$ *ist, dann ist* A_0 *nur linksinvertierbar.*

Hierbei ist

$$\bar{m} = m_1 + \cdots + m_r \tag{12}$$

und

$$\varkappa_0 = \frac{1}{2\pi i} \int_\gamma d \ln \frac{d_0}{c_0}. \tag{13}$$

Es soll nun die Gleichung

$$(\bar{A}_0\varphi)(t) = f(t), \quad f(t) \in W_2^{(m)}(\gamma), \tag{14}$$

betrachtet werden, wobei die Lösung $\varphi(t)$ in $L_2(\gamma)$ gesucht wird.

Wir ordnen der Gleichung (14) die folgende Gleichung zu:

$$\bar{K}_0\psi = R_1 c_0 P\psi + R_2 d_0 t^{\bar{m}-\varkappa_0} Q\psi = f. \tag{15}$$

Unter $\bar{K}_0$ verstehen wir dabei die Einschränkung von K_0 auf $D(\bar{K}_0)$ analog Beziehung (11).

(Diese Methode der Zuordnung wurde in [6] auf singuläre Integralgleichungen im Normalfall[1]) angewandt.)

Aus Lemma (1) folgt unmittelbar, daß die Gleichung (15) für beliebiges $f \in W_2^{(m)}(\gamma)$ eine eindeutige Lösung $\psi \in L_2(\gamma)$ besitzt.

Es gilt folgender Satz, der die Beziehung der Gleichung (15) zur Gleichung (14) herstellt:

Satz 2. *Wenn* $\psi \in D(\bar{K}_0)$ *die Lösung der Gleichung* (15) *ist, dann ist*

$$\varphi = W_{\bar{m}-\varkappa_0}\, \psi \in D(\bar{A}_0) \tag{16}$$

---

[1]) Die Gleichung (1) heißt singuläre Integralgleichung im Normalfall, wenn die Funktionen (2) nirgends auf γ verschwinden.

Lösung der Gleichung (14), *wenn diese lösbar ist. Hierbei ist für* $n = \overline{m} - \varkappa_0$

$$W_n\psi = P\psi + t^n Q\psi.$$

Beweis. Es sei $\psi \in D(\overline{K}_0)$ die Lösung von (15), und wir zeigen, daß $t^{\overline{m}-\varkappa_0}Q\psi \in QL_2(\gamma)$ gilt. Für den Fall $\overline{m} \leqq \varkappa_0$ ist dies offensichtlich. Es sei nun $\overline{m} > \varkappa_0$ und $\varphi \in D(\overline{A}_0)$ die Lösung von (14). (Wegen Lemma (1) müssen wir an dieser Stelle die Lösbarkeit der Gleichung (14) voraussetzen, d. h., die rechte Seite f muß gewisse Orthogonalitätsbedingungen erfüllen.) Wir setzen $\psi_0 = P\varphi + t^{\varkappa_0-\overline{m}}Q\varphi$ und erhalten leicht $P\psi_0 = P\varphi$ und $Q\psi_0 = t^{\varkappa_0-\overline{m}}Q\varphi$, so daß daraus

$$t^{\overline{m}-\varkappa_0}Q\psi_0 = Q\varphi \in QL_2(\gamma)$$

und

$$\overline{K}_0\psi_0 = cP\psi_0 + dt^{\overline{m}-\varkappa_0}Q\psi_0 = cP\varphi + dQ\varphi = f \in W_2^{(m)}(\gamma)$$

folgt.

Da die Gleichung (15) eindeutig lösbar ist und $\psi_0 \in D(\overline{K}_0)$, ist $\psi_0 = \psi$ die Lösung von (15), und in der Tat gilt $t^{\overline{m}-\varkappa_0}Q\psi \in QL_2(\gamma)$. Mit diesem Ergebnis und mit (16) ist

$$\overline{A}_0\varphi = \overline{A}_0(W_{\overline{m}-\varkappa_0}\psi) = cP\psi + dt^{\overline{m}-\varkappa_0}Q\psi = \overline{K}_0\psi = f.$$

Daraus folgt die Behauptung des Satzes.

Mit Hilfe der FQM wollen wir Näherungslösungen ψ_n der Gleichung (15) konstruieren. Dazu überprüfen wir die Gültigkeit der Voraussetzungen von Abschnitt 1.

1. $X = L_2(\gamma)$ ist ein Banachraum mit der Norm[1])

$$\|\varphi\|_0^2 = \frac{1}{2\pi}\int_\gamma |\varphi(t)|^2\, ds, \quad \varphi \in L_2(\gamma) \tag{17}$$

(s Bogenlänge auf γ).

2. $H = W_2^{(m)}(\gamma)$ ist ein Hilbertraum mit dem Skalarprodukt

$$(\varphi, \psi)_m = \sum_{k=0}^{m} \frac{1}{2\pi}\int_\gamma \varphi(t)\overline{\psi(t)}\,ds, \quad \varphi, \psi \in W_2^{(m)}(\gamma). \tag{18}$$

Die durch dieses Skalarprodukt induzierte Norm sei mit $\|\varphi\|_m$ bezeichnet.

3. Nach [4] ist $\overline{K}_0$ ein distributiver, abgeschlossener Operator mit dichtem Definitionsgebiet

$$D(\overline{K}_0) \subset L_2(\gamma) \quad \text{und} \quad R(\overline{K}_0) = W_2^{(m)}(\gamma).$$

4. Weiter wurde in [4] gezeigt, daß der zu $\overline{K}_0$ inverse Operator $\overline{K}_0^{-1}$ auf $W_2^{(m)}(\gamma)$ beschränkt ist, d. h., es existiert eine Konstante $k_2 > 0$, so daß für alle $\varphi \in D(\overline{K}_0)$

$$\|\varphi\|_0 \leqq k_2\|\overline{K}_0\varphi\|_m$$

gilt.

---

[1]) Der Faktor $\frac{1}{2\pi}$ wurde hier und in nachfolgenden Definitionen eingeführt, damit das Funktionensystem $\{t^k\}$ orthonormiert wird.

5. Als linear unabhängiges System in $D(\overline{K}_0)$ wählen wir das System

$$\{t^k\}_{k=-\infty}^{+\infty} \tag{19}$$

und zeigen, daß das System

$$\{\overline{K}_0 t^k\}_{k=-\infty}^{+\infty} \tag{20}$$

in $W_2^{(m)}(\gamma)$ vollständig ist.

6. Dazu genügt es zu zeigen, daß das System (20) in der dichten Menge $D(\overline{K}_0^*) \subset W_2^{(m)}(\gamma)$ vollständig ist. ($\overline{K}_0^*$ sei der zu K_0 adjungierte Operator.) Wir nehmen an, es existiert ein Element $\varphi \in D(\overline{K}_0^*)$, $\varphi \neq 0$, so daß $(\varphi, \overline{K}_0 t^k)_m = 0$ für alle $k = 0, \pm 1, \pm 2, \ldots$ gilt. Daraus folgt $0 = (\overline{K}_0^* \varphi, t^k)_0$ für $k = 0, \pm 1, \pm 2, \ldots,$ so daß $\overline{K}_0^* \varphi = 0$ wegen der Vollständigkeit von (19) in $L_2(\gamma)$ gilt. Da $\overline{K}_0$ invertierbar ist, ist auch $\overline{K}_0^*$ invertierbar, so daß $\varphi = 0$ ist. Dies steht im Widerspruch zur Annahme, d. h., das System (20) ist vollständig in $D(\overline{K}_0^*)$ und damit in $W_2^{(m)}(\gamma)$.

Mit diesem letzten Schritt ist gezeigt, daß wir die FQM auf die Gleichung (15) anwenden können und daß für diese Gleichung der Satz (1) gilt.

Wie kommen wir nun zu Näherungslösungen der Gleichung (14). Die Folge $\{\psi_n\}$ sei die durch die FQM erhaltene Folge der Näherungslösungen der Gleichung (15). Über den Operator $W_{\overline{m}-\varkappa_0}$ (vgl. (16)) legen wir eine Folge $\{\varphi_n\}$ von Näherungslösungen der Gleichung (14) fest:

$$\varphi_n = W_{\overline{m}-\varkappa_0}\psi_n \quad (n = 1, 2, \ldots). \tag{21}$$

Satz 3. *Die durch* (21) *gegebene Folge konvergiert gegen eine Lösung* φ *der Gleichung* (14), *wenn diese lösbar ist.*

Beweis. Die Gleichung (14) sei lösbar. Wegen Satz 2 gilt für eine Lösung von (14) $\varphi = W_{\overline{m}-\varkappa_0}\psi$, wobei ψ Lösung von (15) ist. Daraus folgt

$$\|\varphi - \varphi_n\|_0 = \|W_{\overline{m}-\varkappa_0}(\psi - \psi_n)\|_0 \leqq \|W_{\overline{m}-\varkappa_0}\| \, \|\psi - \psi_n\|_0 .$$

Die ψ_n waren so konstruiert, daß $\psi_n \to \psi$ für $n \to \infty$, und wegen $\|W_{\overline{m}-\varkappa_0}\| < +\infty$ folgt daraus die Behauptung des Satzes.

3. Einige Hilfssätze, Fehlerabschätzungen

Die in diesem Abschnitt ohne Beweis angegebenen Hilfssätze sind durch elementare Umformungen leicht zu beweisen.

Hilfssatz 1. *Der durch die Gleichung*

$$W_n = P + t^n Q \quad (n = 0, \pm 1, \pm 2, \ldots) \tag{22}$$

in $L_2(\gamma)$ *definierte Operator hat die Norm*

$$\|W_n\| = \begin{cases} \sqrt{2} & \text{für} \quad n > 0, \\ 1 & \text{für} \quad n \leqq 0. \end{cases} \tag{23}$$

Folgerung. Wenn $|\alpha| = |\beta|$ ist, dann gilt in $L_2(\gamma)$

$$\|\alpha P + \beta t^n Q\| = \begin{cases} |\alpha| \sqrt{2} & \text{für} \quad n > 0, \\ |\alpha| & \text{für} \quad n \leqq 0. \end{cases}$$

Speziell ergibt sich für $n = 0$, $\alpha = 1$ und $\beta = -1$ die bekannte Beziehung $\|P - Q\| = \|S\| = 1$.

Mit diesem Hilfssatz haben wir nicht nur die Endlichkeit von $\|W_{\overline{m}-\varkappa_0}\|$ gezeigt, sondern darüber hinaus die Möglichkeit erhalten, eine erste Fehlerabschätzung durchzuführen, die sich aus dem Beweis von Satz 3 unmittelbar ergibt. Die weiteren Hilfssätze dienen dazu, die für eine Fehlerabschätzung wichtige Konstante k_2 anzugeben.

Definition. Es sei $W_2^{(m)}(a, b)$ der Raum aller Funktionen aus $L_2(a, b)$, die quadratisch summierbare verallgemeinerte Ableitungen bis einschließlich der Ordnung m im Sinne von Sobolew besitzen. Als Norm führen wir ein:

$$\|\varphi\|^2_{m,(a,b)} = \sum_{k=0}^{m} \frac{1}{2\pi} \int_a^b |\varphi(x)|^2 \, dx, \quad \varphi \in W_2^{(m)}(a, b). \tag{24}$$

In [4] wurde folgendes Lemma bewiesen:

Lemma. *Es sei* $f(x) \in W_2^{(n)}(a, b)$ *und* $f^{(k)}(x_0) = 0$ *für* $k = 0, 1, \ldots, m - 1 (m \leqq n;$ $a \leqq x_0 \leqq b)$. *Dann ist* $\varphi(x) = (x - x_0)^{-m} f(x) \in W_2^{(n-m)}(a, b)$, *und es gilt*

$$\|\varphi\|_{n-m,(a,b)} \leqq 2^m \|f\|_{n,(a,b)}. \tag{25}$$

Wenn $f(t) \in W_2^{(m)}(\gamma)$ ist, so sei für alle $k = 0, 1, \ldots, m$

$$f^{(k)} = \frac{d^k}{dt^k} f(t) \quad \text{und} \quad f^{*(k)} = \frac{d^k}{ds^k} f(e^{is}), \quad 0 \leqq s \leqq 2\pi.$$

Hilfssatz 2. *Es sei* $f(t) \in W_2^{(m)}(\gamma)$. *Die* k*-te Ableitung der Funktion* $f^*(s)$ *nach* s *läßt sich darstellen in der Form*

$$f^{*(k)} = i^k \sum_{j=1}^{k} C_{jk} e^{i(js)} f^{(j)} \quad (k = 1, \ldots, m), \tag{26}$$

wobei $C_{1k} = C_{kk} = 1$ $(k = 1, \ldots, m)$ *und* $C_{jk+1} = C_{j-1k} + jC_{jk}$ $(j = 2, \ldots, k;$ $k = 2, \ldots, m)$ *ist.*

Hilfssatz 3. *Für alle Funktionen* $f(t) \in W_2^{(m)}(\gamma)$ *gilt*

$$\|f^*\|_{m,(0,2\pi)} \leqq \left\{ \sum_{j=1}^{m} S_j^2 \right\}^{1/2} \|f\|_m, \tag{27}$$

wobei $S_k^2 = \sum_{j=1}^{k} C_{jk}^2$ $(k = 1, \ldots, m)$ *ist und die* C_{jk} *im Hilfssatz 2 definiert sind.*

Aus Lemma 2 und den letzten Hilfssätzen folgt:

Hilfssatz 4. *Es sei* $f(t) \in W_2^{(m)}(\gamma)$ *und* $f^{(k)}(t_0) = 0$ *für* $k = 0, 1, \ldots, m - 1$ $(t_0 \in \gamma$, *fest*). *Dann ist*

$$\varphi(t) = (t - t_0)^{-m} f(t) \in L_2(\gamma),$$

und es gilt

$$\|\varphi\|_0 \leqq \pi^m \left\{\sum_{j=1}^{m} S_j^2\right\}^{1/2} \|f\|_m, \tag{28}$$

wobei die S_j ($j = 1, \ldots, m$) im Hilfssatz 3 erklärt sind.

Später wird die Norm eines hermiteschen Interpolationspolynoms $(H)f$ abgeschätzt. Folgender Hilfssatz dient dazu als Vorbereitung:

Hilfssatz 5. *Für alle $f(x) \in W_2^{(1)}(0, 2\pi)$ und für jedes $x_0 \in [0, 2\pi]$ gilt*

$$|f(x_0)| \leqq C(x_0) \|f\|_{1,(0,2\pi)} \tag{29}$$

mit

$$C(x_0) = \frac{\sqrt{2} \cosh x_0 \cosh (2\pi - x_0)}{\{\cosh^2 (2\pi - x_0) \sinh (2x_0) + \cosh^2 x_0 \sinh (4\pi - 2x_0)\}^{1/2}}. \tag{30}$$

Beweis. Wir wollen hier nur den Beweisgedanken skizzieren. Wegen der absoluten Stetigkeit der Funktionen aus $W_2^{(1)}(0, 2\pi)$ ist das Funktional $\Phi_{x_0}(f) = f(x_0)$ sinnvoll. Weiter sieht man leicht, daß $\Phi_{x_0}(f)$ auf $W_2^{(1)}(0, 2\pi)$ ein distributives und beschränktes Funktional darstellt. Daraus folgt nach dem Satz von Riesz über die allgemeine Gestalt eines linearen Funktionals im Hilbertraum, daß Φ_{x_0} darstellbar ist in der Form $\Phi_{x_0}(f) = (f, g)_{1,(0,2\pi)}$, wobei $g \in W_2^{(1)}(0, 2\pi)$ eindeutig durch Φ_{x_0} bestimmt ist.

Weiter gilt

$$\|\Phi_{x_0}\| = \|g\|_{1,(0,2\pi)} = C(x_0).$$

Im folgenden wird diese Funktion g explizit konstruiert und deren Norm berechnet.

Folgerung A. Für die Einbettung des Raumes $W_2^{(1)}(0, 2\pi)$ in den Raum $C(0, 2\pi)$ aller stetigen Funktionen auf $[0, 2\pi]$ gilt

$$\max_{x \in [0,2\pi]} |f(x)| \leqq C(\pi) \|f\|_{1,(0,2\pi)} \tag{30'}$$

für alle $f \in W_2^{(1)}(0, 2\pi)$, wobei sich $C(\pi)$ aus (30) für $x_0 = \pi$ ergibt. Die Norm des Einbettungsoperators ist gleich $C(\pi)$.

Beweis. Betrachtet man den Ausdruck (3) als Funktion von x_0, so erkennt man mit Mitteln der Differentialrechnung, daß diese Funktion $C(x_0)$ ihr absolutes Maximum für $x_0 = \pi$ im Intervall $[0, 2\pi]$ annimmt. Damit kann man (29) weiter abschätzen:

$$|f(x)| \leqq C(\pi) \|f_{1,(0,2\pi)}\|.$$

Die rechte Seite dieser Abschätzung hängt nicht mehr von x_0 ab, so daß daraus (30′) folgt.

Weiterhin bemerken wir, daß es leicht möglich ist, eine absolut stetige Funktion zu konstruieren mit

$$\max |f(x)| = C(\pi) \quad \text{und} \quad \|f\|_{1,(0,2\pi)} = 1.$$

Daraus folgt die letzte Behauptung.

Bemerkung. Der Wert von $C(\pi)$ ist

$$C(\pi) = e^{-\pi} \left\{ \frac{2}{1 - e^{-4\pi}} \right\}^{1/2}.$$

Folgerung 1. Für alle $f(x) \in W_2^{(m)}(0, 2\pi)$ und für festes $x_0 \in [0, 2\pi]$ sowie für $\lambda = 1, \ldots, m$ gilt

$$\sum_{k=0}^{\lambda-1} \frac{1}{k!} |f^{(k)}(x_0)| \leqq C(x_0) \sum_{k=0}^{\lambda-1} \frac{1}{k!} \|f\|_{m,(0,2\pi)}. \tag{31}$$

Folgerung 2. Für alle $f(t) \in W_2^{(1)}(\gamma)$ und für festes $t_0 \in \gamma$ gilt

$$|f(t_0)| \leqq C(s_0) \|f\|_1, \tag{32}$$

wobei $s_0 = \arg t_0 \quad (0 \leqq s_0 \leqq 2\pi)$ ist.

Folgerung 3. Für alle $f(t) \in W_2^{(m)}(\gamma)$ und für festes $t_0 \in \gamma$ sowie für $\lambda = 1, \ldots, m$ gilt

$$\sum_{k=0}^{\lambda-1} \frac{1}{k!} |f^{(k)}(t_0)| \leqq C(s_0) \sum_{k=0}^{\lambda-1} \frac{1}{k!} \|f\|_m, \tag{33}$$

wobei $s_0 = \arg t_0$ $(0 \leqq s_0 \leqq 2\pi)$ ist.

Bemerkung. Die Folgerung A läßt sich auch auf den Fall übertragen, daß die Integrationskurve der Einheitskreis γ ist.

Wir kommen nun zur Normabschätzung des inversen Operators $\overline{K}_0^{-1}$ zum Operator $\overline{K}_0$ (vgl. (15)).

Zunächst gilt

$$\overline{K}_0 \psi = c_0 \left[R_1 P \psi + R_2 \frac{d_0}{c_0} t^{\overline{m} - \varkappa_0} Q \psi \right].$$

Die Funktion $d_0(t)/c_0(t)$ gestattet eine Faktorisierung (vgl. [7]) in der Gestalt

$$d_0(t)/c_0(t) = X_+(t) t^{\varkappa_0} X_-(t), \tag{34}$$

wobei $\varkappa_0$ durch (13) definiert ist. Dabei sind die Funktionen X_+, X_- aus $C^{m,\lambda}(\gamma)$ und entsprechend im Innengebiet G_+ bzw. im Außengebiet G_- des Einheitskreises analytisch festsetzbar mit

$$X_+(z) \neq 0 \quad (z \in G_+), \quad X_-(z) \neq 0 \quad (z \in G^-).$$

Somit erhalten wir

$$\overline{K}_0 \psi = c_0 X_+ [R_1 P + R_2 t^{\overline{m}} Q] [X_+^{-1} P \psi + X_- Q \psi].$$

Der Operator

$$A_1 = (c_0 X_+) I: \quad W_2^{(m)}(\gamma) \xrightarrow{\text{auf}} W_2^{(m)}(\gamma)$$

besitzt den inversen Operator $A_1^{-1} = (c_0 X_+)^{-1} I$. Ebenfalls ist der Operator

$$A_3 = X_+^{-1} P + X_- Q: \quad L_2(\gamma) \xrightarrow{\text{auf}} L_2(\gamma)$$

invertierbar. Der inverse Operator ist bekanntlich

$$A_3^{-1} = X_+P + X_-^{-1}Q.$$

Weiterhin wird in [4] gezeigt, daß auch der Operator

$$\bar{A}_2 = R_1P + R_2t^{\bar{m}}Q\colon\quad L_2(\gamma) \xrightarrow{\text{auf}} W_2^{(m)}(\gamma)$$

einen beschränkten inversen Operator $\bar{A}_2^{-1}$ der Gestalt

$$\bar{A}_2^{-1} = B_1 + t^{-\bar{m}}B_2 \quad (\bar{m} \text{ durch (12) gegeben}) \tag{35}$$

besitzt, wobei

$$B_1 = \frac{P-H}{R_1}$$

und

$$B_2 = \frac{Q+H}{R_2}$$

ist.

Mit Hf bezeichnen wir das hermitesche Interpolationspolynom der Funktion $f \in W_2^{(m)}(\gamma)$ mit dem Interpolationsknoten α_i $(i = 1, \ldots, r)$ und β_j $(j = 1, \ldots, q)$, das folgende Bedingungen erfüllt:

$$\left.\begin{aligned} (Hf)^{(k)}(\alpha_i) &= (Pf)^{(k)}(\alpha_i) \quad (k = 0, \ldots, m_i - 1;\ i = 1, \ldots, r),\\ (Hf)^{(l)}(\beta_j) &= -(Qf)^{(l)}(\beta_j) \quad (l = 0, \ldots, n_j - 1;\ j = 1, \ldots, q).\end{aligned}\right\} \tag{36}$$

Wir wenden uns zunächst dem Operator $\bar{A}_2^{-1}$ zu. Aus [4] ersieht man, daß für alle $f \in W_2^{(m)}(\gamma)$ die Elemente B_1f und $t^{-\bar{m}}B_2f$ in $L_2(\gamma)$ orthogonal zueinander sind. Daraus folgt

$$\|\bar{A}_2^{-1}f\|_0^2 = \|B_1f\|_0^2 + \|B_2f\|_0^2.$$

Es genügt also, die Normen der Operatoren B_1 und B_2 abzuschätzen:

$$\|B_1f\|_0^2 = \frac{1}{2\pi}\int_\gamma \left|\frac{Pf-Hf}{R_1}\right|^2 ds = \frac{1}{2\pi}\int_\gamma \left|\frac{Pf-Hf}{(t-\alpha_k)^{m_k}}\right|^2 \left|\frac{1}{R_{1k}}\right|^2 ds,$$

wobei $R_{1k} = R_1/(t-\alpha_k)^{m_k}$ ist für $k = 1, \ldots, r$.

Jetzt halten wir k fest und zerlegen den Einheitskreis γ in Teilkurven γ_{1k} derart, daß $\alpha_k \in \gamma_{1k}$ und $\alpha_i \notin \gamma_{1k}$ $(k \neq i)$ ist. Dann gilt

$$\|B_1f\|_0^2 = \frac{1}{2\pi}\sum_{k=1}^{r}\int_{\gamma_{1k}} \left|\frac{Pf-Hf}{(t-\alpha_k)^{m_k}}\right|^2 \left|\frac{1}{R_{1k}}\right|^2 ds.$$

Mit $r_{1k} = \min\limits_{t\in\gamma_{1k}} |R_{1k}(t)|$ $(k = 1, \ldots, r)$ folgt

$$\|B_1f\|_0^2 \leqq \sum_{k=1}^{r}\frac{1}{\gamma_{1k}^2}\,\frac{1}{2\pi}\int_\gamma \left|\frac{Pf-Hf}{(t-\alpha_k)^{m_k}}\right|^2 ds.$$

Wenden wir den Hilfssatz 4 an, so ergibt sich

$$\|B_1 f\|_0^2 \leqq \sum_{k=1}^{r} \left[\frac{\pi^{m_k}}{r_{1k}}\right]^2 \sum_{j=1}^{m_k} S_j^2 \|Pf - Hf\|_m^2 .$$

Eine analoge Betrachtung für $B_2 f$ durchgeführt, ergibt

$$\|B_2 f\|_0^2 \leqq \sum_{k=1}^{q} \left[\frac{\pi^{n_k}}{r_{2k}}\right]^2 \sum_{j=1}^{n_k} S_j^2 \|Qf + Hf\|_m^2 .$$

Bezeichnen wir das Maximum der beiden Konstanten auf der rechten Seite der letzten beiden Ungleichungen mit M_1^2, dann gilt

$$\|\bar{A}_2^{-1} f\|_0^2 \leqq M_1^2 \{\|Pf - Hf\|_m^2 + \|Qf + Hf\|_m^2\}. \tag{37}$$

Leichte Rechnung hat folgendes zum Resultat:

$$\|Pf - Hf\|_m^2 + \|Qf + Hf\|_m^2 = \{\|f\|_m + 2\|Hf\|_m\}^2 . \tag{38}$$

Wir beschäftigen uns nun mit der Normabschätzung von Hf. Bekanntlich läßt sich das hermitesche Interpolationspolynom, das durch (36) festgelegt ist, wie folgt darstellen (vgl. etwa [8]):

$$(Hf)(t) = \sum_{i=1}^{r} \sum_{k=0}^{m_i - 1} \alpha_{ik} (t - \alpha_i)^k a_{ik}(t)$$

$$+ \sum_{j=1}^{q} \sum_{l=0}^{n_j - 1} \beta_{jl} (t - \beta_j)^l b_{jl}(t),$$

wobei $\alpha_{ik} = \frac{1}{k!} H^{(k)}(\alpha_i)$ und $\beta_{jl} = \frac{1}{l!} H^{(l)}(\beta_j)$ ist sowie

$$a_{ik} = g_i^{-1}(t) \sum_{\mu=0}^{m_i - k - 1} \frac{1}{\mu!} g_i^{(\mu)}(\alpha_i)\,(t - \alpha_i)^\mu ,$$

$$b_{jl} = h_j^{-1}(t) \sum_{\nu=0}^{n_j - l - 1} \frac{1}{\nu!} h_j^{(\nu)}(\beta_j)\,(t - \beta_j)^\nu ,$$

$$g_i(t) = \frac{(t - \alpha_i)^{m_i}}{R_1(t) R_2(t)}, \quad h_j(t) = \frac{(t - \beta_j)^{n_j}}{R_1(t) R_2(t)}.$$

Bezeichnen wir noch mit

$$\tilde{N}_i = \max_k \|(t - \alpha_i)^k a_{ik}(t)\|_m , \quad \tilde{M}_j = \max_l \|(t - \beta_j)^l b_{jl}(t)\|_m ,$$

dann läßt sich die Norm von Hf wie folgt abschätzen:

$$\|Hf\|_m \leqq \sum_{i=1}^{r} \tilde{N}_i \sum_{k=0}^{m_i - 1} |\alpha_{ik}| + \sum_{j=1}^{q} \tilde{M}_j \sum_{l=0}^{n_j - 1} |\beta_{jl}| .$$

Wenden wir auf diese Ungleichung die Folgerung 3 des Hilfssatzes 5 an, so erhalten wir

$$\|Hf\|_m \leqq M_2 \|f\|_m , \tag{39}$$

wobei

$$M_2 = \max\left\{\sum_{i=1}^{r} \tilde{N}_i C(s_i) \sum_{k=0}^{m_i-1} \frac{1}{k!},\ \sum_{j=1}^{q} \tilde{M}_j C(\sigma_j) \sum_{l=0}^{n_j-1} \frac{1}{l!}\right\}$$

ist mit $s_i = \arg \alpha_i$ $(i = 1, \ldots, r)$ und $\sigma_j = \arg \beta_j$ $(j = 1, \ldots, q)$.

Fassen wir die Ergebnisse (37), (38), (39) zusammen, dann gilt

$$\|\bar{A}_2^{-1}\| \leqq M_1 M_3 \tag{40}$$

mit $M_3 = 1 + 2M_2$.

Ohne Schwierigkeiten erhält man für die Normen der Operatoren A_3^{-1} und A_1^{-1} folgende Abschätzung:

$$\|A_3^{-1}\| \leqq \max\left\{\max_{t\in\gamma} |X_+(t)|,\ \max_{t\in\gamma} |X_-^{-1}(t)|\right\} \tag{41}$$

und

$$\|A_1^{-1}\| \leqq \|(c_0 X_+)^{-1}\|_{C^m} \begin{pmatrix} m \\ \left[\frac{m}{2}\right] \end{pmatrix} \left(\|x\|_{C^m} = \sum_{k=0}^{m} \max_t |x^{(k)}(t)|\right). \tag{42}$$

Aus (40), (41) und (42) erhalten wir

$$\|\bar{K}_0^{-1}\| \leqq M_1 M_3 \max\left\{\max_{t\in\gamma} |X_+(t)|,\ \max_{t\in\gamma} |X_-^{-1}(t)|\right\} \|(c_0 X_+)^{-1}\|_{C^m} \begin{pmatrix} m \\ \left[\frac{m}{\alpha}\right] \end{pmatrix}.$$

Wenden wir auf Gleichung (15) die FQM an, so gilt nach Satz 1 für die Näherungslösungen ψ_n die Abschätzung

$$\|\psi - \psi_n\|_0 \leqq \|\bar{K}_0^{-1}\| \, \|\bar{K}_0 \psi_n - f\|_m$$

(ψ Lösung der Gleichung (15)).

Beachten wir nun Satz 3 und Hilfssatz 1, dann ergibt sich für die Näherungslösung der Gleichung (14)

$$\|\varphi - \varphi_n\|_0 \leqq \begin{cases} \sqrt{2}\, \|\bar{K}_0^{-1}\| \, \|\bar{K}_0 \psi_n - f\|_m & \text{für } \overline{m} > \varkappa_0, \\ \|\bar{K}_0^{-1}\| \, \|\bar{K}_0 \psi_n - f\|_m & \text{für } \overline{m} \leqq \varkappa_0. \end{cases}$$

4. Der Fall der gestörten Gleichung

Unter der Voraussetzung (10) wollen wir die Gleichung (1) in dem Paar von Räumen $(L_2(\gamma),\ W_2^{(m)}(\gamma))$ lösen.

Unter Benutzung von (11) läßt sich die Gleichung (1) wie folgt schreiben:

$$\bar{A}\varphi = \bar{A}_0\varphi + T\varphi = f, \quad f \in W_2^{(m)}(\gamma), \tag{43}$$

wobei T einen distributiven vollstetigen Operator von $L_2(\gamma)$ in $W_2^{(m)}(\gamma)$ darstellt.

Der Gleichung (43) ordnen wir

$$\bar{K}\psi = \bar{K}_0\psi + T'\psi = f \quad \text{mit} \quad T' = TW_{\bar{m}-\varkappa_0} \tag{44}$$

zu. Weiter nehmen wir an, daß die Gleichung $\bar{K}\psi = 0$ nur die trivale Lösung besitzt.

Dann gilt in Analogie zu Satz (2):

Satz 4. *Wenn ψ die Lösung der Gleichung* (44) *ist, dann ist*

$$\varphi = W_{\bar{m}-\varkappa_0}\psi$$

Lösung der Gleichung (43), *wenn diese lösbar ist.*

Man erkennt leicht, daß für den Operator $\bar{K}$ alle Voraussetzungen des Satzes 1 erfüllt sind. Wir wollen noch eine Abschätzung der Norm des Operators $\bar{K}^{-1}$ angeben:

Ist $\|\bar{K}_0^{-1}T'\| = r < 1$, dann existiert $\bar{K}^{-1}$, und es gilt:

$$\|\bar{K}^{-1}\| \leqq \|\bar{K}_0^{-1}\|/(1 - r).$$

5. Einige Bemerkungen

1. Die Ergebnisse der Abschnitte 2, 3 und 4 lassen sich sinngemäß auf die singuläre Integralgleichung im Normalfall übertragen. Dabei kann man die Voraussetzungen für die Koeffizienten in der Hinsicht abschwächen, daß man fordert, daß die Funktionen $c(t)$ und $d(t)$ aus $H^\lambda(\gamma)$ sind.

2. Ebenfalls kann man obige Methode auf die sogenannte transponierte Gleichung im Normalfall übertragen.

3. Es zeigt sich, daß man die FQM in der oben betrachteten Weise auch anwenden kann auf den in der Arbeit [9] betrachteten Zugang zur Lösung der Gleichung (1) in Distributionsräumen.

6. Ein Beispiel

Wir betrachten die Gleichung

$$\bar{A}_0\varphi = (t - 1)\, P\varphi + t^l Q\varphi = \sin t,$$

wobei l eine beliebige, aber feste ganze Zahl sei. Da $\bar{m} = 1$ und $\varkappa_0 = l$ ist, ordnen wir dieser Gleichung

$$\bar{K}_0\psi = (t - 1)\, P\psi + tQ\psi = \sin t$$

zu. Der Operator $\bar{K}_0$ ist invertierbar, und für den inversen Operator gilt

$$\|\bar{K}_0^{-1}\| \leqq 3{,}1416.$$

Auf das System $\{t^k\}_{-\infty}^{+\infty}$ wenden wir den Operator $\overline{K}_0$ an:

$$\varphi_k = \begin{cases} t^k(t-1) & \text{für} \quad k = 0, 1, 2, \ldots, \\ t^{k+1} & \text{für} \quad k = -1, -2, \ldots \end{cases}$$

Als Näherungslösung machen wir folgenden Ansatz:

$$\psi_6 = \sum_{k=-6}^{6} \alpha_k t^k.$$

Minimieren wir das Funktional $\|\overline{K}_0\psi_6 - \sin t\|_1{}^2$, so erhalten wir $\alpha_k = 0$ für $k = -2, \ldots, -6$ und

α_{-1}	α_0	α_1	α_2
0,841581	0,841581	−0,158474	−0,158495
α_3	α_4	α_5	α_6
0,008148	0,008143	−0,000195	−0,000198

Es gilt

$$\|\overline{K}_0\psi_6 - \sin t\|_1 \approx 0{,}000123,$$

$$\|\psi - \psi_6\|_0 \approx 0{,}000167,$$

wobei ψ Lösung der Gleichung $\overline{K}_0\psi = \sin t$ ist. Von dieser Näherung gehen wir über zur entsprechenden Näherung der Gleichung $\overline{A}_0\varphi = \sin t$

$$\varphi_6 = W_{1-l}\psi_6 = P\psi_6 + t^{1-l}Q\psi_6 = \sum_{k=0}^{6} \alpha_k t^k + \alpha_{-1}t^{-l}.$$

Literatur

[1] GOCHBERG, I. Z., Über die Grenzen der Anwendbarkeit des Satzes von F. Noether (russ.), Utsch. zapiski Kischinjowsk. un-ta **17** (1955), 35–41.

[2] GOCHBERG, I. Z., Das Faktorisierungsproblem in normierten Ringen. Funktionen von isometrischen und symmetrischen Operatoren und singulären Integralgleichungen (russ.), Uspechi mat. nauk **19**, H. 1 (1964), 71–124.

[3] GOCHBERG, I. Z., und M. G. KREIN, Die Hauptergebnisse über Defektzahlen, Nullzahlen und Indizes linearer Operatoren (russ.), Uspechi mat. nauk **12**, H. 2 (1957), 43–118.

[4] PRÖSSDORF, S., Über eine Klasse singulärer Integralgleichungen nicht normalen Typs, Math. Ann. **183** (1969), 130–150.

[5] MICHLIN, S. G., Variationsmethoden der mathematischen Physik, Akademie-Verlag, Berlin 1961 (Übersetzung aus dem Russischen).

[6] IWANOW, W. W., Theorie der Näherungsmethoden und ihre Anwendung zur Lösung singulärer Integralgleichungen (russ.), Akad. Nauk Ukrainsk. SSR, Kiew 1968.

[7] MUSCHELISCHWILI, N. J., Singuläre Integralgleichungen, Akademie-Verlag, Berlin 1965 (Übersetzung aus dem Russischen).

[8] BERESIN, I. S., und N. P. SHIDKOW, Numerische Methoden, Teil 1 und 2, VEB Deutscher Verlag der Wissenschaften Berlin 1970 und 1971 (Übersetzung aus dem Russischen).
[9] PRÖSSDORF, S., Eine singuläre Integralgleichung mit einem Symbol, das in endlich vielen Punkten verschwindet (russ.), Math. Issl., Kischinow, Bd. 7, H. 1 (1972), 116–132.

Manuskripteingang: 6. 7. 1972

VERFASSER:
Dr. JÜRGEN SCHULZ, Sektion Mathematik der Technischen Hochschule Karl-Marx-Stadt

Beiträge zur Numerischen Mathematik
2 (1974), 193–209

Fehlerabschätzungen für Differenzenverfahren bei einer hyperbolischen Differentialgleichung

PETER SEIFERT

1. Einleitung

In den letzten Jahren wurden in Arbeiten von J. W. SCHMIDT und H. SCHÖNHEINZ (vgl. etwa [7, 8, 9]) Möglichkeiten angegeben, für gewisse Differenzenverfahren zur genäherten Lösung von Randwertaufgaben bei gewöhnlichen Differentialgleichungen Fehlerschranken zu ermitteln, die einmal nur verfügbare Größen benutzen (im Gegensatz zu sogenannten qualitativen oder lokalen Abschätzungen, die in irgendeiner Form die Kenntnis der gesuchten Größe erfordern) und zum anderen die Ordnung der Näherungsverfahren richtig erfassen. Bei dem Bemühen, auch für Probleme bei partiellen Differentialgleichungen Fehleraussagen dieses Charakters zu erhalten, wird die Randwertaufgabe betrachtet, die durch die hyperbolische Differentialgleichung

$$\frac{\partial^4 z}{\partial x^2 \partial y^2} = f\left(x, y, z, \frac{\partial z}{\partial x}, \frac{\partial z}{\partial y}, \ldots\right) \tag{1.1}$$

in einem Rechteckbereich und die Vorgabe von z auf dem Rand dieses Bereiches definiert ist.

Die Differentialgleichung (1.1) gehört zu den Mangeronschen oder Polyvibrationsgleichungen, die erstmals von MANGERON betrachtet wurden (vgl. etwa [5, 6]). Weitere Untersuchungen stammen u. a. von BIRKHOFF, GORDON, KRIVOSHEIN, OGUZTÖRELI und PICONE.

Zur Gewinnung der Differenzenformeln für die vorliegende Randwertaufgabe wird von einem der Aufgabe äquivalenten Integralgleichungssystem ausgegangen, das mit Hilfe von Verfahren zur genäherten Integration für Funktionen von zwei Veränderlichen behandelt wird. Die Äquivalenz zwischen Differenzenverfahren und bestimmten Quadraturformeln wurde bei Randwertaufgaben gewöhnlicher Differentialgleichungen erstmalig von J. W. SCHMIDT und H. SCHÖNHEINZ untersucht (vgl. [7, 8, 9]). Ausführungen dazu findet man auch in [3] bzw. [12].

Zur Ermittlung der Fehlerschranken wird wesentlich benutzt, daß sich Randwertaufgabe und Differenzenverfahren als zueinander benachbarte Fixpunktgleichungen

[1]) Auszug aus der 1972 an der Sektion Mathematik der TU Dresden eingereichten Dissertation des Verfassers. Herzlicher Dank gilt an dieser Stelle Herrn Prof. Dr. J. W. SCHMIDT, der die Anregung zu dieser Arbeit gab und durch weitere Unterstützung ihr Entstehen förderte. Dank gebührt auch den Herren Prof. Dr. G. OPITZ und Dr. habil. K.-H. BACHMANN für ihr anhaltendes Interesse an dieser Arbeit.

darstellen lassen, wobei die Näherungswerte der Differenzenverfahren durch stückweise Interpolation zu Funktionen ergänzt werden. Insgesamt werden vier Möglichkeiten der Fehlerabschätzung hergeleitet und hinsichtlich Aufwand und Güte miteinander verglichen.

Als wichtiger Anteil geht der Defekt der Näherungen in die Abschätzung ein. Zwei der betrachteten Möglichkeiten unterscheiden sich nur in der Bestimmung der Defektschranken in den Stützstellen. In einem Fall werden die Schranken durch Abschätzung der Restglieder von Quadraturformeln ermittelt, im anderen werden sie unter stärkerer Berücksichtigung ihrer Herkunft aus dem Differenzenverfahren gewonnen. In beiden Fällen werden die Defektschranken für den gesamten Definitionsbereich auf die gleiche Weise durch zusätzliche Berücksichtigung der Restglieder der verwendeten Interpolationsformeln (stückweise Interpolation) gewonnen.

Die restlichen zwei Möglichkeiten unterscheiden sich von den ersten beiden jeweils dadurch, daß die Vorschrift zur Ergänzung der Näherungswerte in den diskreten Stellen zu Funktionen leicht modifiziert wird.

Zum Abschluß folgen einige numerische Beispiele.

2. Aufgabenstellung

In der vorliegenden Arbeit wird die Randwertaufgabe betrachtet, die durch die Differentialgleichung

$$z^{(2,2)}(x, y) = f(x, y, z(x, y))^{1)} \tag{2.1}$$

in $B = [0, 1] \times [0, 1]$ und die homogenen Bedingungen

$$z(i, y) = z(x, j) = 0 \quad (i, j = 0, 1) \tag{2.2}$$

auf dem Rand ∂B festgelegt ist. f sei dabei in allen Punkten (x, y, z) mit

$$0 \leqq x, y \leqq 1, \qquad r(x, y) \leqq z \leqq s(x, y)$$

(r und s stetig) definiert und so oft differenzierbar, wie es für die weiteren Untersuchungen erforderlich ist.

Bezüglich der allgemeineren Aufgabe, daß f außer von z auch von den Ableitungen $z^{(1,0)}$ und $z^{(0,1)}$ abhängt, sei auf [11] verwiesen. Die Behandlung von Aufgaben mit nur verschwindenden Werten von z auf dem Rand ist nicht einschränkend, die Aufgabe

$$\zeta^{(2,2)}(x, = y)\, f(x, y, \zeta(x, y)) \text{ in } B,$$

$$\zeta(x, y) = g(x, y) \text{ auf } \partial B \tag{2.3}$$

[1]) Für die partiellen Ableitungen wird hier und weiterhin die folgende Abkürzung verwendet:

$$g^{(i,j)}(s,t) := \frac{\partial^{i+j}}{\partial s^i \partial t^j}\, g(s, t).$$

führt, da die exakte Lösung des Problems

$$\begin{aligned} z_h^{(2,2)}(x, y) &= 0 \text{ in } B, \\ z_h(x, y) &= g(x, y) \text{ auf } \partial B \end{aligned} \tag{2.4}$$

bekannt ist (vgl. [1, 11] bzw. Anhang), mit $\zeta = z + z_h$ auf

$$\begin{aligned} z^{(2,2)}(x, y) &= f(x, y, z + z_h) \text{ in } B, \\ z(x, y) &= 0 \text{ auf } \partial B \end{aligned}$$

und damit auf eine Form (2.1), (2.2).

Die Randwertaufgabe (2.1), (2.2) läßt sich in die Integralgleichung

$$z(x, y) = \int_0^1 \int_0^1 G(x, \xi)\, G(y, \eta)\, f(\xi, \eta, z(\xi, \eta))\, d\xi d\eta \tag{2.5}$$

überführen (vgl. [1] bzw. [11]). Dabei ist

$$G(s, t) = \begin{cases} -s(1 - t) & \text{für} \quad t \leqq s, \\ -t(1 - s) & \text{für} \quad t \leqq s \end{cases} \tag{2.6}$$

die zum Differentialoperator $u''(s)$, $u(0)$, $u(1)$ gehörige Greensche Funktion. Falls f außerdem noch von Ableitungen von z abhängt, erhält man ein äquivalentes System von Integralgleichungen.

3. Näherungsverfahren

Es werde der Bereich B durch ein Rechteckgitter mit den Gitterpunkten

$$(x_i, y_j) = (ih_1, jh_2) \tag{3.1}$$

$(i = 0, 1, \ldots, m;\ h_1 = 1/m;\ j = 0, 1, \ldots, n;\ h_2 = 1/n)$ in Teilrechtecke

$$B_{ij} = [x_i, x_{i+1}] \times [y_j, y_{j+1}] \quad (i = 0, 1, \ldots, m - 1;\ j = 0, 1, \ldots, n - 1)$$

zerlegt sowie die Integralgleichung (2.5) für die Gitterpunkte betrachtet und die Integration genähert nach der Trapezformel für zweifache Integrale

$$\int_{x_i}^{x_{i+1}} \int_{y_j}^{y_{j+1}} s(x, y)\, dy dx = \frac{h_1 h_2}{4} (s_{ij} + s_{i+1,j} + s_{i,j+1} + s_{i+1,j+1}) + R \tag{3.2}$$

durchgeführt.

Hier und im weiteren wird für Funktionen zweier Veränderlichen, beispielsweise für $s(x, y)$, an den Gitterpunkten die Bezeichnung

$$s_{ij} = s(x_i, y_j) \tag{3.3}$$

benutzt. Von den auftretenden Indizes werden im folgenden i und k durchgehend als Laufindizes in x-Richtung verwendet, j und l als Laufindizes in y-Richtung.

Für in B_{ij} zweimal stetig nach x und y differenzierbare Funktionen $s(x, y)$ kann — ausgehend von der Trapezformel für einfache Integrale — eine Darstellung für das Restglied R in (3.2) gewonnen werden, die in abgeschätzter Form

$$|R| \leqq \frac{h_1{}^3 h_2}{12} \max_{B_{ij}} |s^{(2,0)}| + \frac{h_1 h_2{}^3}{12} \max_{B_{ij}} |s^{(0,2)}| \tag{3.4}$$

lautet (vgl. auch [2] und [4]). Mit der Bezeichnung u_{ij} als Näherung für z_{ij} und der Abkürzung

$$f_{ij} = f(u)_{ij} = f(x_i, y_j, u_{ij}) \tag{3.5}$$

führt die genäherte Integration von (2.5) auf das Gleichungssystem

$$u_{ij} = \frac{h_1 h_2}{4} \sum_{k=0}^{m-1} \sum_{l=0}^{n-1} (G_{ik} G_{jl} f_{kl} + G_{ik} G_{j,l+1} f_{k,l+1} + G_{i,k+1} G_{jl} f_{k+1,l} + G_{i,k+1} G_{j,l+1} f_{k+1,l+1})$$

$$(i = 0, \ldots, m;\ j = 0, \ldots, n), \tag{3.6}$$

abgekürzt geschrieben

$$u_{ij} = Tr(f(u))_{ij}. \tag{3.6a}$$

Zur Umformung von (3.6) wird nachstehende Beziehung der Greenschen Funktion $G(x, \xi)$ benutzt:

$$G_{i+1,k} - 2G_{ik} + G_{i-1,k} = \begin{cases} h_1 & \text{für} \quad k = i, \\ 0 & \text{sonst.} \end{cases} \tag{3.7}$$

Sie folgt für $k \neq i$ sofort wegen der Linearität von G in x, für $k = i$ ergibt sie sich nach kurzer Rechnung. Damit erhält man

$$u_{i+1,j} - 2u_{ij} + u_{i-1,j} = \frac{h_1{}^2 h_2}{2} \sum_{l=0}^{n-1} (G_{jl} f_{il} + G_{j,l+1} f_{i,l+1})$$

und daraus mit einer gleichen Beziehung für G_{jl} (i ist durch j, k durch l und h_1 durch h_2 zu ersetzen)

$$D^{2,2} u_{ij} = f(u)_{ij} \quad (i = 1, \ldots, m-1;\ j = 1, \ldots, n-1), \tag{3.8}$$

wobei die Abkürzung

$$D^{2,2} u_{ij} = (u_{i+1,j+1} - 2u_{i+1,j} + u_{i+1,j-1} - 2u_{i,j+1} + 4u_{ij} - 2u_{i,j-1}$$
$$+ u_{i-1,j+1} - 2u_{i-1,j} + u_{i-1,j-1}) / h_1{}^2 h_2{}^2$$

benutzt wird. Das gewonnene Ergebnis stellt die Näherungsformel des gewöhnlichen Differenzenverfahrens für $z^{(2,2)}(x_i, y_j)$ dar. Zusätzlich erhält man für die Randpunkte

$$u_{i0} = u_{in} = 0 \quad (i = 0, \ldots, m),$$
$$u_{0j} = u_{mj} = 0 \quad (j = 0, \ldots, n), \tag{3.9}$$

wie man sofort auf Grund von Eigenschaften der Greenschen Funktionen aus (3.6) folgert. Mit (3.8) und (3.9) stehen somit $(m + 1)(n + 1)$ Gleichungen für ebensoviele Unbekannte zur Verfügung.

Da f von den gesuchten Größen abhängt, wird im allgemeinen ein iteratives Vorgehen zur Auswertung von (3.8), (3.9) nahegelegt. Bezeichnet man mit v_{ij} die Iterierten zu u_{ij}, so erhält man als Vorschrift

$$v_{ij} = Tr(f(u))_{ij} \quad (i = 0, \ldots, m;\ j = 0, \ldots, n) \tag{3.10}$$

bzw.

$$\begin{aligned} D^{2,2}v_{ij} &= f(u)_{ij} && (i = 1, \ldots, m-1;\ j = 1, \ldots, n-1),\\ v_{i0} = v_{in} &= 0 && (i = 0, \ldots, m),\\ v_{0j} = v_{mj} &= 0 && (j = 0, \ldots, n). \end{aligned} \tag{3.11}$$

Auf ähnliche Weise lassen sich — wie in [11] ersichtlich — die Gleichungen für das Mehrstellenverfahren gewinnen, wobei zur genäherten Integration eine hermitesche Integrationsformel benutzt wird.

4. Vergleichssatz

Die vorgegebene Randwertaufgabe (2.1), (2.2) läßt sich auf Grund der Äquivalenz zur Integralgleichung (2.5) als Fixpunktgleichung

$$z = Tz \tag{4.1}$$

mit

$$Tz = \int_0^1 \int_0^1 G(x, \xi)\, G(y, \eta)\, f(\xi, \eta, z(\xi, \eta))\, d\xi d\eta \tag{4.2}$$

schreiben. Weiterhin wird eine Vergleichsaufgabe

$$v = Su \tag{4.3}$$

herangezogen, wobei der Operator S als Näherung von T den Differenzenverfahren angepaßt wird, wie in Abschnitt 5 genauer beschrieben wird. Das Element u und seine Iterierte v können als Näherungen für einen Fixpunkt z betrachtet werden. Der folgende Vergleichssatz, der in einer für die vorliegende Aufgabe zugeschnittenen Form angegeben wird, ermöglicht eine Abschätzung des Fehlers $z - v$. Dabei erfülle f die in Abschnitt 2 getroffenen Voraussetzungen.

Satz 1. *Gegeben seien der Raum C der auf B stetigen Funktionen mit der Maximumnorm sowie die Operatoren T und S, die Abbildungen einer Teilmenge D von C in C vermitteln. Weiterhin gelte:*

1. $$|f(x, y, s_1) - f(x, y, s_2)| \leqq p(x, y)|s_1 - s_2| \quad \text{für} \quad s_1, s_2 \in D \tag{4.4}$$

mit

$$P = \max_B \int_0^1 \int_0^1 |G(x, \xi)\, G(y, \eta)|\, p(\xi, \eta)\, d\xi d\eta < 1. \tag{4.5}$$

2. *Neben u seien alle $w \in C$ mit*

$$\|w - v\| \leqq K := \frac{P}{1-P}\|v - u\| + \frac{1}{1-P}\|Tu - v\| \tag{4.6}$$

in D enthalten (Kugelbedingung).

Dann hat T genau einen Fixpunkt z in D, dessen Abweichungen von v durch

$$\|z - v\| \leqq K \tag{4.7}$$

erfaßt wird.

Bezüglich des Beweises sei auf [7] verwiesen. Dort wird eine allgemeinere Fassung des Vergleichssatzes behandelt.

Zur Anwendung des Satzes ist es erforderlich, daß die Operatoren T und S im gleichen Raum gegeben sind. T ist ein Operator in C, während das Differenzenverfahren, das durch S charakterisiert werden soll, in einem endlichdimensionalen Raum durchgeführt wird. Um auf möglichst einfache Weise stetige Funktionen u zu erhalten, erweist sich „stückweise" bilineare Interpolation von Funktionen zweier Veränderlichen als zweckmäßig. Die erforderliche Interpolationsformel wird im Anhang angegeben; unter Benutzung der dort eingeführten Abkürzungen erhält man

$$u = L(u_{ij}) \in C^{1)} \tag{4.8}$$

sowie mit (3.10)

$$v = L(v_{ij}) = L\big(Tr(f(u))_{ij}\big) \in C. \tag{4.9}$$

Im Falle des Mehrstellenverfahrens (hierbei sind stetig differenzierbare Funktionen u gefordert) sind geeignete hermitesche Interpolationsformeln heranzuziehen (vgl. [11]).

5. Fehlerabschätzungen

Zur Ermittlung von Fehlerschranken für das Differenzenverfahren werden vier Möglichkeiten vorgestellt, denen gemeinsam ist, daß sie die Ordnung des verwendeten Näherungsverfahrens richtig erfassen und nur verfügbare Größen benötigen. Die erste Möglichkeit läßt sich gegenüber der zweiten auf einfachere Weise darstellen, dagegen wird durch das zweite Vorgehen eine merkliche Verringerung des erforderlichen numerischen Aufwands erzielt. Zwei weitere Möglichkeiten bewirken bei geringer Änderung der Herleitung jeweils beträchtliche Verbesserungen hinsichtlich der Güte der Fehlerschranken. Dies bestätigen auch die angefügten numerischen Beispiele.

---

1) Die Funktion u kann auf diese Weise vorgegeben sein, da zur Berechnung von v aus u nur die Werte an den Stützstellen (x_i, y_j) mit $i = 0, 1, \ldots, m$ und $j = 0, 1, \ldots, n$ benötigt werden.

5.1. *Erste Möglichkeit der Fehlerabschätzung*

Zur Anwendung des Vergleichssatzes werden Schranken für den Defekt $Tu - v$ und für $u - v$ benötigt, wobei der Defekt besondere Aufmerksamkeit verdient. Wegen der schwachen Differenzierbarkeitseigenschaften der Greenschen Funktionen ist schrittweises Vorgehen geboten.

Zunächst gilt an den Stellen (x_i, y_j) mit $i = 0, 1, \ldots, m$ und $j = 0, 1, \ldots, n$

$$Tu(x_i, y_j) =: (Tu)_{ij} = Tr(f(u))_{ij} + (R_1)_{ij}, \tag{5.1}$$

wobei $Tr(f(u))_{ij}$ gemäß (3.6) festgelegt ist und für das Restglied $(R_1)_{ij}$ wegen (3.4) die Abschätzung

$$|(R_1)_{ij}| \leqq \frac{h_1^2}{12} r_{ij} + \frac{h_2^2}{12} s_{ij} \tag{5.2}$$

mit

$$r_{ij} := \sum_{k=0}^{m-1} \sum_{l=0}^{n-1} h_1 h_2 \max_{B_{kl}} \left| G(y_j, \eta) \frac{\partial^2}{\partial \xi^2} [G(x_i, \xi) f(\xi, \eta, u(\xi, \eta))] \right|, \tag{5.3a}$$

$$s_{ij} := \sum_{k=0}^{m-1} \sum_{l=0}^{n-1} h_1 h_2 \max_{B_{kl}} \left| G(x_i, \xi) \frac{\partial^2}{\partial \eta^2} [G(y_j, \eta) f(\xi, \eta, u(\xi, \eta))] \right| \tag{5.3b}$$

zur Verfügung steht.

Beim Übergang zu beliebigen Argumenten $(x, y) \in B_{ij}$ erhält man mit Hilfe der Interpolationsformel (7.7)

$$Tu(x, y) = Tu = L((Tu)_{ij}) + R_L(Tu). \tag{5.4}$$

Die Abschätzung (7.9) für R_L ergibt im vorliegenden Fall bei Berücksichtigung der Ableitungen von Tu unter Beachtung der Eigenschaften der Greenschen Funktionen

$$\begin{aligned} |R_L(Tu)| \leqq{} & \frac{h_1^2}{8} \max_{B_{ij}} \left| \int_0^1 G(y, \eta) f(x, \eta, u(x, \eta))\, d\eta \right| \\ & + \frac{h_2^2}{8} \max_{B_{ij}} \left| \int_0^1 G(x, \xi) f(\xi, y, u(\xi, y)) d\xi \right| \\ & + \frac{h_1^2 h_2^2}{64} \max_{B_{ij}} |f(x, y, u(x, y))|. \end{aligned} \tag{5.5}$$

Defektschranken für $(x, y) \in B_{ij}$ lassen sich nunmehr unter Benutzung von (5.4), (5.1), (4.9) und (7.10) angeben:

$$\begin{aligned} |Tu - v| &= |L((Tu)_{ij}) + R_L(Tu) - L(v_{ij})| \\ &= |L\big(Tr(f(u))_{ij} + (R_1)_{ij}\big) + R_L(Tu) - L(Tr(f(u))_{ij})| \\ &\leqq |L\big((R_1)_{ij}\big)| + |R_L(Tu)| \\ &\leqq \max_{\substack{k=i,i+1 \\ l=j,j+1}} |(R_1)_{kl}| + |R_L(Tu)| =: w_{ij}. \end{aligned} \tag{5.6}$$

Für den Gesamtbereich B gilt dann

$$\|Tu - v\| \leqq \max_{\substack{i=0,\ldots,m-1 \\ j=0,\ldots,n-1}} w_{ij}. \tag{5.7}$$

Der erste Term der rechten Seite von (5.6) enthält den Anteil des Integrationsfehlers auf Grund der verwendeten Trapezregel, der zweite Term den Anteil des Interpolationsfehlers. Ein Vergleich der in den Restgliedabschätzungen (5.2) und (5.5) für $(R_1)_{ij}$ und $R_L(Tu)$ auftretenden Potenzen von h_1 und h_2 zeigt, daß die gewählte Interpolationsformel der verwendeten genäherten Integration bezüglich der Fehlerordnung angepaßt ist.

Für $v - u$ erhält man wegen (4.8) und (4.9)

$$v - u = L(v_{ij} - u_{ij})$$

und mit (7.11)

$$\|v - u\| = \max_{\substack{i=0,\ldots,m \\ j=0,\ldots,n}} |v_{ij} - u_{ij}|. \tag{5.8}$$

Nach dem Vergleichssatz ist somit das folgende Vorgehen zur Ermittlung von Fehlerschranken für das Differenzenverfahren möglich.

Zusammenfassung:

1. *Lösung der Differenzengleichungen* (3.6) *oder* (3.8), (3.9); *Bestimmung von u und gegebenenfalls v (falls die Gleichungen iterativ gelöst werden) durch „stückweise" bilineare Interpolation* (7.7).
2. *Schätzung einer geeigneten Teilmenge D von C mit Hilfe von u, v; Ermittlung von p.*
3. *Berechnung der Schranken* (5.7) *und* (5.8) *für den Defekt $Tu - v$ und für $v - u$.*
4. *Überprüfung der Voraussetzungen des Vergleichssatzes* ((4.4) *und* (4.6)). *Sind diese Forderungen erfüllt, so existiert eine Lösung z des Randwertproblems* (2.1), (2.2), *und durch* (4.7) *ist eine Fehlerschranke zum verwendeten gewöhnlichen Differenzenverfahren gegeben.*

Sieht man von der Iteration ab, so ergibt sich

$$z - u = O(h_1^2 + h_2^2), \tag{5.9}$$

d. h. ein richtiges Erfassen der Ordnung des verwendeten Verfahrens.

5.2. *Zweite Möglichkeit der Fehlerabschätzung*

Zur Bestimmung der Defektabschätzungen wird jetzt statt (5.1) eine andere Darstellung von $(Tu)_{ij}$ verwendet, die auf die Form (3.8), (3.9) des Differenzenverfahrens Bezug nimmt. Die dadurch erzielte merkliche Verringerung des Aufwands zur Ermittlung der Fehlerschranken bedingt jedoch keinen Verlust an Güte.

Für Tu, festgelegt durch (4.2), gilt bei zweimaliger Differentiation nach x und y auf Grund der Eigenschaften der Greenschen Funktionen

$$(Tu)^{(2,2)} = f(x, y, u(x, y)); \tag{5.10}$$

daher lautet die Aussage des Satzes 2 (7.12) nach Einsetzen der verwendeten speziellen Greenschen Funktionen (7.2)

$$\begin{aligned} D^{2,2}(Tu)_{ij} = \frac{1}{h_1^2 h_2^2} \Bigg[& \int_{x_i}^{x_{i+1}} \int_{y_j}^{y_{j+1}} (x_{i+1} - \xi)\, (y_{j+1} - \eta)\, f(\xi, \eta, u(\xi, \eta))\, d\eta d\xi \\ & + \int_{x_{i-1}}^{x_i} \int_{y_j}^{y_{j+1}} (\xi - x_{i-1})\, (y_{j+1} - \eta) f(\xi, \eta, \ldots)\, d\eta d\xi \\ & + \int_{x_i}^{x_{i+1}} \int_{y_{j-1}}^{y_j} (x_{i+1} - \xi)\, (\eta - y_{j-1})\, f(\xi, \eta, \ldots)\, d\eta d\xi \\ & + \int_{x_{i-1}}^{x_i} \int_{y_{j-1}}^{y_j} (\xi - x_{i-1})\, (\eta - y_{j-1}) f(\xi, \eta, \ldots)\, d\eta d\xi \Bigg] \end{aligned} \tag{5.11}$$

$$(i = 1, 2, \ldots, m - 1 \quad \text{und} \quad j = 1, 2, \ldots, n - 1).$$

Durch Taylor-Entwicklungen von f unter Beachtung der Unstetigkeiten der Ableitungen von u auf Grund der Festlegung durch bilineare Interpolation (vgl. [11]) folgt daraus

$$D^{2,2}(Tu)_{ij} = f(u)_{ij} + (R_2)_{ij} \tag{5.12}$$

mit einem Restglied beispielsweise von der Form

$$\begin{aligned} (R_2)_{ij} = & \frac{h_1}{6} [f^{(1+,0)}(x_i, \bar{\eta}_j, u(x_i, \bar{\eta}_j)) - f^{(1-,0)}(x_i, \bar{\eta}_j, \ldots)] \\ & + \frac{h_2}{6} [f_{ij}^{(0,1+)} - f_{ij}^{(0,1-)}] \\ & + \frac{h_1^2}{24} [f^{(2,0)}(\xi_i, \bar{\eta}_j, \ldots) + f^{(2,0)}(\xi_{i-1}, \bar{\eta}_j, \ldots)] \\ & + \frac{h_2^2}{24} [f^{(0,2)}(x_i, \eta_j, \ldots) + f^{(0,2)}(x_i, \eta_{j-1}, \ldots)], \end{aligned} \tag{5.13}$$

$$\xi_i \in (x_i, x_{i+1}), \quad \eta_j \in (y_j, y_{j+1}), \quad \bar{\eta}_j \in (\eta_{j-1}, \eta_j),$$

$$i = 1, 2, \ldots, m - 1 \quad \text{und} \quad j = 1, 2, \ldots, n - 1.$$

Dabei bedeuten $f^{(1+,0)}(x_i, y, u(x_i, y))$ bzw. $f^{(1-,0)}(x_i, y, u(x_i, y))$ rechts- bzw. linksseitige Ableitung von f nach x für (x_i, y); entsprechend sind $f^{(0,1+)}$ und $f^{(0,1-)}$ zu verstehen. Wegen

$$\begin{aligned} f_{ij}^{(0,1+)} - f_{ij}^{(0,1-)} & = \frac{\partial f}{\partial u}\bigg|_{ij} (u_{ij}^{(0,1+)} - u_{ij}^{(0,1-)}) = \frac{\partial f}{\partial u}\bigg|_{ij} (u_{i,j+1} - 2u_{ij} + u_{i,j-1})/h_2 \\ & =: h_2 \frac{\partial f}{\partial u}\bigg|_{ij} D^{0,2} u_{ij} \end{aligned} \tag{5.14}$$

und einer analogen Aussage für den ersten Term der rechten Seite von (5.13) gilt für $(R_2)_{ij}$

$$(R_2)_{ij} = O(h_1^2 + h_2^2). \tag{5.15}$$

Analog der Äquivalenz von (3.6) und (3.8), (3.9) entspricht der Beziehung (5.12) und der Eigenschaft von Tu, auf dem Rand von B zu verschwinden, die Aussage

$$(Tu)_{ij} = Tr(f(u) + R_2)_{ij} \tag{5.16}$$

für (x_i, y_j) mit $i = 0, 1, \ldots, m$ und $j = 0, 1, \ldots, n$. Beim Übergang zu beliebigen Argumenten $(x, y) \in B_{ij}$ wird wie in Abschnitt 5.1 vorgegangen, so daß für den Defekt $Tu - v$ in B_{ij} folgt:

$$\begin{aligned} |Tu - v| &= \left| L(Tr(f(u) + R_2)_{ij}) + R_L(Tu) - L\big(Tr(f(u))_{ij}\big) \right| \\ &\leqq |L(Tr(R_2)_{ij})| + |R_L(Tu)| \\ &\leqq \max_{\substack{k=i,i+1 \\ l=j,j+1}} |Tr(R_2)_{ij}| + |R_L(Tu)|. \end{aligned} \tag{5.17}$$

Für $Tr(R_2)_{ij}$ gilt gemäß (3.6) sowie unter Beachtung der speziellen Greenschen Funktion (2.6)

$$\begin{aligned} |Tr(R_2)_{ij}| &= \left| h_1 h_2 \sum_{k=1}^{m-1} \sum_{l=1}^{n-1} G_{ik} G_{jl} (R_2)_{kl} \right| \\ &\leqq \max_{\substack{k=1,\ldots,m-1 \\ l=1,\ldots,n-1}} |(R_2)_{kl}| \, h_1 h_2 \sum_{k=1}^{m-1} \sum_{l=1}^{n-1} G_{ik} G_{jl}. \end{aligned}$$

Wegen

$$h_1 h_2 \sum_{k=l}^{m-1} \sum_{l=1}^{n-1} G_{ik} G_{jl} = \int_0^1 \int_0^1 G(x_i, \xi)\, G(y_j, \eta)\, d\eta d\xi = \frac{1}{4} x_i(x_i - 1)\, y_j(y_j - 1) \tag{5.18}$$

lautet somit die Defektabschätzung in B_{ij}

$$|Tu - v| \leqq \frac{1}{4} \max_{\substack{k=i,i+1 \\ l=j,j+1}} [x_k(x_k - 1)\, y_l(y_l - 1)] \max_{\substack{k=1,\ldots,m-1 \\ l=1,\ldots,n-1}} |(R_2)_{kl}| + |R_L(Tu)| =: w_{ij} \tag{5.19}$$

und in B

$$\|Tu - v\| \leqq \max_{\substack{i=0,\ldots,m-1 \\ j=0,\ldots,n-1}} w_{ij}. \tag{5.20}$$

Aus (5.5) und (5.15) ist wiederum das Zueinanderpassen der benutzten Interpolation und Integration abzulesen.

Die Größe $\|v - u\|$ wird wie in (5.8) bestimmt; bezüglich einer Zusammenfassung des allgemeinen Vorgehens sei auf die Schlußbemerkungen von Abschnitt 5.1 verwiesen.

5.3. *Dritte und vierte Möglichkeit der Fehlerabschätzung*

Zwei weitere Varianten zur Ermittlung von Fehlerschranken erhält man, indem man die aus den Näherungswerten v_{ij} zu bildenden stetigen Funktionen v auf folgende Weise festlegt: Ausgehend von (7.7), (7.8) wird v in B_{ij} für $i = 0, 1, \ldots, m-1$ und $j = 0, 1, \ldots, n-1$ durch

$$v = L(v_{ij}) + R_L(Tu) \tag{5.21}$$

erklärt. Sonst wird in der bisherigen Weise vorgegangen. Damit ergeben sich entscheidende Verbesserungen der Fehlerschranken, ohne daß eine Erhöhung des Aufwandes notwendig ist.

Für die dritte Möglichkeit der Fehlerabschätzung, die bis auf den erwähnten Unterschied mit der in Abschnitt 5.1 beschriebenen Variante übereinstimmt, erhält man in den Teilbereichen B_{ij} die Abschätzungen

$$\begin{aligned} |Tu - v| &= \left| L\big(Tr(f(u))_{ij} + (R_1)_{ij}\big) + R_L(Tu) - L\big(Tr(f(u))_{ij}\big) - R_L(Tu) \right| \\ &\leqq \max_{\substack{k=i,i+1\\ l=j,j+1}} |(R_1)_{kl}| \end{aligned} \tag{5.22}$$

und

$$|v - u| = |L(v_{ij}) + R_L(Tu) - L(u_{ij})| \leqq \max_{\substack{k=i,i+1\\ l=j,j+1}} |v_{kl} - u_{kl}| + |R_L(Tu)|\,. \tag{5.23}$$

Der Übergang zum Gesamtbereich B geschieht ebenfalls wie in Abschnitt 5.1.

Analog ergibt sich für die vierte Variante, die bis auf (5.21) mit der zweiten angegebenen Variante identisch ist, in B_{ij} ($i = 0, 1, \ldots, m-1$ und $j = 0, 1, \ldots, n-1$) die Defektabschätzung

$$|Tu - v| \leqq \frac{1}{4} \max_{\substack{k=i,i+1\\ l=j,j+1}} [x_k(x_k - 1) y_l\,(y_l - 1)] \max_{\substack{k=1,\ldots,m-1\\ l=1,\ldots,n-1}} |(R_2)_{kl}|; \tag{5.24}$$

für $v - u$ gilt wiederum (5.23).

Das praktische Vorgehen zur Ermittlung der Fehlerschranken kann im Prinzip so erfolgen, wie es zum Abschluß in Abschnitt 5.1 beschrieben wurde. Falls erforderlich, kann die durch (5.21) festgelegte Funktion v, beispielsweise unter Benutzung der Integraldarstellung von $R_L(Tu)$, genauer betrachtet werden. Im allgemeinen werden jedoch die für die Näherungswerte des Differenzenverfahrens an den Stellen (x_i, y_j) gewonnenen Ergebnisse genügen.

Die vorliegenden Aussagen lassen sich gleichfalls auf Abschätzungen für das Mehrstellenverfahren ausdehnen (vgl. dazu [11]).

6. Numerische Beispiele

Für die Randwertaufgabe (2.1), (2.2) werden zwei Beispiele mit dem gewöhnlichen Differenzenverfahren ($h = 1/8$) behandelt. Zum Vergleich werden für das erste Beispiel die Ergebnisse bei Verwendung des Mehrstellenverfahrens mit derselben Schrittweise angegeben. Die Zahlendarstellung geschieht in der Form $m(e)$ für $m \cdot 10^e$.

Beispiel 1. $f = -z + 1$
Das gewöhnliche Differenzenverfahren liefert Werte v_{ij} $(i, j = 0, 1, \ldots, 8)$, wobei aus Symmetriegründen nur ein Teil davon in Tabelle 1 angegeben wird.

Tabelle 1. Näherungswerte nach dem gewöhnlichen Differenzenverfahren, Beispiel 1

j \ i	0	1	2	3	4
0	0				
1	0	0,29642 (−2)			
2	0	0,50793 (−2)	0,87016 (−2)		
3	0	0,63468 (−2)	1,08728 (−2)	1,35955 (−2)	
4	0	0,67691 (−2)	1,15961 (−2)	1,44892 (−2)	1,54530 (−2)

Wegen der Linearität von f in z kann $D = C$ gesetzt werden, so daß die Voraussetzung 2 des Satzes 1 stets erfüllt ist. Über die partielle Ableitung von f nach z erhält man weiterhin nach (4.5) $P = 1/64 < 1$, womit auch Voraussetzung 1 bestätigt ist, und es folgen die Existenz einer Lösung der gestellten Aufgabe sowie die Fehlerschranken gemäß Tabelle 2.

Tabelle 2. Fehlerschranken zum gewöhnlichen Differenzenverfahren, Beispiel 1

	1. Möglichkeit	2. Möglichkeit	3. Möglichkeit	4. Möglichkeit
$\|z - v\| \leqq$	5,11 (−4)	5,10 (−4)	1,90 (−5)	1,80 (−5)

Vergleichsweise liefert das Mehrstellenverfahren (bezüglich Einzelheiten vgl. [11]) die in Tabelle 3 angegebenen Näherungswerte, und es ergeben sich für die erste und dritte Variante die in Tabelle 4 zusammengestellten Fehlerabschätzungen.

Tabelle 3. Näherungswerte nach dem Mehrstellenverfahren, Beispiel 1

j \ i	0	1	2	3	4
0	0				
1	0	0,296542 (−2)			
2	0	0,508052 (−2)	0,870386 (−2)		
3	0	0,634836 (−2)	1,087563 (−2)	1,358908 (−2)	
4	0	0,677077 (−2)	1,159918 (−2)	1,449308 (−2)	1,545719 (−2)

Tabelle 4. Fehlerschranken zum Mehrstellenverfahren, Beispiel 1

	1. Möglichkeit	3. Möglichkeit
$\|z - v\| \leqq$	1,01 (−6)	1,67 (−8)

Beispiel 2. $f = 100z^2 + 1/16$
Das durch das gewöhnliche Differenzenverfahren entstehende nichtlineare Gleichungssystem führt zu den in Tabelle 5 stehenden Näherungen v_{ij} (gleiche Symmetrieeigenschaften wie für Beispiel 1).

Tabelle 5. Näherungswerte nach dem gewöhnlichen Differenzenverfahren, Beispiel 2

j \ i	0	1	2	3	4
0	0				
1	0	1,8702 (−4)			
2	0	3,2064 (−4)	5,4970 (−4)		
3	0	4,0081 (−4)	6,8716 (−4)	8,5900 (−4)	
4	0	4,2754 (−4)	7,3299 (−4)	9,1628 (−4)	9,7739 (−4)

Es sei $D = \{z \in C \mid |z| \leqq 1{,}012 \cdot 10^{-3}\}$, womit beispielsweise über die Ableitung von f nach z $P = 3{,}163 \cdot 10^{-3} < 1$ und das Erfülltsein der ersten Voraussetzung des Satzes 1 folgen. Da die durch Tabelle 6 beschriebenen Kugeln $\|z - v\| \leqq c$ ganz in D liegen, ist auch die zweite Voraussetzung erfüllt, so daß eine Lösung z der Randwertaufgabe in D existiert und die angegebenen Abschätzungen gesichert sind.

Tabelle 6. Fehlerschranken zum gewöhnlichen Differenzenverfahren, Beispiel 2

	1. Möglichkeit	2. Möglichkeit	3. Möglichkeit	4. Möglichkeit
$\|z - v\| \leqq$	3,10 (−5)	3,10 (−5)	2,12 (−7)	2,32 (−7)

Beispiel 3. $f = \frac{\pi^4}{16}\left(z + y \sin \frac{\pi}{2} x + x \sin \frac{\pi}{2} y - xy\right)$

Die Fehlerschranken überschätzen den hier exakt angebbaren Fehler des gewöhnlichen Differenzenverfahrens ungefähr um das Vier- (4. Möglichkeit) bis Zwanzigfache (1. Möglichkeit).

7. Anhang: Bilineare Interpolation

Die für die Anwendung des Vergleichssatzes auf das Differenzenverfahren erforderliche stückweise bilineare Interpolation wird hier als Lösung einer Randwertaufgabe beschrieben.

Für Funktionen $s(x, y) \in C^{2,2}[B_{ij}]$ $(i = 0, \ldots, m - 1;\ j = 0, \ldots, n - 1)$, d. h., für im Bereich B_{ij} zweimal stetig nach x und y differenzierbare Funktionen (Differenzierbarkeit in B_{ij} bedeute hier, daß an den Rändern „einseitige" Differenzierbarkeit vorliegt) gilt bei Vorgabe der Werte s_{kl} $(k = i, i+1; l = j, j+1)$ an den Eckpunkten von B_{ij}

$$s(x,y) = s1(x,y) + \int_{x_i}^{x_{i+1}} \int_{y_j}^{y_{j+1}} G_i(x,\xi)\, G_j(y,\eta)\, s^{(2,2)}(\xi,\eta)\, d\eta d\xi \tag{7.1}$$

für $(x, y) \in B_{ij}$ mit den Greenschen Funktionen

$$G_i(x,\xi) = \begin{cases} -(x_{i+1}-\xi)\,(x-x_i)/h_1 & \text{für} \quad x \leqq \xi, \\ -(x_{i+1}-x)\,(\xi-x_i)/h_1 & \text{für} \quad \xi \leqq x, \end{cases} \tag{7.2a}$$

$$G_j(y,\eta) = \begin{cases} -(y_{j+1}-\eta)\,(y-y_j)/h_2 & \text{für} \quad y \leqq \eta, \\ -(y_{j+1}-y)\,(\eta-y_j)/h_2 & \text{für} \quad \eta \leqq y, \end{cases} \tag{7.2b}$$

und der Interpolationsfunktion

$$\begin{aligned} s1(x,y) = {} & [(y_{j+1}-y)\, s(x,y_j) + (y-y_j)\, s(x,y_{j+1})]/h_2 \\ & + [(x_{i+1}-x)\, s(x_i,y) + (x-x_i)\, s(x_{i+1},y)]/h_1 \\ & - [(x_{i+1}-x)\,(y_{j+1}-y)\, s_{ij} + (x_{i+1}-x)\,(y-y_j) s_{i,j+1} \\ & + (x-x_i)\,(y_{j+1}-y)\, s_{i+1,j} + (x-x_i)\,(y-y_j)\, s_{i+1,j+1}]/h_1h_2. \end{aligned} \tag{7.3}$$

Dabei sind die Funktionen einer Veränderlichen $s(x, y_j)$ mit $j = 0, 1, \ldots, n$ und $s(x_i, y)$ mit $i = 0, 1, \ldots, m$ längs der Ränder von B_{ij} durch

$$s(x,y_j) = [(x_{i+1}-x)\, s_{ij} + (x-x_i)\, s_{i+1,j}]/h_1 + \int_{x_i}^{x_{i+1}} G_i(x,\xi)\, s^{(2,0)}(\xi,y_j)\, d\xi, \tag{7.4a}$$

$$s(x_i,y) = [(y_{j+1}-y)\, s_{ij} + (y-y_j)\, s_{i,j+1}]/h_2 + \int_{y_j}^{y_{j+1}} G_j(y,\eta)\, s^{(0,2)}(x_i,\eta)\, d\eta \tag{7.4b}$$

festgelegt (lineare Interpolation längs der Ränder von B_{ij} mit Restglied in Integraldarstellung; vgl. auch [10]); $s1(x, y)$ ist eindeutige Lösung der Randwertaufgabe, die gegeben ist durch

$$s1^{(2,2)}(x,y) = 0 \quad \text{in} \quad B_{ij} \tag{7.5}$$

und die Randbedingungen

$$\begin{aligned} & s1(x,y_j) = s(x,y_j), \quad s1(x,y_{j+1}) = s(x,y_{j+1}), \\ & s1(x_i,y) = s(x_i,y), \quad s1(x_{i+1},y) = s(x_{i+1},y) \end{aligned} \tag{7.6}$$

(vgl. [1]). Somit lautet die Interpolationsformel

$$\begin{aligned} s(x,y) = {} & [(x_{i+1}-x)\,(y_{j+1}-y)\, s_{ij} + (x_{i+1}-x)\,(y-y_j)\, s_{i,j+1} \\ & + (x-x_i)\,(y_{j+1}-y)\, s_{i+1,j} + (x-x_i)\,(y-y_j)\, s_{i+1,j+1}]/h_1h_2 + R_L(s), \end{aligned} \tag{7.7}$$

abgekürzt geschrieben $s = L(s_{ij}, s_{i,j+1}, s_{i+1,j}, s_{i+1,j+1}) + R_L(s)$ bzw.

$$s = L(s_{ij}) + R_L(s) \tag{7.7a}$$

mit

$$R_L(s) = \frac{1}{h_2}\left[(y_{j+1}-y)\int_{x_i}^{x_{i+1}} G_i(x,\xi)\, s^{(2,0)}(\xi, y_j)\, d\xi + (y-y_j)\int_{x_i}^{x_{i+1}} G_i\,(x,\xi)\, s^{(2,0)}(\xi, y_{j+1})\, d\xi\right]$$

$$+ \frac{1}{h_1}\left[(x_{i+1}-x)\int_{y_j}^{y_{j+1}} G_j(y,\eta)\, s^{(0,2)}(x_i,\eta)\, d\eta\right.$$

$$\left. + (x-x_i)\int_{y_j}^{y_{j+1}} G_j(y,\eta)\, s^{(0,2)}(x_{i+1},\eta)\, d\eta\right]$$

$$+ \int_{x_i}^{x_{i+1}}\int_{y_j}^{y_{j+1}} G_i(x,\xi)\, G_j(y,\eta)\, s^{(2,2)}(\xi,\eta)\, d\eta d\xi . \tag{7.8}$$

Durch Abschätzung der Integralrestglieder unter Beachtung von (7.2) erhält man für $|R_L|$ die Darstellung

$$|R_L(s)| \leqq \frac{{h_1}^2}{8}\max_{B_{ij}}|s^{(2,0)}| + \frac{{h_2}^2}{8}\max_{B_{ij}}|s^{(0,2)}| + \frac{{h_1}^2{h_2}^2}{64}\max_{B_{ij}}|s^{(2,2)}|; \tag{7.9}$$

für $L(s_{ij})$ folgt aus (7.7) die Abschätzung

$$|L(s_{ij})| \leqq \max_{\substack{i=i,i+1\\ l=j,j+1}} |s_{kl}| \tag{7.10}$$

und weiter

$$|L(s_{ij})| \leqq \max_{\substack{j=0,\ldots,m\\ j=0,\ldots,n}} |s_{ij}|. \tag{7.11}$$

Mit Hilfe der angegebenen Interpolationsbeziehung gewinnt man den folgenden für die Fehlerabschätzungen nützlichen

Satz 2. *Für Funktionen* $s(x, y) \in C^{2,2}[B]$[1]) *mit* $s(x_i, y_j) = s_{ij}$ ($i = 0, 1, \ldots, m$ *und* $j = 0, 1, \ldots, n$) *gilt die Darstellung*

$$D^{2,2}s_{ij} = \frac{1}{h_1h_2}\left[\int_{x_i}^{x_{i+1}}\int_{y_j}^{y_{j+1}} {G_i}^{(1,0)}(x_i,\xi)\, {G_j}^{(1,0)}(y_j,\eta)\, s^{(2,2)}(\xi,\eta)\, d\eta d\xi\right.$$

$$- \int_{x_{i-1}}^{x_i}\int_{y_j}^{y_{j+1}} G_{i-1}^{(1,0)}\,(x_i,\xi)\, {G_j}^{(1,0)}(y_j,\eta)\, s^{(2,2)}(\xi,\eta)\, d\eta d\xi$$

$$- \int_{x_i}^{x_{i+1}}\int_{y_{j-1}}^{y_j} {G_i}^{(1,0)}(x_i,\xi)\, G_{j-1}^{(1,0)}\,(y_j,\eta)\, s^{(2,2)}(\xi,\eta)\, d\eta d\xi$$

$$\left. + \int_{x_{i-1}}^{x_i}\int_{y_{j-1}}^{y_j} G_{i-1}^{(1,0)}\,(x_i,\xi)\, G_{j-1}^{(1,0)}\,(y_j,\eta)\, s^{(2,2)}(\xi,\eta)\, d\eta d\xi\right] \tag{7.12}$$

$(i = 1, \ldots, m-1;\ j = 1, \ldots, n-1)$.

[1]) Für die Ableitung $s^{(2,2)}(x, y)$ ist nur Stetigkeit im Inneren der Teilbereiche B_{ij} ($i = 0, 1, \ldots$ $m-1$ und $j = 0, 1, \ldots, n-1$) erforderlich.

Beweis. Durch Differentiation von (7.7), (7.8) nach x und y erhält man für $(x, y) \in B_{ij}$

$$
\begin{aligned}
s^{(1,1)}(x, y)|_{B_{ij}} &= (s_{ij} - s_{i,j+1} - s_{i+1,j} + s_{i+1,j+1})/h_1 h_2 \\
&+ \frac{1}{h_2} \int\limits_{x_i}^{x_{i+1}} G_i^{(1,0)}(x, \xi)\, [s^{(2,0)}(\xi, y_{j+1}) - s^{(2,0)}(\xi, y_j)]\, d\xi \\
&+ \frac{1}{h_1} \int\limits_{y_j}^{y_{j+1}} G_j^{(1,0)}(y, \eta)\, [s^{(0,2)}(x_{i+1}, \eta) - s^{(0,2)}(x_i, \eta)]\, d\eta \\
&+ \int\limits_{x_i}^{x_{i+1}} \int\limits_{y_j}^{y_{j+1}} G_i^{(1,0)}(x, \xi)\, G_j^{(1,0)}(y, \eta)\, s^{(2,2)}(\xi, \eta)\, d\eta d\xi .
\end{aligned}
$$

Bildet man analog $s^{(1,1)}$ in $B_{i-1,j}$, $B_{i,j-1}$ und $B_{i-1,j-1}$, setzt jeweils $(x, y) = (x_i, y_j)$ und betrachtet die Kombination $s_{ij}^{(1,1)}|_{B_{ij}} - s_{ij}^{(1,1)}|_{B_{i-1,j}} - s_{ij}^{(1,1)}|_{B_{i,j-1}} + s_{ij}^{(1,1)}|_{B_{i-1,j-1}}$, so folgt wegen der Stetigkeit von $s^{(1,1)}$ in (x_i, y_j)

$$
\begin{aligned}
0 = D^{2,2} s_{ij} &+ \frac{1}{h_1 h_2^2} \sum_{k=i-1}^{i} (-1)^{i-k} \int\limits_{x_k}^{x_{k+1}} G_k^{(1,0)}(x_i, \xi)\, [s^{(2,0)}(\xi, y_{j+1}) \\
&\qquad - 2 s^{(2,0)}(\xi, y_j) + s^{(2,0)}(\xi, y_{j-1})]\, d\xi \\
&+ \frac{1}{h_1^2 h_2} \sum_{l=j-1}^{j} (-1)^{j-l} \int\limits_{y_l}^{y_{l+1}} G_l^{(1,0)}(y_j, \eta)\, [s^{(0,2)}(x_{i+1}, \eta) - 2 s^{(0,2)}(x_i, \eta) + s^{(0,2)}(x_{i-1}, \eta)]\, d\eta \\
&+ \frac{1}{h_1 h_2} \sum_{k=i-1}^{i} \sum_{l=j-1}^{j} (-1)^{i-k+j-l} \int\limits_{x_k}^{x_{k+1}} \int\limits_{y_l}^{y_{l+1}} \\
&\qquad G_k^{(1,0)}(x_i, \xi)\, G_l^{(1,0)}(y_j, \eta)\, s^{(2,2)}(\xi, \eta)\, d\eta d\xi . \qquad (7.13)
\end{aligned}
$$

Benutzt man die Darstellung (7.4b) für die Funktion $s^{(2,0)}(\xi, y)$ einmal für $y \in [y_j, y_{j+1}]$ und zum anderen für $y \in [y_{j-1}, y_j]$, differenziert diese Beziehungen nach y und setzt für y den speziellen Wert y_j ein, so ergibt sich einmal

$$
s^{(2,1)}(\xi, y_j) = [s^{(2,0)}(\xi, y_{j+1}) - s^{(2,0)}(\xi, y_j)]/h_2 + \int\limits_{y_j}^{y_{j+1}} G_j^{(1,0)}(y_j, \eta) s^{(2,2)}(\xi, \eta)\, d\eta
$$

und zum anderen

$$
s^{(2,1)}(\xi, y_j) = [s^{(2,0)}(\xi, y_j) - s^{(2,0)}(\xi, y_{j-1})]/h_2 + \int\limits_{y_{j-1}}^{y_j} G_{j-1}^{(1,0)}(y_j, \eta) s^{(2,2)}(\xi, \eta)\, d\eta .
$$

Wegen der Stetigkeit von $s^{(2,1)}$ erhält man, wenn man die zweite Gleichung von der ersten abzieht,

$$
\begin{aligned}
&s^{(2,0)}(\xi, y_{j+1}) - 2 s^{(2,0)}(\xi, y_j) + s^{(2,0)}(\xi, y_{j-1}) \\
&= -h_2 \left[\int\limits_{y_j}^{y_{j+1}} G_j^{(1,0)}(y_j, \eta)\, s^{(2,2)}(\xi, \eta)\, d\eta - \int\limits_{y_{j-1}}^{y_j} G_{j-1}^{(1,0)}(y_j, \eta)\, s^{(2,2)}(\xi, \eta)\, d\eta \right]; \qquad (7.14\text{a})
\end{aligned}
$$

analog ergibt sich

$$s^{(0,2)}(x_{i+1},\eta)-2s^{(0,2)}(x_i,\eta)+s^{(0,2)}(x_{i-1},\eta)$$

$$=-h_1\left[\int_{x_i}^{x_{i+1}} G_i^{(1,0)}(x_i,\xi)\,s^{(2,2)}(\xi,\eta)\,d\xi-\int_{x_{i-1}}^{x_i} G_{i-1}^{(1,0)}(x_i,\xi)\,s^{(2,2)}(\xi,\eta)\,d\xi\right]. \quad (7.14\text{b})$$

Durch Einsetzen von (7.14a) und (7.14b) in (7.13) folgt die Behauptung.

Literatur

[1] Birkhoff, G., and W. J. Gordon, The draftman's and related equations, J. Approx. Theory **1** (1968), 199–208.

[2] Hammer, P. C., and A. W. Wymore, Numerical evaluation of multiple integrals I, MTAC **11** (1957), 59–67.

[3] Красносельский, М. А., Г. М. Вайникко, П. П. Забрейко, Я. Б. Рутицкий и В. Я. Стеценко, Приближенное решение операторных уравнений, Наука, Москва 1969.

[4] Lether, F. G., An error representation for product cubature rules, SIAM J. Numer. Anal. **7** (1970), 363–365.

[5] Mangeron, D., Sopra un problema al contorno per un' equazione differenziale alle derivate parziali di quart' ordine con le caratteristiche reali doppi, Rend. Accad. Sci. Fis. Mat. Napoli **2** (1932), 28–40.

[6] Mangeron, D., Sur la formation des fonctions de Green pour certaines classes d'équations polyvibrantes, C. R. Acad. Sci. Paris Sér. A–B **266** (1968), A 1050–1053.

[7] Schmidt, J. W., Fehlerabschätzungen und Konvergenzbetrachtungen zum gewöhnlichen Differenzenverfahren und zum Mehrstellenverfahren, Habilitationsschrift TU Dresden 1964.

[8] Schmidt, J. W., Defektabschätzungen bei Differenzenverfahren, ZAMM **46** (1966), 17–39.

[9] Schmidt, J. W., und H. Schönheinz, Fehlerschranken zum Differenzenverfahren unter ausschließlicher Benutzung verfügbarer Größen, Arch. Rat. Mech. Anal. **10** (1962), 311–322.

[10] Schönheinz, H., Ein Beitrag zu Fehlerabschätzungen bei Differenzenverfahren, Beiträge Numer. Math. **1** (1974), 135–155.

[11] Seifert, P., Differenzenverfahren und Fehlerbetrachtungen für Randwertprobleme bei gewissen hyperbolischen Differentialgleichungen (Polyvibrationsgleichungen), Dissertation TU Dresden 1972.

[12] Вайникко, Г. М., О связы между методами механических квадратур и конечных разностей, Ж. вычисл. матем. и матем. физ. **9** (1969), 259–270.

Manuskripteingang: 16. 6. 1972

VERFASSER:

Dr. rer. nat. Peter Seifert, Sektion Mathematik der Technischen Universität Dresden

Beiträge zur Numerischen Mathematik
2 (1974), 211–227

Runge-Kutta-Nyström-Verfahren mit variablen Parametern zur numerischen Behandlung von gewöhnlichen Differentialgleichungen zweiter Ordnung

WOLFGANG WEISS und SIEGFRIED SCHOLZ

1. Einleitung

Gesucht ist die Lösung der Anfangswertaufgabe

$$y'' = f(x, y, y'), \quad y(a) = y_0, \quad y'(a) = y_0', \quad a \leqq x \leqq b, \tag{1.1}$$

mit einer Funktion f, die auf einer konvexen, abgeschlossenen, den Anfangspunkt (a, y_0, y_0') enthaltenden Teilmenge B von Punkten (x, y, y') des R^3 stetig und hinreichend oft stetig partiell nach ihren Argumenten differenzierbar sei. $y^*(x)$ sei die exakte Lösung von (1.1) und existiere in ganz $[a, b]$. Mit Hilfe eines Runge-Kutta-Nyström-Verfahrens (RKNV) sollen an den Stellen $x_k = x_0 + kh$ $(x_0 = a;\ k = 1, 2, \ldots, n;\ nh = b - a)$ Näherungen $y_k \approx y^*(x_k)$, $v_k \approx y^{*\prime}(x_k)$ für die exakte Lösung und deren Ableitung ermittelt werden. Wir bezeichnen die Abweichungen dieser Näherungen von den wahren Werten mit

$$\varepsilon_k := y^*(x_k) - y_k, \quad \eta_k := y^{*\prime}(x_k) - v_k. \tag{1.2}$$

Zur Vereinfachung der Schreibweise setzen wir $y' := v$ und fassen gelegentlich

$$y, v \text{ zu dem Vektor } \boldsymbol{y} = \begin{pmatrix} y \\ v \end{pmatrix},$$

$$\varepsilon, \eta \text{ zu dem Vektor } \boldsymbol{\varepsilon} = \begin{pmatrix} \varepsilon \\ \eta \end{pmatrix} \tag{1.3}$$

zusammen.

Die expliziten RKNV zur Lösung von (1.1) haben bekanntlich die allgemeine Gestalt (vgl. [2])

$$y_{k+1} = y_k + hv_k + h^2 \sum_{i=1}^{m} R_i K_i, \quad y_0 = y(a),$$

$$v_{k+1} = v_k + h \sum_{i=1}^{m} W_i K_i, \quad v_0 = y'(a), \quad k = 0, 1, \ldots, n-1;\ m \geqq 1; \tag{1.4}$$

mit

$$K_1 = f(x_k, y_k, v_k),$$

$$K_i = f\left(x_k + \alpha_i h;\ y_k + \beta_i h v_k + \frac{1}{2} h^2 \sum_{k=1}^{i-1} \gamma_{ik} K_k;\ v_k + h \sum_{k=1}^{i-1} \delta_{ik} K_k\right), \tag{1.5}$$

$i = 2, \ldots, m$; R_i, W_i, α_i, β_i, γ_{ik}, δ_{ik} geeignete Konstanten.

Führt man den Vektor

$$\boldsymbol{\Phi}(x_k, \boldsymbol{y}_k; h) := \begin{pmatrix} v_k + h \sum_{i=1}^{m} R_i K_i \\ \sum_{i=1}^{m} W_i K_i \end{pmatrix}$$

ein, so läßt sich (1.4) als

$$\boldsymbol{y}_{k+1} = \boldsymbol{y}_k + h\boldsymbol{\Phi}(x_k, \boldsymbol{y}_k; h) \tag{1.6}$$

schreiben. $\boldsymbol{\Phi}(x, \boldsymbol{y}; h)$ heißt *Zuwachsfunktion* des Verfahrens (1.4).

Definition 1.1. Es sei $x \in [a, b]$ und $\boldsymbol{y}$ ein beliebiger Vektor des R^2. Ferner sei $\boldsymbol{z} = \begin{pmatrix} z \\ z' \end{pmatrix}$ die Lösung der Aufgabe $z'' = f(x, \boldsymbol{z})$, die der Bedingung $\boldsymbol{z}(x) = \boldsymbol{y}$ genügt. Dann heißt

$$\boldsymbol{\Delta}(x, \boldsymbol{y}; h) = \begin{cases} \dfrac{\boldsymbol{z}(x+h) - \boldsymbol{z}(x)}{h} & \text{für} \quad h \neq 0, \\ \boldsymbol{z}'(x) = \begin{pmatrix} v(x) \\ f(x, \boldsymbol{y}) \end{pmatrix} & \text{für} \quad h = 0 \end{cases} \tag{1.7}$$

exakter relativer Zuwachs der Lösung von (1.1).

Im Unterschied zu [1] definieren wir die Ordnung von (1.6) ohne Zuhilfenahme von $\boldsymbol{\Phi}$ und $\boldsymbol{\Delta}$ wie folgt:

Definition 1.2. Ein RKNV der Gestalt (1.6) *hat die Ordnung p*, wenn für alle $k = 0, 1, 2, \ldots, n-1$
$\boldsymbol{\varepsilon}_{k+1} = \boldsymbol{y}^*(x_{k+1}) - \boldsymbol{y}_{k+1} = \boldsymbol{O}(h^p)$ für $h \to 0$, $x_{k+1} = x_0 + (k+1)h = \text{const}$, $p > 0$, gilt ($\boldsymbol{O}(h^p)$ sei dabei ein Vektor mit den beiden Komponenten $O(h^p)$; $O(s)$ bedeute das Landau-Symbol für $s \to 0$).

Eine hinreichende Bedingung dafür, daß ein Verfahren der Gestalt (1.6) die Ordnung p besitzt, gibt der folgende Hilfssatz an.

Hilfssatz 1. *Die Funktion* $\boldsymbol{\Phi}(x, \boldsymbol{y}; h)$ *aus* (1.6) *sei für alle Punkte der Menge*

$$B^* = \{(x, \boldsymbol{y}; h) | (x, \boldsymbol{y}) \in B \quad \text{und} \quad 0 \leqq h \leqq h_0, h_0 > 0\}$$

stetig. Ferner seien $L > 0$, $N > 0$, $p > 0$ *Konstanten, so daß für beliebige* $(x, \boldsymbol{u}; h)$ $(x, \boldsymbol{w}; h) \in B^*$

$$\|\boldsymbol{\Phi}(x, \boldsymbol{u}; h) - \boldsymbol{\Phi}(x, \boldsymbol{w}; h)\| \leqq L\|\boldsymbol{u} - \boldsymbol{w}\|^{1)} \tag{1.8}$$

und für die Lösung $\boldsymbol{y}^*(x)$ *von* (1.2)

$$\|\boldsymbol{\Phi}(x, \boldsymbol{y}^*(x); h) - \boldsymbol{\Delta}(x, \boldsymbol{y}^*(x); h)\| \leqq Nh^p, \ x \in [a, b], \ h \leqq h_0, \tag{1.9}$$

gilt. Dann hat das Verfahren (1.6) *die Ordnung p.*

---

1) Ist $\boldsymbol{v} = (v_1, v_2, \ldots, v_s)^{\mathsf{T}}$, dann definieren wir als Vektornorm $\|\boldsymbol{v}\| := \sum_{i=1}^{s} |v_i|$; ist $\boldsymbol{A} = (a_{ik})$, dann verwenden wir als zugehörige Matrixnorm $\|\boldsymbol{A}\| := \max_k \left(\sum_i |a_{ik}|\right)$.

Beweis. Nach [1] ist unter den Voraussetzungen des Hilfssatzes 1

$$\|\boldsymbol{y}_{k+1} - \boldsymbol{y}^*(x_{k+1})\| = O(h^p) \text{ für } h \to 0, \ (k+1)\,h = \text{const}$$

und alle $k = 0, 1, \ldots, n-1$.

Wegen

$$\boldsymbol{O}(h^p) = -\|\boldsymbol{y}_{k+1} - \boldsymbol{y}^*(x_{k+1})\| \begin{pmatrix}1\\1\end{pmatrix} \leqq \boldsymbol{y}_{k+1} - \boldsymbol{y}^*(x_{k+1})$$

$$\leqq \|\boldsymbol{y}_{k+1} - \boldsymbol{y}^*(x_{k+1})\| \begin{pmatrix}1\\1\end{pmatrix} = \boldsymbol{O}(h^p)$$

folgt sofort die Behauptung.

2. RKNV dritter und vierter Ordnung mit zwei Funktionswertberechnungen pro Schritt

Wir betrachten das Verfahren

$$y_{k+1} = y_k + hv_k + h^2\left(\left(\frac{1}{2} - R_2\right)K_1 + R_2K_2\right),$$

$$v_{k+1} = v_k + h\left(\left(1 - \frac{1}{2\alpha}\right)K_1 + \frac{1}{2\alpha}K_2\right) \tag{2.1}$$

mit

$$K_1 = f(x_k, y_k, v_k),$$

$$K_2 = f\left(x_k + \alpha h;\, y_k + \alpha h v_k + \frac{1}{2}\gamma h^2 K_1;\, v_k + \alpha h K_1\right)$$

$(k = 0, 1, \ldots, n-1;\ R_2, \alpha, \gamma$ beliebig, $\neq 0)$,

welches man aus (1.4) mit

$$m = 2,\ \alpha_2 = \beta_2 = \delta_{21} =: \alpha,\ \gamma_{21} =: \gamma,\ R_1 = \frac{1}{2} - R_2,\ W_2 = \frac{1}{2\alpha},$$

$$W_1 = 1 - W_2$$

erhält. Wie man leicht durch Taylorentwicklung nachprüft (oder z. B. [2] entnimmt), gilt für dieses Verfahren

$$\|\boldsymbol{\Phi}(x, \boldsymbol{y}^*(x); h) - \Delta(x, \boldsymbol{y}^*(x); h)\| \leqq Nh^2$$

mit

$$N = \left|\alpha R_2 - \frac{1}{6}\right| M_1 + \frac{1}{6}M_2 + \frac{|\alpha|}{4}N_2 + \frac{1}{4}\left|\frac{\gamma}{\alpha}\right| M_0L_0, \tag{2.2}$$

wobei

$$M_s := \max_{(x,y,v)\in B} \left|\frac{d^s}{dx^s} f(x, y, v)\right|; \tag{2.3}$$

$$N_s := \max_{(x,y,v)\in B} |\tilde{D}^s f(x, y, v)| \tag{2.4}$$

mit dem Operator

$$\tilde{D} := \frac{\partial}{\partial x} + v\frac{\partial}{\partial y} + f\frac{\partial}{\partial v}; \tag{2.5}$$

$$L_0 := \max\left\{\max_{(x,y,v)\in B}\left|\frac{\partial f}{\partial y}(x, y, v)\right|; \max_{(x,y,v)\in B}\left|\frac{\partial f}{\partial v}(x, y, v)\right|\right\} \tag{2.6}$$

bedeuten ($s = 1, 2, \ldots$). (Auf Grund der Voraussetzungen über f existieren diese Größen!)

Durch mehrfache Anwendung des Mittelwertsatzes der Differentialrechnung stellt man ferner fest, daß

$$\|\boldsymbol{\Phi}(x, \boldsymbol{u}; h) - \boldsymbol{\Phi}(x, \boldsymbol{w}; h)\| \leqq L\|\boldsymbol{v} - \boldsymbol{w}\|$$

mit

$$L = 1 + L_0\left\{\left|1 - \frac{1}{2\alpha}\right| + \frac{1}{2|\alpha|} + h_0\left(\left|\frac{1}{2} - R_2\right| + \frac{1}{2} + |R_2|\right) + |\alpha R_2|h_0^2\right.$$
$$\left. + L_0\left[\frac{1}{2}h_0 + h_0^2\left(|\alpha R_2| + \frac{1}{4}\left|\frac{\gamma}{\alpha}\right|\right) + \frac{1}{2}h_0^3|\gamma R_2|\right]\right\}, \quad 0 < h \leqq h_0,$$

erfüllt ist (vgl. [4]).

Nach Hilfssatz 1 hat das Verfahren (2.1) somit die Ordnung 2. Unter Berücksichtigung dieser Tatsache kann man die Taylorentwicklung des Fehlers von Verfahren (2.1) in der Form

$$\boldsymbol{\varepsilon}_{k+1} = (\boldsymbol{I} + h\boldsymbol{F}_k)\,\boldsymbol{\varepsilon}_k + h^3\boldsymbol{r}_k + \boldsymbol{O}(h^4) \tag{2.7}$$

bzw.

$$\boldsymbol{\varepsilon}_{k+1} = \left(\boldsymbol{I} + h\boldsymbol{F}_k + \frac{1}{2}h^2\boldsymbol{G}_k\right)\boldsymbol{\varepsilon}_k + h^3\boldsymbol{r}_k + h^4\boldsymbol{s}_k + \boldsymbol{O}(h^5) \tag{2.8}$$

schreiben (vgl. [4]). Dabei ist

$$\boldsymbol{\varepsilon}_k = \begin{pmatrix}\varepsilon_k\\ \eta_k\end{pmatrix}, \quad \boldsymbol{r}_k = \begin{pmatrix}\left(\frac{1}{6} - \alpha R_2\right)[\tilde{D}f]_k\\ \left(\frac{1}{6} - \frac{\alpha}{4}\right)[\tilde{D}^2 f]_k + \left(\frac{1}{6} - \frac{\gamma}{4\alpha}\right)[ff_y]_k + \frac{1}{6}[f_v\tilde{D}f]_k\end{pmatrix}, \tag{2.9}$$

$$\boldsymbol{s}_k = \begin{bmatrix}\left(\frac{1}{24} - \frac{1}{2}R_2\alpha^2\right)[\tilde{D}^2 f]_k + \left(\frac{1}{24} - \frac{1}{2}R_2\gamma\right)[ff_y]_k + \frac{1}{24}[f_v\tilde{D}f]_k\\ \frac{1}{24}(1 - 2\alpha^2)[\tilde{D}^3 f]_k + \frac{1}{24}(3 - 6\gamma)[f\tilde{D}f_y]_k + \frac{3}{24}[\tilde{D}f\tilde{D}f_v]_k\\ + \frac{1}{24}[f_y\tilde{D}f + f_v\tilde{D}^2 f + ff_yf_v + f_v^2 Df]_k\end{bmatrix}, \tag{2.9a}$$

$$\boldsymbol{I} = \begin{pmatrix}1 & 0\\ 0 & 1\end{pmatrix}, \quad \boldsymbol{F}_k = \begin{pmatrix}0 & 1\\ [f_y]_k & [f_v]_k\end{pmatrix}, \quad \boldsymbol{G}_k = \begin{pmatrix}[f_y]_k & [f_v]_k\\ [\tilde{D}f_y + f_yf_v]_k & [\tilde{D}f_v + f_v^2]_k\end{pmatrix}, \tag{2.10}$$

und $[\ldots]_k$ bedeutet, daß der Inhalt der Klammer an der Stelle (x_k, y_k, v_k) zu nehmen ist.

In Anlehnung an die Darstellungen (2.7), (2.8) vereinbaren wir folgende Bezeichnungen:

Definition 2.1. Zwei Vektorfolgen $\{\boldsymbol{u}_\nu\}$ und $\{\boldsymbol{w}_\nu\}$ heißen *zueinander 1-passend*, wenn gilt:

1. $\boldsymbol{u}_0 = \boldsymbol{w}_0 = \boldsymbol{O}$;

2. $$\begin{aligned} \boldsymbol{u}_{\nu+1} &= (\boldsymbol{I} + h\boldsymbol{A}_\nu)\, \boldsymbol{u}_\nu + \boldsymbol{b}_\nu h^{m+1} + \gamma_\nu h^{m+2} + \boldsymbol{O}(h^{m+3}), \\ \boldsymbol{w}_{\nu+1} &= (\boldsymbol{I} + h\boldsymbol{A}_\nu)\boldsymbol{w}_\nu + \boldsymbol{b}_\nu h^{m+1} + \mathbf{c}_\nu h^{m+2} + \boldsymbol{O}(h^{m+3}) \end{aligned} \tag{2.11}$$

mit

$$\boldsymbol{A} = \begin{pmatrix} 0 & a \\ \mu_\nu & \lambda_\nu \end{pmatrix}, \quad \boldsymbol{b}_\nu, \gamma_\nu, \mathbf{c}_\nu, \lambda_\nu, \mu_\nu, a \text{ const}; m > 0, \text{ganz}; h > 0; \nu = 0, 1, 2, \ldots$$

Definition 2.2. Zwei Vektorfolgen $\{\boldsymbol{u}_\nu\}$ und $\{\boldsymbol{w}_\nu\}$ heißen *zueinander 2-passend*, wenn gilt:

1. $\boldsymbol{u}_0 = \boldsymbol{w}_0 = \boldsymbol{O}$;

2. $$\begin{aligned} \boldsymbol{u}_{\nu+1} &= (\boldsymbol{I} + h\boldsymbol{A}_\nu + h^2\boldsymbol{B}_\nu)\, \boldsymbol{u}_\nu + \boldsymbol{b}_\nu h^{m+1} + \mathbf{c}_\nu h^{m+2} + \boldsymbol{\delta}_\nu h^{m+3} + \boldsymbol{O}(h^{m+4}), \\ \boldsymbol{w}_{\nu+1} &= (\boldsymbol{I} + h\boldsymbol{A}_\nu + h^2\boldsymbol{B}_\nu)\, \boldsymbol{w}_\nu + \boldsymbol{b}_\nu h^{m+1} + \mathbf{c}_\nu h^{m+2} + \boldsymbol{d}_\nu h^{m+3} + \boldsymbol{O}(h^{m+4}) \end{aligned}$$

mit

$$\boldsymbol{B}_\nu = \begin{pmatrix} \tau_\nu & \sigma_\nu \\ \varkappa_\nu & \varrho_\nu \end{pmatrix}, \quad \boldsymbol{b}_\nu,\ \mathbf{c}_\nu,\ \boldsymbol{\delta}_\nu, \boldsymbol{d}_\nu,\ \tau_\nu,\ \sigma_\nu,\ \varkappa_\nu,\ \varrho_\nu \text{ const};\ m > 0, \text{ ganz};\ h > 0;$$

$\nu = 0, 1, 2, \ldots$

Für derartige Folgen beweist man leicht zwei später benötigte Eigenschaften:

Hilfssatz 2. *Sind* $\{\boldsymbol{u}_\nu\}$ *und* $\{\boldsymbol{w}_\nu\}$ *zueinander r-passend* ($r = 1$ *oder* 2), *dann gilt*

$$\boldsymbol{u}_\nu - \boldsymbol{w}_\nu = \boldsymbol{O}(h^{m+r}) \tag{2.12}$$

und

$$\boldsymbol{u}_\nu - \boldsymbol{w}_\nu = \boldsymbol{u}_{\nu-1} - \boldsymbol{w}_{\nu-1} + \boldsymbol{O}(h^{m+r+1}) \tag{2.13}$$

für $\nu = 1, 2, \ldots, n$ *für* $h \to 0$ *und* $nh = l = \text{const}$.

Beweis (für $r = 1$). Sei $\Lambda := \max_\nu \max\{|\mu_\nu|,\ |a| + |\lambda_\nu|\}$, $c := \max_\nu \|\gamma_\nu - \mathbf{c}_\nu\|$.

Dann ist

$$\begin{aligned} \|\boldsymbol{u}_\nu - \boldsymbol{w}_\nu\| &\leqq \|\boldsymbol{I} + h\boldsymbol{A}_\nu\|\, \|\boldsymbol{u}_{\nu-1} - \boldsymbol{w}_{\nu-1}\| + h^{m+2}\|\gamma_\nu - \mathbf{c}_\nu\| + \|\boldsymbol{O}(h^{m+3})\| \\ &\leqq (1 + \Lambda h)\, \|\boldsymbol{u}_{\nu-1} - \boldsymbol{w}_{\nu-1}\| + ch^{m+2} + \|\boldsymbol{O}(h^{m+3})\|. \end{aligned}$$

Nach [1], S. 18, erhält man hieraus wegen $\|\boldsymbol{u}_0 - \boldsymbol{w}_0\| = 0$

$$\|\boldsymbol{u}_\nu - \boldsymbol{w}_\nu\| \leqq \begin{cases} \dfrac{e^{\Lambda\nu h} - 1}{\Lambda h}\,(ch^{m+2} + \|\boldsymbol{O}(h^{m+3})\|) & \text{für} \quad \Lambda \neq 0, \\ \nu(ch^{m+2} + \|\boldsymbol{O}(h^{m+3})\|) & \text{für} \quad \Lambda = 0, \end{cases}$$

$$\|\boldsymbol{u}_\nu - \boldsymbol{w}_\nu\| \leqq \begin{cases} \dfrac{e^{lh}-1}{\Lambda}\,(ch^{m+1} + O(h^{m+2})) & \text{für} \quad \Lambda \neq 0, \\ l(ch^{m+1} + O(h^{m+2})) & \text{für} \quad \Lambda = 0, \end{cases} \qquad \nu = 1, 2, \ldots, n;$$

also hat $\|\boldsymbol{u}_\nu - \boldsymbol{w}_\nu\|$ die Ordnung $m + 1$. Somit gilt auch

$$\boldsymbol{O}(h^{m+1}) = -\|\boldsymbol{u}_\nu - \boldsymbol{w}_\nu\| \begin{pmatrix} 1 \\ 1 \end{pmatrix} \leqq \boldsymbol{u}_\nu - \boldsymbol{w}_\nu \leqq \|\boldsymbol{u}_\nu - \boldsymbol{w}_\nu\| \begin{pmatrix} 1 \\ 1 \end{pmatrix} = \boldsymbol{O}(h^{m+1}),$$

und (2.12) ist bewiesen. Bildet man jetzt

$$\begin{aligned} \boldsymbol{u}_\nu - \boldsymbol{w}_\nu &= (\boldsymbol{I} + h\boldsymbol{A}_\nu)\,(\boldsymbol{u}_{\nu-1} - \boldsymbol{w}_{\nu-1}) + (\gamma_\nu - \boldsymbol{c}_\nu)\,h^{m+2} + \boldsymbol{O}(h^{m+3}) \\ &= \boldsymbol{u}_{\nu-1} - \boldsymbol{w}_{\nu-1} + h \begin{pmatrix} 0 & a \\ \mu_\nu & \lambda_\nu \end{pmatrix} (\boldsymbol{u}_{\nu-1} - \boldsymbol{w}_{\nu-1}) + (\gamma_\nu - \boldsymbol{c}_\nu)\,h^{m+2} + \boldsymbol{O}(h^{m+3}) \end{aligned}$$

und verwendet (2.12), so ergibt sich

$$\begin{aligned} \boldsymbol{u}_\nu - \boldsymbol{w}_\nu &= \boldsymbol{u}_{\nu-1} - \boldsymbol{w}_{\nu-1} + h \cdot \boldsymbol{O}(h^{m+1}) + \boldsymbol{O}(h^{m+2}) + \boldsymbol{O}(h^{m+3}) \\ &= \boldsymbol{u}_{\nu-1} - \boldsymbol{w}_{\nu-1} + \boldsymbol{O}(h^{m+2}). \end{aligned}$$

Der Beweis für $r = 2$ verläuft analog.

Kommen wir nun auf die Darstellungen (2.7), (2.8) für den Fehler $\boldsymbol{\varepsilon}_{k+1}$ des Verfahrens (2.1) zurück. Wie man (2.9) entnimmt, hängt $\boldsymbol{\varepsilon}_{k+1}$ unter anderem von den frei wählbaren Größen R_2, α und γ ab. Es ist unser Ziel, diese Größen so zu bestimmen, daß sich die Ordnung des Verfahrens (2.1) erhöht. Aus Zweckmäßigkeitsgründen verringern wir von vornherein die Zahl der freien Parameter auf 2, indem wir $\gamma = 2c\alpha^2$ ($c = \text{const}$) setzen. Wir versuchen nun, R_2 und α in (2.1) so zu wählen, daß im $(k + 1)$-ten Schritt ($k = 0, 1, \ldots, n - 1$) der Fehler

$$\boldsymbol{\varepsilon}_{k+1} = (\boldsymbol{I} + h\boldsymbol{F}_k)\,\boldsymbol{\varepsilon}_k + h^3\boldsymbol{r}_k = \boldsymbol{O}(h^3) \text{ bzw. } \boldsymbol{O}(h^4) \tag{*}$$

wird. Daß dies möglich ist, besagt der folgende

Satz 1. *Es sei* $\{\boldsymbol{u}_\nu\} = \left\{\begin{pmatrix} u_\nu \\ w_\nu \end{pmatrix}\right\}$ *eine zu der Folge* $\{\boldsymbol{\varepsilon}_\nu\} = \left\{\begin{pmatrix} \varepsilon_\nu \\ \eta_\nu \end{pmatrix}\right\}$ *aus* (2.7) *bzw.* (2.8) *r-passende Folge* ($r = 1$ *oder* 2; $\nu = 1, 2, \ldots, k$). *Dann hat das RKNV der Gestalt*

$$\begin{aligned} y_{k+1} &= y_k + hv_k + \left(\frac{1}{2} - R_k\right) h^2 f_k + R_k h^2 \hat{f}_k, \\ v_{k+1} &= v_k + \left(1 - \frac{1}{2\alpha_k}\right) hf_k + \frac{1}{2\alpha_k}\, h\hat{f}_k, \\ y_0 &= y^*(x_0),\ v_0 = y^{*\prime}(x_0),\ k = 0, 1, \ldots, n-1, \end{aligned} \tag{2.14}$$

mit

$$\alpha_k = \alpha_{k-1}\left(1 + \frac{2w_k - w_{k-1}}{hS_{k-1} + 3(w_{k-1} - w_k)}\right), \quad \alpha_0 \text{ beliebig}, \neq 0, \tag{2.15}$$

$$R_k = \frac{1}{6\alpha_k}\left(1 + (1 - 6\alpha_{k-1}R_{k-1})\,\frac{u_k}{u_k - u_{k-1}}\right), \quad R_0 \text{ beliebig}, \neq \frac{1}{6\alpha_0}, \tag{2.16}$$

$$f_k = f(x_k, y_k, v_k),$$
$$\hat{f}_k = f(x_k + \alpha_k h;\, y_k + \alpha_k h v_k + c\alpha_k{}^2 h^2 f_k;\, v_k + \alpha_k h f_k), \quad c = \text{const},$$
$$S_{k-1} = f_k - f_{k-1} + \frac{1}{\alpha_{k-1}} (f_{k-1} - \hat{f}_{k-1}), \quad k = 1, 2, \ldots, n-1, \tag{2.17}$$

die Ordnung $2 + r$.

(Mit anderen Worten: Um die Forderung (*) erfüllen zu können, ist es notwendig,

1. R_2 und α von Schritt zu Schritt nach (2.15) bzw. (2.16) neu zu bestimmen (da sich auch $\boldsymbol{\varepsilon}_k$, $\boldsymbol{F}_k$, $\boldsymbol{r}_k$ von Schritt zu Schritt ändern!);
2. eine r-passende Näherung $\{\boldsymbol{w}_\nu\}$ für $\{\boldsymbol{\varepsilon}_\nu\}$ ($\nu = 0, 1, \ldots, k$) zur Verfügung zu haben.)

Beweis. Nach (2.7)/(2.9) ist mit $\gamma = 2c\alpha^2$ und R_k als Wert von R_2 im k-ten Schritt

$$\varepsilon_{k+1} = \varepsilon_k + h\eta_k + h^3 \left[\left(\frac{1}{6} - \alpha_k R_k\right) \tilde{D} f\right]_k + O(h^4), \tag{2.18a}$$

$$\begin{aligned} \eta_{k+1} = {} & \varepsilon_k h [f_y]_k + \eta_k [1 + h f_v]_k \\ & + h^3 \left[\left(\frac{1}{6} - \frac{\alpha_k}{4}\right) \tilde{D}^2 f + \left(\frac{1}{6} - \frac{c\alpha_k}{2}\right) f f_y + \frac{1}{6} f_v \tilde{D} f\right]_k + O(h^4) \end{aligned} \tag{2.18b}$$

und ebenso

$$\varepsilon_k = \varepsilon_{k-1} + h\eta_{k-1} + h^3 \left[\left(\frac{1}{6} - \alpha_{k-1} R_{k-1}\right) \tilde{D} f\right]_{k-1} + O(h^4), \tag{2.19a}$$

$$\begin{aligned} \eta_k = {} & \varepsilon_{k-1} h [f_y]_{k-1} + \eta_{k-1} [1 + h f_v]_{k-1} \\ & + h^3 \left[\left(\frac{1}{6} - \frac{\alpha_{k-1}}{4}\right) \tilde{D}^2 f + \left(\frac{1}{6} - \frac{c\alpha_{k-1}}{2}\right) f f_y + \frac{1}{6} f_v \tilde{D} f\right]_{k-1} + O(h^4). \end{aligned} \tag{2.19b}$$

Setzt man (2.19) in (2.18) ein und beachtet, daß wegen der Stetigkeitsvoraussetzungen für f und seine Ableitungen

$$\begin{aligned} [f_y]_k &= [f_y]_{k-1} + O(h), \\ [f_v]_k &= [f_v]_{k-1} + O(h), \\ [\tilde{D} f]_k &= [\tilde{D} f]_{k-1} + O(h), \\ [\tilde{D}^2 f + f f_y + f_v \tilde{D} f]_k &= [\tilde{D}^2 f + f f_y + f_v \tilde{D} f]_{k-1} + O(h) \end{aligned}$$

gilt, so erhält man

$$\begin{aligned} \varepsilon_{k+1} = {} & \varepsilon_{k-1} + 2h\eta_{k-1} + h^3 \left[\left(\frac{1}{6} - \alpha_{k-1} R_{k-1}\right) \tilde{D} f\right]_{k-1} \\ & + h^3 \left[\left(\frac{1}{6} - \alpha_k R_k\right) \tilde{D} f\right]_{k-1} + O(h^4), \end{aligned} \tag{2.20a}$$

$$\begin{aligned} \eta_{k+1} = {} & 2\varepsilon_{k-1} h [f_y]_{k-1} + \eta_{k-1} [1 + 2h f_v]_{k-1} \\ & + h^3 \left[\left(\frac{1}{6} - \frac{\alpha_{k-1}}{4}\right) \tilde{D}^2 f + \left(\frac{1}{6} - \frac{c\alpha_{k-1}}{2}\right) f f_y + \frac{1}{6} f_v \tilde{D} f\right]_{k-1} \\ & + h^3 \left[\left(\frac{1}{6} - \frac{\alpha_k}{4}\right) \tilde{D}^2 f + \left(\frac{1}{6} - \frac{c\alpha_k}{2}\right) f f_y + \frac{1}{6} f_v \tilde{D} f\right]_{k-1} + O(h^4). \end{aligned} \tag{2.20b}$$

Bevor wir in (2.20) α_k und R_k nach (2.15) bzw. (2.16) ersetzen, formen wir die dortigen Ausdrücke durch Taylorentwicklung etwas um. Es ist

$$\hat{f}_{k-1} = f_{k-1} + h\alpha_{k-1}[\tilde{D}f]_{k-1} + \frac{1}{2}h^2\alpha_{k-1}^2[\tilde{D}^2f + 2cff_y]_{k-1} + O(h^3),$$

$$f_k = f_{k-1} + h[\tilde{D}f]_{k-1} + \frac{1}{2}h^2[\tilde{D}^2f + ff_y + f_v\tilde{D}f]_{k-1} + O(h^3),$$

$$hS_{k-1} = \frac{1}{2}h^3[(1-\alpha_{k-1})\tilde{D}^2f + (1-2c\alpha_{k-1})ff_y + f_v\tilde{D}f]_{k-1} + O(h^4);$$

im Hinblick auf (2.19b) gilt

$$\begin{aligned} hS_{k-1} &= 3(\eta_k - \eta_{k-1}[1 + hf_v]_{k-1} - \varepsilon_{k-1}h[f_y]_{k-1}) \\ &\quad + \frac{h^3}{4}\alpha_{k-1}[\tilde{D}^2f + 2cff_y]_{k-1} + O(h^4), \end{aligned}$$

und da $\{\varepsilon_\nu\}$ und $\{u_\nu\}$ als zueinander r-passend vorausgesetzt sind, erhält man schließlich nach (2.12) und (2.13) (es ist $m = 2$)

$$\begin{aligned} hS_{k-1} &= 3(w_k - w_{k-1}[1 + hf_v]_{k-1} - u_{k-1}h[f_y]_{k-1}) \\ &\quad + \frac{h^3}{4}\alpha_{k-1}[\tilde{D}^2f + 2cff_y]_{k-1} + O(h^4). \end{aligned}$$

Damit wird

$$\alpha_k = \alpha_{k-1}\left(1 + \frac{2w_k - w_{k-1}}{\frac{1}{4}h^3\alpha_{k-1}[\tilde{D}^2f + 2cff_y]_{k-1}} \cdot \frac{1}{1 + A_{k-1}}\right), \tag{2.21}$$

wobei

$$A_{k-1} := \frac{-3h(w_{k-1}[f_v]_{k-1} + u_{k-1}[f_y]_{k-1}) + O(h^4)}{\frac{1}{4}h^3\alpha_{k-1}[\tilde{D}^2f + 2cff_y]_{k-1}} \tag{2.22}$$

gesetzt wurde. Mit (2.21) nimmt nun (2.20) folgende Gestalt an:

$$\begin{aligned} \varepsilon_{k+1} &= \varepsilon_{k-1} + 2h\eta_{k-1} + h^3\left[\left(\frac{1}{6} - \alpha_{k-1}R_{k-1}\right)\tilde{D}f\right]_{k-1} \\ &\quad - h^3\left[\left(\frac{1}{6} - \alpha_{k-1}R_{k-1}\right)\tilde{D}f\right]_{k-1} \cdot \frac{u_k}{u_k - u_{k-1}} + O(h^4), \end{aligned} \tag{2.23a}$$

$$\begin{aligned} \eta_{k+1} &= 2\varepsilon_{k-1}h[f_y]_{k-1} + \eta_{k-1}[1 + 2hf_v]_{k-1} \\ &\quad + h^3\left[\left(\frac{1}{6} - \frac{\alpha_{k-1}}{4}\right)\tilde{D}^2f + \left(\frac{1}{6} - \frac{c\alpha_{k-1}}{2}\right)ff_y + \frac{1}{6}f_v\tilde{D}f\right]_{k-1} \\ &\quad + h^3\left[\left(\frac{1}{6} - \frac{\alpha_{k-1}}{4}\right)\tilde{D}^2f + \left(\frac{1}{6} - \frac{c\alpha_{k-1}}{2}\right)ff_y + \frac{1}{6}f_v\tilde{D}f\right]_{k-1} \\ &\quad - (2w_k - w_{k-1}) \cdot \frac{1}{1 + A_{k-1}} + O(h^4). \end{aligned} \tag{2.23b}$$

Unter Beachtung der Voraussetzung, daß $\{u_\nu\}$ und $\{\varepsilon_\nu\}$ zueinander r-passend sind, erhält man nach (2.12), (2.13) und (2.19a) für

$$\frac{u_k}{u_k - u_{k-1}} = 1 + \frac{u_{k-1}}{u_k - u_{k-1}} = 1 + \frac{u_{k-1}}{\varepsilon_k - \varepsilon_{k-1} + O(h^{2+r})}$$
$$= 1 + \frac{u_{k-1}}{h^3 \left[\left(\frac{1}{6} - \alpha_{k-1} R_{k-1}\right) \tilde{D}f\right]_{k-1}} \cdot \frac{1}{1 + B_{k-1}}$$

mit

$$B_{k-1} := \frac{h w_{k-1} + O(h^4)}{h^3 \left[\left(\frac{1}{6} - \alpha_{k-1} R_{k-1}\right) \tilde{D}f\right]_{k-1}} \tag{2.24}$$

und für

$$2w_k - w_{k-1} = w_{k-1}[1 + 2hf_v]_{k-1} + 2u_{k-1}h[f_y]_{k-1}$$
$$+ 2h^3 \left[\left(\frac{1}{6} - \frac{\alpha_{k-1}}{4}\right) \tilde{D}^2 f + \left(\frac{1}{6} - \frac{c\alpha_{k-1}}{2}\right) ff_y + \frac{1}{6} f_v \tilde{D}f\right]_{k-1} + O(h^4),$$

so daß der Fehler ε_{k+1} schließlich folgende Form hat (beachte:

$$\frac{1}{1 + A_{k-1}} = 1 - \frac{A_{k-1}}{1 + A_{k-1}}, \quad \frac{1}{1 + B_{k-1}} = 1 - \frac{B_{k-1}}{1 + B_{k-1}}):$$

$$\varepsilon_{k+1} = (\varepsilon_{k-1} - u_{k-1}) + 2h\eta_{k-1} + u_{k-1} \cdot \frac{B_{k-1}}{1 + B_{k-1}} + O(h^4), \tag{2.25a}$$

$$\eta_{k+1} = (\eta_{k-1} - w_{k-1})\,[1 + 2hf_v]_{k-1} + 2(\varepsilon_{k-1} - u_{k-1})\, h[f_y]_{k-1}$$
$$+ \frac{A_{k-1}}{1 + A_{k-1}} \Bigg\{ w_{k-1}[1 + 2hf_v]_{k-1} + 2u_{k-1}h[f_y]_{k-1}$$
$$+ 2h^3 \left[\left(\frac{1}{6} - \frac{\alpha_{k-1}}{4}\right) \tilde{D}^2 f + \left(\frac{1}{6} - \frac{c\alpha_{k-1}}{2}\right) ff_y + \frac{1}{6} f_v \tilde{D}f\right]_{k-1} + O(h^4) \Bigg\} + O(h^4). \tag{2.25b}$$

Wir untersuchen nun die Ordnung von ε_{k+1}, η_{k+1} unter der Annahme, daß für den Fehler des $(k-1)$-ten Schrittes

$$\varepsilon_{k-1} = O(h^3), \quad \eta_{k-1} = O(h^3) \tag{2.26}$$

gilt. Nach (2.12) ist dann $u_{k-1} = O(h^3)$, $w_{k-1} = O(h^3)$, so daß man nach (2.22) $A_{k-1} = O(h)$ und nach (2.24) $B_{k-1} = O(h)$ erhält. Damit ergibt sich nach (2.25) unter nochmaliger Berücksichtigung von (2.22)

$$\varepsilon_{k+1} = O(h^{2+r}) + O(h^4) = O(h^{2+r}),$$
$$\eta_{k+1} = O(h^{2+r}) + O(h^{3+r}) + O(h^4) = O(h^{2+r}).$$

Es bleibt jetzt nur noch zu zeigen, daß die Annahme (2.26) erfüllt ist, sofern das Verfahren (2.14) mit $k = 0$ und $y_0 = y^*(x_0)$, $v_0 = y^{*\prime}(x_0)$ gestartet wird. Offensichtlich ist dann (2.26) wegen $\varepsilon_0 = 0$, $\eta_0 = 0$ für $k = 1$ erfüllt. Aus (2.18) liest man unmittelbar ab, daß $\varepsilon_1 = O(h^3)$, $\eta_1 = O(h^3)$ gilt und somit (2.26) auch für $k = 2$ erfüllt ist. Also wird nach dem Satz $\varepsilon_2 = \boldsymbol{O}(h^{2+r})$, $\varepsilon_3 = \boldsymbol{O}(h^{3+r})$, und da $r = 1$ oder 2 vorausgesetzt war, ist die Annahme (2.26) auch für die nächsten beiden Schritte erfüllt, usw.

Bemerkung 2.1. Setzt man $R_k = \dfrac{1}{6\alpha_k}$, so erhält man mit α_k aus (2.15) ein Verfahren dritter Ordnung. (Der Beweis ergibt sich leicht aus dem Beweis von Satz 1.)

Bemerkung 2.2. Das Verfahren (2.14) ist nicht anwendbar für Differentialgleichungen, bei denen

$$\tilde{D}^2 f \equiv 0 \text{ oder } \tilde{D} f \equiv 0 \text{ (falls } c = 0 \text{ angenommen wird)}$$

bzw.

$$\tilde{D}^2 f \equiv 0 \text{ und } f f_y \equiv 0 \text{ oder } \tilde{D} f \equiv 0 \text{ (falls } c \neq 0 \text{ angenommen wird).}$$

In beiden Fällen ist die Genauigkeit der mit (2.1) ermittelten Näherungen y_k, v_k von α und R_2 unabhängig.

3. RKNV vierter und fünfter Ordnung mit drei Funktionswertberechnungen pro Schritt

In analoger Weise behandeln wir ein Verfahren mit drei f-Berechnungen pro Schritt, das sich aus (1.5) für $m = 3$, $\alpha_2 = \beta_2 = \delta_{21} =: \alpha$; $\alpha_3 = \beta_3 = \delta_{31} + \delta_{32} =: \alpha_1$; $\gamma_{21} =: \gamma$; $\gamma_{31} + \gamma_{32} = \dfrac{4}{9}$; $R_2 =: R$; $\alpha_1 = \dfrac{2}{3}$, $\delta_{31} = \dfrac{2}{9\alpha}$, $\gamma_{32} = 0$, $W_1 = \dfrac{1}{4}$, $W_2 = 0$, $W_3 = \dfrac{3}{4}$, $R_1 = \dfrac{1}{4} - \left(1 - \dfrac{3}{2}\alpha\right) R$, $R_3 = \dfrac{1}{4} - \dfrac{3}{2}\alpha R$; α, γ, R beliebig, $\neq 0$, ergibt:

$$y_{k+1} = y_k + h v_k + h^2 \left\{ \left(\frac{1}{4} - \left(1 - \frac{3\alpha}{2}\right) R \right) K_1 + R K_2 + \left(\frac{1}{4} - \frac{3\alpha}{2} R \right) K_3 \right\},$$

$$v_{k+1} = v_k + \frac{h}{4} (K_1 + 3K_3), \tag{3.1}$$

wobei

$$K_1 = f(x_k, y_k, v_k) =: f_k,$$

$$K_2 = f\left(x_k + \alpha h; y_k + \alpha v_k h + \frac{1}{2} h^2 \gamma K_1; v_k + \alpha h K_1\right),$$

$$K_3 = f\left(x_k + \frac{2}{3} h; y_k + \frac{2}{3} h v_k + \frac{2}{9} h^2 K_1; v_k + h \left(\frac{2}{3} - \frac{2}{9\alpha}\right) K_1 + \frac{2}{9\alpha} h K_2\right)$$

und α, γ, R beliebig, $\neq 0$ sind.

In [4] wird gezeigt, daß das Verfahren (3.1) von dritter Ordnung ist und für $\gamma = \alpha^2$ den Fehler

$$\boldsymbol{\varepsilon}_{k+1} = (\boldsymbol{I} + h\boldsymbol{F}_k)\,\boldsymbol{\varepsilon}_k + \frac{1}{24}\,h^4\boldsymbol{t}_k + \boldsymbol{O}(h^5) \tag{3.2}$$

bzw.

$$\boldsymbol{\varepsilon}_{k+1} = \left(\boldsymbol{I} + h\boldsymbol{F}_k + \frac{1}{2}\,h^2\boldsymbol{G}_k\right)\boldsymbol{\varepsilon}_k + \frac{1}{24}\,h^4\boldsymbol{t}_k + h^5\boldsymbol{g}_k + \boldsymbol{O}(h^6) \tag{3.3}$$

mit $\boldsymbol{I}$, $\boldsymbol{F}_k$, $\boldsymbol{G}_k$ aus (2.10), $\boldsymbol{\varepsilon}_k$ aus (2.9) und

$$\boldsymbol{t}_k = \begin{pmatrix} \left(-\frac{1}{3} + 8\alpha R - 12\alpha^2 R\right)[\tilde{D}^2 f + f f_y]_k + \left(-\frac{1}{3} + 8\alpha R\right)[f_v \tilde{D} f]_k \\ \left[\frac{1}{9}\,\tilde{D}^3 f + \frac{1}{3}\,f\tilde{D}f_v + \frac{1}{3}\,\tilde{D}f\tilde{D}f_v + (1-2\alpha)\,(f_v\tilde{D}^2 f + f f_y f_v) + f_y\tilde{D}f + f_v{}^2\tilde{D}f\right]_k \end{pmatrix}, \tag{3.4}$$

$$\boldsymbol{g}_k = \begin{pmatrix} \left(-\frac{13}{1080} + \frac{2}{9}\,\alpha R - \frac{1}{2}\,\alpha^3 R\right)\left[\frac{1}{3}\,\tilde{D}^3 f + f\tilde{D}f_v\right]_k + \frac{1}{120}\,[f_v{}^2\tilde{D}f + f_y\tilde{D}f]_k \\ + \left(-\frac{13}{1080} + \frac{2}{9}\,\alpha R\right)[\tilde{D}f\tilde{D}f_v]_k + \left(\frac{1}{120} - \frac{1}{36}\,\alpha + \frac{1}{6}\,\alpha^2 R\right)[f_v\tilde{D}^2 f + f f_y f_v]_k \\ -\frac{1}{18}\cdot\frac{133}{1080}\,[\tilde{D}^4 f]_k - \frac{1}{3}\cdot\frac{133}{1080}\,[\tilde{D}f\tilde{D}^2 f_v + f\tilde{D}^2 f_y]_k - \frac{1}{6}\cdot\frac{133}{1080}\,[f^2 f_{yy} \\ + f_{vv}(\tilde{D}f)^2]_k + \frac{2}{9}\left(\frac{1}{40} - \frac{\alpha}{3}\right)[f f_y \tilde{D} f_v + \tilde{D}^2 f\tilde{D}f_v]_k + \frac{1}{3}\left(\frac{1}{40} - \frac{\alpha^2}{3}\right)[f f_{yv}\tilde{D}f]_k \\ + \frac{1}{9}\left(\frac{1}{80} - \frac{\alpha^2}{3}\right)[f_v\tilde{D}^3 f]_k + \frac{1}{3}\left(\frac{1}{80} - \frac{2}{3}\,\alpha^2\right)[f f_v \tilde{D} f_y]_k \\ + \frac{1}{720}\,[f_y\tilde{D}^2 f + f_v{}^2\tilde{D}^2 f + 4\tilde{D}f_y\tilde{D}f + 7f_v\tilde{D}f_v\tilde{D}f + 2f_y f_v\tilde{D}f + f_v{}^3\tilde{D}f \\ + f f_y{}^2 + f f_y f_v{}^2]_k \end{pmatrix} \tag{3.5}$$

Auch hier ist es möglich, durch geeignete Wahl der Parameter α und R die Ordnung des Verfahrens zu erhöhen. Das besagt der

Satz 2. *Es sei* $\{\boldsymbol{u}_\nu\} = \left\{\begin{pmatrix} u_\nu \\ w_\nu \end{pmatrix}\right\}$ *eine zu der Folge* $\{\boldsymbol{\varepsilon}_\nu\} = \left\{\begin{pmatrix} \varepsilon_\nu \\ \eta_\nu \end{pmatrix}\right\}$ *aus* (3.2) *bzw.* (3.3) *r-passende Folge* ($r = 1$ *oder* 2; $\nu = 1, 2, \ldots, k$). *Dann hat das RKNV der Gestalt*

$$\begin{aligned} y_{k+1} &= y_k + hv_k + h^2\left(\frac{1}{4}\,(f_k + \tilde{\tilde{f}}_k) + \frac{3}{2}\,\alpha_k R_k (f_k - \tilde{\tilde{f}}_k) + R_k(\tilde{f}_k - f_k)\right), \\ v_{k+1} &= v_k + \frac{1}{4}\,h(f_k + 3\tilde{\tilde{f}}_k), \quad y_0 = y^*(x_0), \quad v_0 = y^{*\prime}(x_0), \quad k = 0, 1, \ldots, n-1; \end{aligned} \tag{3.6}$$

mit

$$f_k = f(x_k, y_k, v_k),$$

$$\tilde{f}_k = f\left(x_k + \alpha_k h;\ y_k + \alpha_k h v_k + \frac{1}{2}\alpha_k{}^2 h^2 f_k;\ v_k + \alpha_k h f_k\right),$$

$$\tilde{\tilde{f}}_k = f\left(x_k + \frac{2}{3}h;\ y_k + \frac{2}{3}hv_k + \frac{2}{9}h^2 f_k;\ v_k + \left(\frac{2}{3} - \frac{2}{9\alpha_k}\right)hf_k + \frac{2}{9\alpha_k}h\tilde{f}_k\right) \tag{3.7}$$

und

$$\alpha_k = \alpha_{k-1}\left(1 + \frac{12w_k - 6w_{k-1}}{h(3F_{k-1} - E_{k-1})\,\varkappa_{k-1}}\right), \quad \alpha_0 \neq 0, \text{ beliebig}, \tag{3.8}$$

$$R_k = R_{k-1}\left(\frac{\alpha_{k-1}}{\alpha_k}\right)^2\left(1 + 12\,\frac{2u_k - u_{k-1} + 2h^2(\alpha_{k-1} - \alpha_k)\,R_{k-1}F_{k-1}\alpha_{k-1}/\alpha_k}{12(u_{k-1} - u_k) - h^2(1 + 24(\alpha_{k-1} - \alpha_k)\,R_{k-1}\alpha_{k-1}/\alpha_k)\,F_{k-1}}\right),$$

$R_0 \neq 0$, beliebig, (3.9)

$$E_{k-1} = (f_k - f_{k-1}) - \frac{1}{\alpha_{k-1}}(\tilde{f}_{k-1} - f_{k-1}), \tag{3.10}$$

$$F_{k-1} = (f_k - f_{k-1}) - \frac{3}{2}(\tilde{\tilde{f}}_{k-1} - f_{k-1}), \tag{3.11}$$

$$\varkappa_{k-1} = 2\,\frac{E_{k-1} + 3(\alpha_{k-1} - 1)\,F_{k-1}}{\alpha_{k-1}(f_k - f_{k-1})}, \quad k = 1, 2, \ldots, n-1, \tag{3.12}$$

die Ordnung $3 + r$.

Beweis. Die Beweisgedanken sind dieselben wie bei Satz 1. Wir ermitteln ε_{k+1} nach (3.2)/(3.4), ersetzen α, R durch α_k, R_k, drücken alle dort auftretenden Ausdrücke durch Größen der Gestalt $[\ldots]_{k-1}$ aus (vgl. Beweis von Satz 1) und erhalten

$$\begin{aligned}\varepsilon_{k+1} = \varepsilon_{k-1} + 2h\eta_{k-1} + \frac{1}{24}h^4\Bigg[&\left(-\frac{1}{3} + 8\alpha_{k-1}R_{k-1} - 12\alpha_{k-1}^2R_{k-1}\right)(\tilde{D}^2f + ff_y)\\ &+ \left(-\frac{1}{3} + 8\alpha_{k-1}R_{k-1}\right)f_v\tilde{D}f\Bigg]_{k-1} + \frac{1}{24}h^4\Bigg[\Bigg(-\frac{1}{3}\\ &+ 8\alpha_kR_k - 12\alpha_k{}^2R_k\Bigg)(\tilde{D}^2f + ff_y) + \left(-\frac{1}{3} + 8\alpha_kR_k\right)f_v\tilde{D}f\Bigg]_{k-1} + O(h^5),\end{aligned} \tag{3.13a}$$

$$\begin{aligned}\eta_{k+1} = 2h\varepsilon_{k-1}\,[f_y]_{k-1} + \eta_{k-1}[1 + 2hf_v]_{k-1}&\\ + \frac{1}{24}h^4\Bigg[\frac{1}{9}\tilde{D}^3f + \frac{1}{3}f\tilde{D}f_y + \frac{1}{3}\tilde{D}f\tilde{D}f_v + (1 - 2\alpha_{k-1})\,(f_v\tilde{D}^2f + ff_yf_v) + f_y\tilde{D}f&\\ + f_v{}^2\tilde{D}f\Bigg]_{k-1} + \frac{1}{24}h^4\Bigg[\frac{1}{9}\tilde{D}^3f + \frac{1}{3}f\tilde{D}f_y + \frac{1}{3}\tilde{D}f\tilde{D}f_v + (1 - 2\alpha_k)\,(f_v\tilde{D}^2f&\\ + ff_yf_v) + f_y\tilde{D}f + f_v{}^2\tilde{D}f\Bigg]_{k-1} + O(h^5).&\end{aligned} \tag{3.13b}$$

Bevor wir in (3.13) α_k und R_k nach (3.8), (3.9) ersetzen, formen wir die dortigen Ausdrücke durch Taylorentwicklung um. Indem wir beachten, daß

$$hE_{k-1} = \frac{1}{2} h^3[(1 - \alpha_{k-1}) (\tilde{D}^2f + ff_y) + f_v\tilde{D}f]_{k-1} + O(h^4), \tag{3.14}$$

$$hF_{k-1} = \frac{1}{6} h^3[\tilde{D}^2f + ff_y + f_v\tilde{D}f]_{k-1} + O(h^4), \tag{3.15}$$

$$\varkappa_{k-1} = \frac{h[f_v\tilde{D}f]_{k-1} + O(h^2)}{[\tilde{D}f]_{k-1} + O(h)} = h[f_v]_{k-1} + O(h^2) \tag{3.16}$$

ist, ergibt sich für α_k die Darstellung

$$\alpha_k = \alpha_{k-1}\left(1 + \frac{12w_k - 6w_{k-1}}{\frac{1}{2} h^4\alpha_{k-1}[f_v\tilde{D}^2f + ff_yf_v]_{k-1} + O(h^5)}\right). \tag{3.17}$$

Bei der Umformung von R_k beachten wir außerdem, daß nach (3.15) und (3.2)

$$\begin{aligned} h^2F_{k-1} &= 12(\varepsilon_{k-1} - \varepsilon_k) + 12h\eta_{k-1} \\ &\quad + h^4[(4\alpha_{k-1}R_{k-1} - 6\alpha_{k-1}^2R_{k-1})(\tilde{D}^2f + ff_y) + 4\alpha_{k-1}R_{k-1}f_v\tilde{D}f]_{k-1} + O(h^5) \end{aligned}$$

und nach (2.12), (2.13)

$$\begin{aligned} h^2F_{k-1} &= 12(u_{k-1} - u_k) + 12hw_{k-1} \\ &\quad + h^4[(4\alpha_{k-1}R_{k-1} - 6\alpha_{k-1}^2R_{k-1})(\tilde{D}^2f + ff_y) + 4\alpha_{k-1}R_{k-1}f_v\tilde{D}f]_{k-1} + O(h^5) \end{aligned}$$

gilt. Setzt man dies in (3.9) ein, so erhält man nach einiger Rechnung

$$R_k = \frac{Z_{k-1} + O(h^5)}{N_{k-1}} \cdot \frac{1}{1 + C_{k-1}} \tag{3.18}$$

mit

$$\begin{aligned} Z_{k-1} &:= (u_{k-1} - 2u_k + hw_{k-1}) \\ &\quad + h^4\left[\left(\frac{1}{3}\alpha_{k-1}R_{k-1} - \frac{1}{2}\alpha_{k-1}^2R_{k-1}\right)(\tilde{D}^2f + ff_y) + \frac{1}{3}\alpha_{k-1}R_{k-1}f_v\tilde{D}f\right]_{k-1}, \\ N_{k-1} &:= h^4\left[\left(\frac{1}{3}\alpha_k - \frac{1}{2}\alpha_k{}^2\right)(\tilde{D}^2f + ff_y) + \frac{1}{3}\alpha_kf_v\tilde{D}f\right]_{k-1}, \\ C_{k-1} &:= \frac{hw_{k-1}\alpha_{k-1}^2 + O(h^5)}{\alpha_{k-1}^2R_{k-1}N_{k-1}}. \end{aligned}$$

Einsetzen von (3.17) und (3.18) in (3.13) liefert schließlich die Fehlerdarstellung

$$\begin{aligned} \varepsilon_{k+1} &= (\varepsilon_{k-1} - u_{k-1}) + h(\eta_{k-1} - w_{k-1}) + h\eta_{k-1} \\ &\quad + \left\{u_{k-1} + hw_{k-1} + \frac{1}{24}h^4\left[\left(-\frac{2}{3} + 8\alpha_{k-1}R_{k-1} - 12\alpha_{k-1}^2R_{k-1}\right)(\tilde{D}^2f + ff_y)\right.\right. \\ &\quad \left.\left. + \left(-\frac{2}{3} + 8\alpha_{k-1}R_{k-1}\right)f_v\tilde{D}f\right]_{k-1}\right\} \cdot \frac{C_{k-1}}{1 + C_{k-1}} + O(h^5), \end{aligned} \tag{3.19a}$$

$$\eta_{k+1} = 2h(\varepsilon_{k-1} - u_{k-1})\,[f_y]_{k-1} + (\eta_{k-1} - w_{k-1})\,[1 + 2hf_v]_{k-1}$$
$$- \left\{ w_{k-1}[1 + 2hf_v]_{k-1} - 2hu_{k-1}[f_y]_{k-1} + \frac{1}{12}\,h^4 \left[\frac{1}{9}\,\tilde{D}^3f + \frac{1}{3}\,f\tilde{D}f_y \right.\right.$$
$$\left.\left. + \frac{1}{3}\,\tilde{D}f\tilde{D}f_v + (1 - 2\alpha_{k-1})\,(f_v\tilde{D}^2f + ff_yf_v) + f_y\tilde{D}f + f_v{}^2\tilde{D}f\right]_{k-1}\right\} O(h)$$
$$+ O(h^5). \tag{3.19b}$$

Der weitere Beweis verläuft dem des Satzes 1 völlig analog, nur macht man hier anstelle von (2.26) die Annahme $\varepsilon_{k-1} = O(h^4)$, $\eta_{k-1} = O(h^4)$, von der sich wiederum Schritt für Schritt zeigen läßt, daß sie erfüllt ist.

Bemerkung 3.1. Sind die Funktionswerte von f_v und f_y an den Stellen (x_ν, y_ν, v_ν) $(\nu = 0, 1, \ldots, k)$ bekannt, so können zur Berechnung von α bzw. R anstelle von (3.8), (3.9) die Beziehungen

$$\alpha_k = \alpha_{k-1}\left(1 + \frac{Z}{N}\right) \tag{3.20}$$

bzw.

$$R_k = \left(\frac{\alpha_{k-1}}{\alpha_k}\right)^2 R_{k-1}\left(1 + 12\,\frac{Z^*}{N^*}\right) \tag{3.21}$$

mit

$$Z = 6\{w_k[2 + hf_v]_k + hu_k[f_y]_k - w_{k-1}[1 + hf_v]_{k-1} - hu_{k-1}[f_y]_{k-1}\},$$
$$N = (3F_{k-1} - E_{k-1})\,h^2[f_v]_{k-1},$$
$$Z^* = 2u_k + hw_k - u_{k-1} - hw_{k-1} + 2h^2(\alpha_{k-1} - \alpha_k)\,\frac{\alpha_{k-1}}{\alpha_k}\,R_{k-1}F_{k-1},$$
$$N^* = 12(u_{k-1} + hw_{k-1} - u_k) - h^2\left(1 + 24(\alpha_{k-1} - \alpha_k)\,\frac{\alpha_{k-1}}{\alpha_k}\,R_{k-1}\right)F_{k-1}$$

verwendet werden.

Bemerkung 3.2. Verfahren (3.6) ist nicht anwendbar für Differentialgleichungen, bei denen $\tilde{D}^2f = ff_y = f_v\tilde{D}f \equiv 0$ oder $f_v\tilde{D}^2f = ff_yf_v \equiv 0$ ist, da bei derartigen Differentialgleichungen der Fehler der Näherungen von α und R unabhängig ist (z. B. trifft dies für die Differentialgleichung $y'' = f(x, y)$ zu, bei der der Fehler von v_k von α und R nicht beeinflußt wird).

4. Beispiele

Um die Verfahren (2.14) und (3.6) anwenden zu können, benötigt man Folgen $\{u_\nu\}$, die zu den Folgen der wahren Fehler der Verfahren r-passend sind ($r = 1$ oder 2). In [4] wird gezeigt, daß die bekannte Fehlerschätzung durch Rechnung mit doppelter Schrittweite jeweils 1-passende Näherungen für die wahren Fehler liefert. Mit anderen Worten: Wir verwenden als 1-passende Folge $\{\boldsymbol{u}_{2\nu}\}$ zu $\{\varepsilon_{2\nu}\}$ bei Verfahren (2.14):

$$\{\boldsymbol{u}_{2\nu}\} = \left\{\begin{pmatrix} u_{2\nu} \\ w_{2\nu} \end{pmatrix}\right\} = \left\{\frac{1}{3}\begin{pmatrix} y_{2\nu} - Y_{2\nu} \\ v_{2\nu} - V_{2\nu} \end{pmatrix}\right\},$$

bei Verfahren (3.6):

$$\{\boldsymbol{u}_{2\nu}\} = \left\{\begin{pmatrix} u_{2\nu} \\ w_{2\nu} \end{pmatrix}\right\} = \left\{\frac{1}{7}\begin{pmatrix} y_{2\nu} - Y_{2\nu} \\ v_{2\nu} - V_{2\nu} \end{pmatrix}\right\}.$$

Hierbei sind $y_{2\nu}$, $v_{2\nu}$ mit der Schrittweite h, $Y_{2\nu}$, $V_{2\nu}$ mit der Schrittweite $2h$ ermittelte Näherungen für $y^*(x_{2\nu})$, $y^{*\prime}(x_{2\nu})$. Da uns dieses Vorgehen nur aller zwei Schritte eine Fehlerschätzung ermöglicht, werden auch die Parameter α und R nur aller zwei Schritte neu bestimmt. Man hat zu diesem Zweck in (2.15), (2.16), (3.8), (3.9) jeweils k durch $2k$, $k-1$ durch $2k-2$, h durch $2h$ und h^2 durch $2h^2$ zu ersetzen. Verfahren (2.14) hat mit einer solchen Fehlerschätzung die Ordnung 3, Verfahren (3.6) die Ordnung 4.

Der Ablauf der Verfahren läßt sich dann wie folgt schematisieren (die Größen in Klammern treten nur in (3.6) auf):

Vorgabe der Startwerte: x_0, y_0, v_0, α_0, R_0, h;

Zyklus: Berechnung von f_{2k}, $\hat{f}_{2k}$ bzw. $\bar{f}_{2k}$, $(\bar{\bar{f}}_{2k})$, y_{2k+1}, v_{2k+1};
Berechnung von f_{2k+1}, $\hat{f}_{2k+1}$ bzw. $\bar{f}_{2k+1}$, $(\bar{\bar{f}}_{2k+1})$, y_{2k+2}, v_{2k+2}; $(k = 0, 1, \ldots, n-1)$
Fehlerschätzung für y_{2k+2}, v_{2k+2};
Berechnung von α_{2k+2}, R_{2k+2} $(k = 0, 1, \ldots, n-2)$.

Die Verfahren (2.14) und (3.6) wurden an Hand der Anfangswertaufgabe

$$4x^2y'' + 4xy' - (4x^2+1)\,y = 4\sqrt{x^3}\cdot e^x, \quad y(1) = y'(1) = 0$$

getestet. Die exakte Lösung dieser Aufgabe ist

$$y^*(x) = \frac{1}{\sqrt{x}}\left\{\left(\frac{x}{2} - \frac{3}{4}\right)e^x + \frac{1}{4}\,e^{2-x}\right\},$$

$$y^{*\prime}(x) = -\frac{1}{2x}\,y + \frac{1}{\sqrt{x}}\left\{\left(\frac{x}{2} - \frac{1}{4}\right)e^x - \frac{1}{4}\,e^{2-x}\right\}.$$

Es bedeutet:

Tabelle 1: Exakte Lösung.

Tabelle 2: Fehler des Verfahrens (2.1) zweiter Ordnung mit $\alpha = \gamma = \frac{1}{2}$, $R_2 = \frac{1}{3}$, fest.

Tabelle 3: Fehler eines Verfahrens dritter Ordnung mit festen Parametern von Nyström (vgl. [2], S. 25, Nr. IV).

Tabelle 4: Fehler des Verfahrens (2.14) dritter Ordnung mit $c = 1$, $\alpha_0 = \frac{3}{4}$, $R_0 = \frac{23}{99}$.

Tabelle 5: Fehler des Verfahrens (2.14) dritter Ordnung mit $c = 1$, $\alpha_0 = \frac{3}{4}$, $R_0 = \frac{2}{9}$, $R_k = \frac{1}{6\alpha_k}$ (vgl. Bemerkung 2.1).

In den Tabellen 6 bis 9 wurden jeweils 40 Schritte mit $h = 0{,}04$ und $h = 0{,}08$ gerechnet:

Tabelle 6: Exakte Lösung.

Tabelle 7: Fehler eines Verfahrens dritter Ordnung mit festen Parametern von NYSTRÖM (vgl. Tabelle 3).

Tabelle 8: Fehler des Verfahrens von NYSTRÖM-ZURMÜHL vierter Ordnung (vgl. [2], S. 25, Nr. V, [5], S. 176).

Tabelle 9: Fehler des Verfahrens (3.6) vierter Ordnung mit $\alpha_0 = 0{,}767$, $R_0 = -2$.

Die numerischen Ergebnisse bestätigen vollauf die theoretischen Genauigkeitsaussagen für die Verfahren (2.14) und (3.6). Besonders deutlich sind die Verbesserungen der Genauigkeit gegenüber den jeweiligen Verfahren mit gleicher Zahl von Funktionswertberechnungen, aber konstanten Parametern ersichtlich.

Tabelle 1				Tabelle 2		Tabelle 3	
k	x_k	$y^*(x_k)$	$v^*(x_k)$	ε_k	η_k	ε_k	η_k
20	1,8	0,9039 661	2,4522 450	−0,0000 719	−0,0003 103	−0,0000 038	0,0000 054
40	2,6	4,6775 102	7,7827 375	−0,0006 896	−0,0014 187	−0,0000 005	0,0000 235
60	3,4	15,4712 33	21,2543 42	−0,0028 55	−0,0045 25	+0,0000 20	0,0000 76
80	4,2	43,9419 73	54,9535 50	−0,0093 60	−0,0131 63	+0,0000 84	0,0002 09
100	5,0	116,1572 4	137,7165 7	−0,0277 2	−0,0365 0	+0,0002 8	0,0005 6

Tabelle 4

k	x_k	u_k	w_k	α_k	$R_k - 1/6\alpha_k$	ε_k	η_k
20	1,8	−0,0000 081	−0,0000 013	0,4951 194	−0,0256 860	−0,0000 048	−0,0000 117
40	2,6	−0,0000 066	+0,0000 013	0,5116 384	+0,0096 400	−0,0000 071	−0,0000 248
60	3,4	+0,0000 08	+0,0000 03	0,5397 344	+0,0058 592	−0,0000 11	−0,0000 71
80	4,2	−0,0000 68	+0,0000 05	0,5597 498	−0,0106 075	−0,0001 42	−0,0002 08
100	5,0	−0,0000 5	+0,0000 1	0,5759 308	−0,0023 959	−0,0002 8	−0,0005 4

Tabelle 5

k	x_k	u_k	w_k	a_k	ε_k	η_k
20	1,8	−0,0000 174	−0,0000 016	0,4893 261	−0,0000 148	−0,0000 125
40	2,6	−0,0000 330	+0,0000 015	0,5081 094	−0,0000 358	−0,0000 263
60	3,4	−0,0000 68	+0,0000 03	0,5351 460	−0,0000 89	−0,0000 72
80	4,2	−0,0001 52	+0,0000 05	0,5561 243	−0,0002 31	−0,0002 10
100	5,0	−0,0003 6	+0,0000 1	0,5723 623	−0,0006 0	−0,0005 7

Tabelle 6 / Tabelle 7 / Tabelle 8

k	x_k	$y^*(x_k)$	$v^*(x_k)$	ε_k	η_k	ε_k	η_k
20	1,8	0,9039 661	2,4522 450	−0,0000 038	0,0000 054	−0,0000 0003	−0,0000 001
40	2,6	4,6775 102	7,7827 375	−0,0000 005	0,0000 235	−0,0000 001	−0,0000 007
50	3,4	15,4712 33	21,2543 42	+0,0000 27	0,0004 20	+0,0000 07	+0,0000 02
60	4,2	43,9419 73	54,9535 50	+0,0003 75	0,0013 91	+0,0000 24	+0,0000 05
70	5,0	116,1572 4	137,7165 7	+0,0016 3	0,0040 1	+0,0000 8	+0,0000 2
80	5,8	294,8735 9	338,0235 2	+0,0054 2	0,0109 5	+0,0001 8	+0,0000 7

Tabelle 9

k	x_k	u_k	w_k	α_k	R_k	ε_k	η_k
20	1,8	−0,0000 001	0,0000 002	−0,2080 869	−0,1157 654	0,0000 003	0,0000 004
40	2,6	+0,0000 000	0,0000 001	−0,5916 581	−0,0311 507	0,0000 001	−0,0000 003
50	3,4	−0,0000 000	0,0000 04	−0,9898 642	−0,0154 242	0,0000 01	+0,0000 00
60	4,2	−0,0000 00	0,0000 06	−1,3560 730	−0,0093 902	−0,0000 01	−0,0000 17
70	5,0	+0,0000 0	0,0000 2	−1,8021 549	−0,0058 466	−0,0000 1	−0,0000 5
80	5,8	−0,0000 0	−0,0000 6	−1,7600 925	−0,0062 619	−0,0000 7	−0,0002 8

Literatur

[1] Henrici, P., Discrete variable methods in ordinary differential equations, New York—London 1964.

[2] Nyström, E. J., Über die numerische Integration von Differentialgleichungen, Acta Soc. Sci. Fenn. **50**, No. 13 (1925), 1—29.

[3] Scholz, S., Ein Runge-Kutta-Verfahren mit variablem Parameter α, ZAMM **49** (1969), 517—524.

[4] Weiss, W., Runge-Kutta-Verfahren zur numerischen Behandlung von Differentialgleichungen 2. Ordnung. Diplomarbeit, TU Dresden 1971.

[5] Zurmühl, R., Runge-Kutta-Verfahren zur numerischen Integration von Differentialgleichungen n-ter Ordnung, ZAMM **28** (1948), 173—182.

Manuskripteingang: 18. 11. 1971

VERFASSER:

Dipl.-Math. Wolfgang Weiss und Dr. rer. nat. Siegfried Scholz, Sektion Mathematik der Technischen Universität Dresden

Beiträge zur Numerischen Mathematik
2 (1974), 229–235

Die numerische Lösung einer nichtlinearen Integralgleichung mit Quadraturformelmethoden

GÜNTHER WINDISCH

1. Aufgabenstellung und Existenz der Lösung

Gegeben sei die nichtlineare Integralgleichung

$$x(t) = \int_a^b G(t, s) \frac{1}{(x(s))^\varkappa} ds, \tag{1}$$

deren Eigenschaften in [1], § 3.6. untersucht wurden. Die wichtigsten Ergebnisse seien kurz dargelegt: Für die Integralgleichung (1) mögen die folgenden Bedingungen erfüllt sein:

a) Die Intervallgrenzen a und b seien endlich.

b) Die Funktion $G(t, s)$ sei stetig und positiv für $a \leqq t, s \leqq b$. Es existieren somit Konstanten m und M, so daß

$$0 < m \leqq G(t, s) \leqq M$$

erfüllt ist.

c) Es sei $0 < \varkappa < 1$.

Die rechte Seite der Gleichung (1) definiert einen nichtlinearen Integraloperator A. Unter den Voraussetzungen a), b) und c) bildet der Operator A jede stetige positive Funktion in eine Funktion aus dem Konus $K_\alpha \left(\alpha = \dfrac{m}{M}\right)$ ab. Zum Konus K_α $(0 < \alpha < 1)$ gehören alle Funktionen $x(t)$ aus $C[a, b]$, für die

$$\alpha \max_{a \leqq \tau \leqq b} |x(\tau)| \leqq x(t)$$

gilt.

Die nichtlineare Integralgleichung (1) hat, wie in [1], § 3.6. gezeigt wird, eine einzige stetige positive Lösung $x^*(t)$. Diese Lösung $x^*(t)$ ist Grenzwert für $k \to \infty$ der Iterationsfolge $x^{(k)}(t)$, $k = 0, 1, 2, \ldots$, die durch den Iterationsprozeß

$$x^{(k+1)}(t) = \int_a^b G(t, s) \frac{1}{(x^{(k)}(s))^\varkappa} ds \tag{2}$$

erzeugt wird. Die Anfangsnäherung $x^{(0)}(t)$ kann eine beliebige stetige positive Funktion sein.

Die Integralgleichung (1) wird mit Quadraturformelmethoden unter Verwendung von Quadraturformeln mit positiven Gewichten numerisch gelöst. Das Iterationsprinzip (2) kann dabei auf den diskreten Fall zur Lösung der entstehenden nichtlinearen Gleichungssysteme übertragen werden.

2. Die Quadraturformelmethode und deren Konvergenz

Bei einer gegebenen natürlichen Zahl n wird das Intervall $[a, b]$ gemäß der zu verwendenden Quadraturformel zerlegt:

$$a \leqq s_{1n} < s_{2n} < \cdots < s_{nn} \leqq b.$$

Die Quadraturformel

$$\int_a^b z(s)\,ds = \sum_{j=1}^{n} \alpha_{jn} z(s_{jn}) + R_n(z)$$

erfülle die Bedingungen:

d) $R_n(z) \to 0$ für $n \to \infty$ und für alle stetigen Funktionen $z(s)$.

e) Die Gewichte α_{jn} der Quadraturformel seien positiv:

$$\alpha_{jn} > 0, \quad j = 1, \ldots, n.$$

Das Integral in der Gleichung (1) wird durch die Quadraturformel ersetzt, wobei der Rest R_n keine Berücksichtigung findet. Mit der Bezeichnung

$$G_{ij} = G(s_{in}, s_{jn})$$

erhalten wir das diskrete Näherungsproblem in der Form des folgenden nichtlinearen Gleichungssystems:

$$x_{in} = \sum_{j=1}^{n} \alpha_{jn} G_{ij} \frac{1}{(x_{jn})^{\varkappa}}, \quad i = 1, \ldots, n. \tag{3}$$

Die Werte x_{in}^* einer Lösung $x_n^* = (x_{1n}^*, \ldots, x_{nn}^*)$ von (3) werden als Näherungswerte der $x^*(s_{in})$ für $i = 1, \ldots, n$ betrachtet. Nach Satz 19.5 aus [1] ist das nichtlineare Gleichungssystem (3) unter den getroffenen Voraussetzungen für hinreichend großes n lösbar, und die Quadraturformelmethode konvergiert, d. h., es gilt

$$\max_{1 \leqq i \leqq n} |x_{in}^* - x^*(s_{in})| \to 0 \quad \text{für} \quad n \to \infty,$$

wenn der Index der Lösung $x^*(t)$ der Gleichung (1) von Null verschieden ist. Der Iterationsprozeß (2) zur Ermittlung der einzigen Lösung $x^*(t)$ der Gleichung (1) beruht auf dem Schauderschen Fixpunktprinzip, und deswegen ist der Index der Lösung $x^*(t)$ gleich 1. Die verwendete Quadraturformelmethode konvergiert, und wie noch gezeigt wird, ist das nichtlineare Gleichungssystem (3) für alle $n \geqq 2$ lösbar.

3. Die iterative Lösung des nichtlinearen Näherungsproblems

Das nichtlineare Gleichungssystem (3) ist iterativ lösbar: Gegeben sei eine beliebige Anfangsnäherung

$$x_n{}^{(0)} = (x_{1n}^{(0)}, \ldots, x_{nn}^{(0)}) > 0,$$

d. h., alle Elemente $x_{in}^{(0)}$ des Vektors $x_n{}^{(0)}$ seien positiv. Wir definieren folgenden Iterationsprozeß:

$$x_{in}^{(k+1)} = \sum_{j=1}^{n} \alpha_{jn} G_{ij} \frac{1}{(x_{jn}^{(k)})^{\varkappa}}, \quad i = 1, \ldots, n; \; k = 0, 1, 2, \ldots \tag{4}$$

Es ist offensichtlich, daß $x_n{}^{(k)} = (x_{1n}^{(k)}, \ldots, x_{nn}^{(k)}) > 0$ für $k = 1, 2, \ldots$ gilt.

Der Iterationsprozeß (4) konvergiert für eine beliebige Anfangsnäherung $x_n{}^{(0)} > 0$ gegen die einzige Lösung des nichtlinearen Gleichungssystems (3). Die Begründung dieser Aussage wird in den folgenden zwei Sätzen gegeben.

Satz 1. *Die Folge von Vektoren $x_n{}^{(k)}$, $k = 0, 1, 2, \ldots$, die durch den Iterationsprozeß (4) erzeugt wird, ist als Menge von Vektoren mit positiven Elementen für einen beliebigen Vektor $x_n{}^{(0)} > 0$ beschränkt. Es existieren Konstanten d und D $(0 < d \leqq D < \infty)$, so daß*

$$d \leqq x_{in}^{(k)} \leqq D,$$

für $\quad i = 1, \ldots, n; \; k = 0, 1, 2, \ldots$ *gilt.*

Beweis. Es sei

$$0 < \min_{1 \leqq j \leqq n} \alpha_{jn} = \frac{c}{n},$$

$$0 < \max_{1 \leqq j \leqq n} \alpha_{jn} = \frac{C}{n}.$$

Die Konstanten c und C sind durch die verwendete Quadraturformel eindeutig bestimmt. Wir setzen

$$x_n{}^{\max} = \max_{1 \leqq i \leqq n} x_{in}^{(0)},$$

$$x_n{}^{\min} = \min_{1 \leqq i \leqq n} x_{in}^{(0)}.$$

Es gilt

$$0 < x_n{}^{\min} \leqq x_n{}^{\max}.$$

Aus dem Iterationsprozeß (4) erhält man für alle $i = 1, \ldots, n$ die Abschätzungen

$$\delta_{1n} = \frac{mc}{(x_n{}^{\max})^{\varkappa}} \leqq x_{in}^{(1)} \leqq \frac{MC}{(x_n{}^{\min})^{\varkappa}} = \Delta_{1n},$$

$$\delta_{kn} = \frac{mc}{(\Delta_{k-1,n})^{\varkappa}} \leqq x_{in}^{(k)} \leqq \frac{MC}{(\delta_{k-1,n})^{\varkappa}} = \Delta_{kn}$$

für $k = 2, 3, 4, \ldots$ In die k-te Ungleichung werden nacheinander die Größen

$$\delta_{jn} = \frac{mc}{(\Delta_{j-1,n})^{\varkappa}} \quad \text{und} \quad \Delta_{jn} = \frac{MC}{(\delta_{j-1,n})^{\varkappa}}$$

für $j = k-1, k-2, \ldots, 1$ eingesetzt. Dieser Prozeß liefert für alle $i = 1, \ldots, n$ folgendes Resultat:

k gerade:

$$\frac{(mc)^{1+\varkappa^2+\cdots+\varkappa^{k-2}}}{(MC)^{\varkappa+\varkappa^3+\cdots+\varkappa^{k-1}}} \left(x_n^{\min}\right)^{\varkappa^k} \leqq x_{in}^{(k)} \leqq \frac{(MC)^{1+\varkappa^2+\cdots+\varkappa^{k-2}}}{(mc)^{\varkappa+\varkappa^3+\cdots+\varkappa^{k-1}}} \left(x_n^{\max}\right)^{\varkappa^k}$$

($k = 2, 4, 6, \ldots$), und für $k = 0$ galt

$$x_n^{\min} \leqq x_{in}^{(0)} \leqq x_n^{\max};$$

k ungerade:

$$\frac{(mc)^{1+\varkappa^2+\cdots+\varkappa^{k-1}}}{(MC)^{\varkappa+\varkappa^3+\cdots+\varkappa^{k-2}}} \cdot \frac{1}{(x_n^{\max})^{\varkappa^k}} \leqq x_{in}^{(k)} \leqq \frac{(MC)^{1+\varkappa^2+\cdots+\varkappa^{k-1}}}{(mc)^{\varkappa+\varkappa^3+\cdots+\varkappa^{k-2}}} \cdot \frac{1}{(x_n^{\min})^{\varkappa^k}}$$

($k = 3, 5, 7, \ldots$), und für $k = 1$ erhielten wir

$$\frac{mc}{(x_n^{\max})^{\varkappa}} \leqq x_{in}^{(1)} \leqq \frac{MC}{(x_n^{\min})^{\varkappa}}.$$

Werden alle möglichen Fälle $MC \leqq 1$, $mc \leqq 1 \leqq MC$, $1 \leqq mc$ und $x_n^{\max} \leqq 1$, $x_n^{\min} \leqq 1 \leqq x_n^{\max}$, $1 \leqq x_n^{\min}$, die auftreten können, untersucht, so ergibt sich für $k \to \infty$ stets eine positive untere Schranke d und eine endliche obere Schranke D für alle $x_{in}^{(k)}$. Der Satz ist damit bewiesen.

Nach dem Satz von BOLZANO-WEIERSTRASS hat die beschränkte Folge von Vektoren $x_n^{(k)}$, $k = 0, 1, 2, \ldots$, wenigstens einen Häufungspunkt $x_n^* = (x_{1n}^*, \ldots, x_{nn}^*)$. Es gilt

$$x_n^* > 0,$$

da $d \leqq x_{in}^* \leqq D$ für alle $i = 1, \ldots, n$ erfüllt ist. Jeder Häufungspunkt x_n^* der Folge $x_n^{(k)}$, $k = 0, 1, 2, \ldots$, ist gleichzeitig Lösung von (3):

$$x_{in}^* = \sum_{j=1}^{n} \alpha_{jn} G_{ij} \frac{1}{(x_{jn}^*)^{\varkappa}}, \quad i = 1, \ldots, n.$$

Satz 2. *Die durch den Iterationsprozeß* (4) *erzeugte Folge von Vektoren* $x_n^{(k)}$, $k = 0, 1, 2, \ldots$, *hat genau einen Häufungspunkt.*

Beweis. Es seien $x_n^* = (x_{1n}^*, \ldots, x_{nn}^*)$ und $x_n^{**} = (x_{1n}^{**}, \ldots, x_{nn}^{**})$ zwei Häufungspunkte der Folge $x_n^{(k)}$, $k = 0, 1, 2, \ldots$ Dann gilt für $i = 1, \ldots, n$

$$x_{in}^* = \sum_{j=1}^{n} \alpha_{jn} G_{ij} \frac{1}{(x_{jn}^*)^{\varkappa}},$$

$$x_{in}^{**} = \sum_{j=1}^{n} \alpha_{jn} G_{ij} \frac{1}{(x_{jn}^{**})^{\varkappa}}.$$

Wenn $x_{in}^* < x_{in}^{**}$ für $i = 1, \ldots, n$ erfüllt ist, folgt

$$\frac{1}{(x_{in}^*)^\varkappa} > \frac{1}{(x_{in}^{**})^\varkappa}.$$

Wir erhalten

$$0 < x_{in}^{**} - x_{in}^* = \sum_{j=1}^{n} \alpha_{jn} G_{ij} \left(\frac{1}{(x_{jn}^{**})^\varkappa} - \frac{1}{(x_{jn}^*)^\varkappa} \right) < 0,$$

und damit sind die Häufungspunkte $x_n{}^*$ und $x_n{}^{**}$ identisch. Die Möglichkeit, daß

$$x_{in}^* < x_{in}^{**} \text{ für } i = i_1, \ldots, i_r \quad (r > 1),$$

$$x_{in}^* = x_{in}^{**} \text{ für } i = i_{r+1}, \ldots, i_s,$$

$$x_{in}^* > x_{in}^{**} \text{ für } i = i_{s+1}, \ldots, i_n \quad (s < n)$$

gilt, führt gleichfalls auf wiedersprüchliche Aussagen. Somit existiert stets genau ein Häufungspunkt der Iterationsfolge $x_n{}^{(k)}$.

4. Beispiele

Auf einem Rechner vom Typ R 300 wurden Beispiele gerechnet. Die Quadraturformelmethode wurde durch Anwendung von Newton-Cotes-Formeln mit positiven Gewichten realisiert. Als Startvektor für die Iteration (4) wurde stets

$$x_n{}^{(0)} = (1, 1, \ldots, 1)$$

verwendet. Wegen der linearen Konvergenz des Iterationsprozesses wurde die Methode von Aitken zur Konstruktion von Iterationsverfahren höherer Ordnung (vgl. [2]) angewendet. Die Anzahl der notwendigen Iterationsschritte konnte dadurch erheblich verringert werden.

Beispiel 1.

$$x(t) = \int_{-1}^{+1} \left(t^2 \left(s^2 - \frac{1}{3} \right) + 2500(s+2) \right) \frac{1}{(x(s))^{1/3}}\, ds$$

Lösung: $x^*(t) = 1000 \ (-1 \leqq t \leqq +1)$.

Durch mehrmalige Anwendung der Trapezregel wurden folgende Ergebnisse erzielt:

Stützstelle	Anzahl der Stützstellen 2	3	5	9
−1,00	1000,1002	1000,0294	1000,0077	1000,0021
−0,75				1000,0012
−0,50			1000,0015	1000,0006
−0,25				1000,0001
0,00		999,9960	999,9994	999,99998
0,25				1000,0001
0,50			1000,0015	1000,0006
0,75				1000,0012
1,00	1000,1002	1000,0294	1000,0077	1000,0021

Die Anwendung höherer Newton-Cotes-Formeln lieferte sofort auf drei Stellen nach dem Komma genaue Ergebnisse.

Beispiel 2.

$$x(t) = \int_0^1 \frac{5e^{-10t}}{e^5 - 1} \cdot \frac{1}{x(s)^{1/2}}\, ds$$

Lösung: $x^*(t) = e^{-10t} \quad (0 \leqq t \leqq 1)$.

Durch mehrmalige Anwendung der Trapezregel wurden die folgenden Ergebnisse erzielt:

Stützstelle	Anzahl der Stützstellen 2	3	5	9
0,000	1,858639	1,294929	1,082930	1,021447
0,125				0,292649
0,250			$0{,}888923 \cdot 10^{-1}$	$0{,}838455 \cdot 10^{-1}$
0,375				$0{,}240221 \cdot 10^{-1}$
0,500		$0{,}872516 \cdot 10^{-2}$	$0{,}729672 \cdot 10^{-2}$	$0{,}688246 \cdot 10^{-2}$
0,625				$0{,}197186 \cdot 10^{-2}$
0,750			$0{,}598952 \cdot 10^{-3}$	$0{,}546946 \cdot 10^{-3}$
0,875				$0{,}161860 \cdot 10^{-3}$
1,000	$0{,}843821 \cdot 10^{-4}$	$0{,}587897 \cdot 10^{-4}$	$0{,}491649 \cdot 10^{-4}$	$0{,}463736 \cdot 10^{-4}$

Exakte Werte der Lösung in den Stützstellen:

t	$x^*(t)$
0,000	1,000000
0,125	0,286505
0,250	$0{,}820850 \cdot 10^{-1}$
0,375	$0{,}335177 \cdot 10^{-1}$
0,500	$0{,}67379 \cdot 10^{-2}$
0,625	$0{,}19305 \cdot 10^{-2}$
0,750	$0{,}5531 \cdot 10^{-3}$
0,875	$0{,}1585 \cdot 10^{-3}$
1,000	$0{,}454 \cdot 10^{-4}$

Beispiel 3.

$$x(t) = \int_0^\pi \frac{1}{1{,}001\pi + 0{,}4} (1{,}001 + \sin 5t)\,(1{,}001 + \sin 5s)^{3/2} \frac{1}{(x(s))^{1/2}}\, ds$$

Lösung: $x^*(t) = 1{,}001 + \sin 5t \quad (0 \leqq t \leqq \pi)$.

Die Simpsonregel wurde mehrfach nacheinander angewendet. Als Stützstellen wurden die Werte $i \frac{\pi}{16}$ für $i = 0, 1, \ldots, 16$ verwendet.

Stützstelle i	Anzahl der Stützstellen				
	3	5	9	17	exakter Wert der Lösung
0	1,298826	0,725538	1,011946	1,001438	1,001000
1				1,833272	1,832470
2			1,945927	1,925722	1,924880
3				1,196614	1,196090
4		0,213018	0,297107	0,294022	0,293893
5				0,020224	0,020215
6			0,625078	0,618587	0,618316
7				1,557252	1,556570
8	2,596355	1,450351	2,022880	2,001876	2,001000
9				1,557252	1,556570
10			0,625077	0,618587	0,618316
11				0,020224	0,020215
12		0,213018	0,297107	0,294022	0,293893
13				1,196614	1,196090
14			1,945927	1,925723	1,924880
15				1,833272	1,832470
16	1,298825	0,725538	1,011945	1,001439	1,001000

Literatur

[1] Красносельский, М. А., Г. М. Вайникко, П. П. Забейко, Я. Б. Рутицкий и В. Я. Стеценко, Приближенное решение операторных уравнений, Наука, Москва 1969.

[2] Beresin, I. S., und N. P. Shidkow, Numerische Methoden 2, VEB Deutscher Verlag der Wissenschaften, Berlin 1971 (Übersetzung aus dem Russischen).

[3] Collatz, L., Funktionalanalysis und numerische Mathematik, Springer-Verlag, Berlin—Göttingen—Heidelberg 1964.

Manuskripteingang: 4. 7. 1972

VERFASSER:

Dipl.-Math. Günther Windisch, Sektion Mathematik der Technischen Hochschule Karl-Marx-Stadt

Hinweise für Autoren

Zur Veröffentlichung vorgesehene Manuskripte (in deutscher, englischer, französischer und russischer Sprache) sind in einwandfrei leserlicher und druckfertiger Form (Schreibmaschinenoriginal mit einer Kopie, zweizeilig, Formeln gut leserlich) einzureichen an Prof. Dr. F. Kuhnert, Sektion Mathematik der Technischen Hochschule Karl-Marx-Stadt, DDR-9023 Karl-Marx-Stadt, Reichenhainer Str. **41**, oder Prof. Dr. J. W. Schmidt, Sektion Mathematik der Technischen Universität Dresden, DDR-8027 Dresden, Zellescher Weg 12—14.

Herausgeber und Verlag bitten, unbedingt die folgenden Auszeichnungsregeln zu beachten: Kursive (schräge) Buchstaben sind blau zu unterstreichen, halbfett kursive zweimal blau; griechische Buchstaben rot; Fraktur grün; Schreibschrift gelb; grotesk braun; kursiver Text blau; Sperrung gestrichelt; Kleindruck ist durch grünen Strich am linken Rand zu kennzeichnen.

Formelzähler sind an den rechten Rand zu stellen. Die Autoren werden gebeten, durch Benutzung geeigneter Abkürzungen komplizierte Formelausdrücke zu vermeiden. Abbildungen sind dem Manuskript gesondert beizufügen. Der Literaturnachweis ist in eckiger Klammer durchzunumerieren. Im Text ist auf die Literatur mit der Ziffer in eckiger Klammer zu verweisen. Je nachdem, ob Literaturhinweise aus Büchern, Zeitschriften oder Sammelwerken erfolgen, ist nach folgenden Mustern zu verfahren:

[1] Faddejew, D. K., und W. N. Faddejewa, Numerische Methoden der linearen Algebra, 3. Aufl., VEB Deutscher Verlag der Wissenschaften, Berlin 1973 (Übersetzung aus dem Russischen). Faddejew, D. K., und W. N. Faddejewa, Numerische Methoden der linearen Algebra, 3. Aufl., R. Oldenbourg Verlag, München — Wien 1973 (Übersetzung aus dem Russischen).

[2] Schmidt, J. W., Defektabschätzungen bei Differenzenverfahren, ZAMM **46** (1966), 17—39.

[3] Temple, G., Linearization and delinearization. In: Proceedings of the International Congress of Mathematicians 1958, Cambridge 1960, p. 233—247.

[4] Ульм, С., Принцип мажорант и метод хорд, Изв. АН ЭстССР, Физ.-матем., **13** (1964), 217—227.

Die Korrekturen sind spätestens 5 Tage nach Eingang an Prof. Dr. F. Kuhnert (Anschrift s. o.) zu senden. Durch nachträgliche Änderungen entstehende zusätzliche Korrekturkosten sind vom Autor zu tragen.

Die Verfasser erhalten von ihren Arbeiten 50 Sonderdrucke sowie ein Exemplar des gesamten Heftes unentgeltlich. Bei zwei und mehr Autoren einer Arbeit erhält jeder Autor ein Belegexemplar des Heftes; die 50 Sonderdrucke sind nach eigenem Ermessen unter die Autoren zu verteilen.

Kolibri 360 GmbH
Ferdinand-Jühlke-Straße 7
99095 Erfurt, Deutschland
produktsicherheit@kolibri360.de